普通高等院校基础课十三五规划教材

XINBIAN JISUANJI YINGYOUNG JICHU

新编计算机应用基础

主　编　于立洋　芦静蓉
副主编　王　珉　孟蕾青
参　编　王沙沙　蔡路政
主　审　石素梅

西北工業大學出版社

【内容提要】 本书介绍了计算机基础知识、中文操作系统 Windows 7、Word 2010 文字处理软件、Excel 2010电子表格处理软件和 PowerPoint 2010 演示文稿制作软件、通信与网络基础和计算机信息安全的知识，可满足成人教育、中等职业院校各专业计算机基础课教学的需要，也可作为各类计算机培训班教材或初学者的自学用书。

与本书配套的有《计算机应用基础实验指导与习题集》，包含大量实验与同步练习题。

图书在版编目(CIP)数据

新编计算机应用基础/于立洋，芦静蓉主编．—西安：西北工业大学出版社，2017.8
ISBN 978-7-5612-5592-6

Ⅰ．①新… Ⅱ．①于… ②芦… Ⅲ．①电子计算机—教材 Ⅳ．①TP3

中国版本图书馆 CIP 数据核字(2017)第 204053 号

策划编辑：付高明
责任编辑：付高明

出版发行：西北工业大学出版社
通信地址：西安市友谊西路 127 号 邮编：710072
电　　话：(029)88493844，88491757
网　　址：www.nwpup.com
印 刷 者：陕西金德佳印务有限公司
开　　本：787 mm×1 092 mm 1/16
印　　张：14.625
字　　数：354 千字
版　　次：2017 年 8 月第 1 版 2017 年 8 月第 1 次印刷
定　　价：40.00 元

前　言

随着信息技术的发展，计算机应用能力已成为现代职业生涯中必备的能力之一。“计算机应用基础”是大专院校、职业技术学院、各类成人教育等院校开设的一门重要的基础课程。本书可作为大专院校、职业技术学院、各类成人教育院校的“计算机基础”课的教材，也可作为各类计算机培训班教材或初学者的自学用书。

本书珍有以下特色：

(1)本书基于 Windows 7 操作系统和 Office 2010 办公系统，以理论介绍和实际应用相结合的方式，共分 7 章详细讲解计算机基础知识、中文操作系统 Windows 7、Word 2010 文字处理软件、Excel 2010 电子表格处理软件和 PowerPoint 2010 演示文稿制作软件、通信与网络基础和计算机信息安全的知识。

(2)体现了教、学、做相结合的教学模式，每个项目由相应的任务来完成，通过任务引入相应的知识点和有关的概念及操作步骤、技巧。

(3)以“任务驱动冶为主线，以“学以致用为原则，注重项目实践，强化学生实际动手能力的培养。

本书配套《新编计算机应用基础实验指导与习题集》(西北工业大学，2017 年)一书，包含大量实验与同步练习题(附参考解答)，便于读者巩固和自学。另外，本书还配有免费提供的电子教学课件。

本书共有　　项目，参加本书编写单位(人员)有：青岛科技大学(芦静蓉、蔡路政、王沙沙)，青岛海洋技师学院(于立洋、王珉)；青岛市中心医院(孟蕾青)。

编写分工如下(按姓氏笔画为序排列)：

于立洋编写项目一、项目四和项目五，并负责统稿。

王沙沙设计制作项目三的电子教学课件之二。

王珉编写项目六，并设计制作项目六的电子教学课件。

芦静蓉编写项目二、项目三，并设计制作项目二的电子教学课件。

孟蕾青编写项目七，并设计制作项目七的电子教学课件。

蔡路政设计制作项目三的电子教学课件之一。

本书由于立洋、芦静蓉任主编，王珉、孟蕾青任副主编。

本书承蒙青岛大学石素梅教授精心审阅，并提出了许多宝贵意见。

在编写出版过程中得到各参编者所在学校的大力支持与协助。编写过程中借鉴、引用了许多同类教材及教学辅导教材、题解等有关教学参考书。谨此，一并对上述单位和个人表示衷心感谢!

由于编者水平有限，书中难免存在不当之处，恳请广大读者予以批评指正。

编　者

2017 年 4 月

目　录

项目一 计算机基础知识

任务1 初识计算机

［学习目标］

■了解计算机的概念、发展史。

■了解计算机的特点、分类和应用领域。

［导读］

计算机是一种能自动、高速、精确地进行信息处理的电子设备，自1946年诞生以来，计算机的发展极其迅速，至今已在各个方面得到广泛的应用，它使人们传统的工作、学习、日常生活甚至思维方式都发生了深刻变化。同时也影响着教育、教学思维方式，改变着教学内容、教学方法与教学手段，推动了人类社会的发展和人类文明的进步，把人类带入一个全新的信息时代。可以说，在人类发展史中，计算机的发明具有特殊重要的意义。对于计算机本身来说，它既是科学技术和生产力发展的结果，同时又大大地促进了科学技术和生产力的发展，那么计算机是由什么组成的，是怎样发展的，用途是什么？

［相关知识］

一、计算机的定义

计算机(computer)就是我们常说的“电脑”，是数字计算机(electronic computer)的简称，它是一台能存储程序和数据，并能自动执行程序的机器，是一种能对各种数字化信息进行处理，即协助人们获取、处理、存储和传递信息的工具。

计算机的概念我们可以从三方面来理解。

(1)计算机是一种电子设备，它是高效率工作和现代化生活中不可或缺的重要工具；

(2)计算机最初的功能是进行科学计算，其功能越来越侧重于信息处理方面；

(3)计算机的工作依赖于具体的硬件结构和人们事先编制的软件程序，它并不能完全替代人类完成所有的工作。

二、计算机的诞生和发展

世界上第一台计算机是1946年由美国宾夕法尼亚大学研制成功的ENIAC(Electronic Numerical Integrator And Calculator)，意思是“电子数值积分计算机”。它的诞生在人类文明史上具有划时代的意义，从此开辟了人类使用电子计算工具的新纪元。计算机的出现和发展完全改变了人类处理信息的工作方式和范围，由此给整个社会带来了翻天覆地的变化。

随着电子技术的发展，计算机先后以电子管、晶体管、中小规模集成电路、大规模和超大规模集成电路为主要元器件，共经历了4代的变革。每一代的变革在技术上都是一次新的突破，在性能上都是一次质的飞跃。

1. 第一代计算机(1946 — 1954)

1946年2月15日，世界上第一台通用数字电子计算机ENIAC(埃尼阿克)研制成功，承担开发任务的“莫尔小组”由埃克特、莫克利、格尔斯坦、博克斯四位科学家和工程师组成，总工程师埃克特时年仅24岁。ENIAC的问世，宣告了人类从此进入电子计算机时代。如图1-1所示。

ENIAC的逻辑元件采用电子管，因此称为电子管计算机。该机一共使用了18 000个电子管和1 500个继电器，6 000个开关，7 000个电阻，10 000只电容，50万条线，重量约30 t，占地约170 m^2，耗电150 kW，每秒钟可做5 000次加减法或400次乘法运算。但是它的内存容量仅有几千字节，不仅运算速度低，而且成本很高。而后相继出现了一批电子管计算机，主要用于科学计算。采用电子管作为逻辑元件是第一代计算机的标志，在这一时期，IBM公司的IBM701击败了竞争对手UNIVAC，一举奠定了蓝色巨人在计算机产业界的领袖地位。

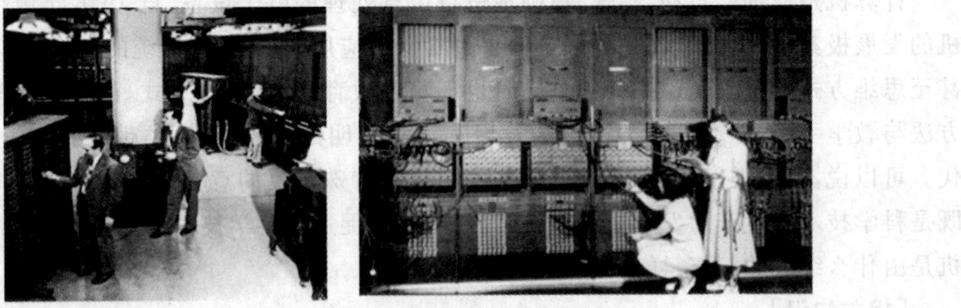

图1-1　ENIAC

1950年问世的第一台并行计算机EDVAC，首次实现了冯·诺依曼体系结构的两个重要设计思想：存储程序和采用二进制。在这个时期，没有系统软件，用机器语言和汇编语言编程。计算机使用在少数尖端领域，如科学、军事和财务方面的计算。尽管存在这些局限性，却奠定了计算机发展的基础。

2. 第二代计算机(1954 — 1964)

第二代计算机称为晶体管电路电子计算机。美国贝尔实验室于1954年研制成功第一台使用晶体管的第二代计算机TRADIC。相比采用定点运算的第一代计算机，第二代计算机普遍增加了浮点运算，计算能力实现了一次飞跃。其存储器采用磁芯和磁鼓，内存容量扩大到数10千字节。晶体管比电子管平均寿命提高100～1 000倍，耗电却只有电子管的1/10，每秒可以执行数万次到数10万次的加法运算，机械强度较高。由于具备这些优点，所以很快地取代了电子管计算机，并开始成批生产。

晶体管的发明，为半导体和微电子产业的发展指明了方向。采用晶体管代替电子成为第二代计算机的标志。与电子管相比，晶体管体积小、重量轻、寿命长、发热少、功耗低，电子线路的结构大大简化，运算速度则大幅提高。

第二代计算机除了大量用于科学计算，还逐渐被工商企业用来进行商务处理。在这个时期，出现了监控程序，提出了操作系统的概念，出现了高级语言，如 FORTRAN，ALGOL 60 等。

3. 第三代计算机（1964 — 1970）

第三代计算机的逻辑元件采用集成电路，称为中、小规模集成电路计算机。随着固体物理技术的发展，集成电路工艺已经可以将 10 几个甚至数百个电子元件集中在一块数平方毫米的单晶硅片上（称为集成电路芯片）。其逻辑元件采用小规模集成电路（Small Scale Integration，SSI）和中规模集成电路（Middle Scale Integration，MSI）。第三代计算机的体积和耗电大大减小，运算速度却大幅提高，达到了每秒钟数 10 万次到上百万次加法运算，同时性价比进一步提高。

这一时期，计算机同时向标准化、多样化、通用化、系列化方向发展。系统软件有了很大发展，出现了分时操作系统和会话式语言，采用结构化程序设计方法，为复杂软件的研制提供技术上的保障。计算机开始广泛应用在各个领域。其代表机型有 IBM 公司于 1964 年研制的 IBM360，它具有较强通用性，适用于各方面的用户。

4. 第四代计算机（1970 年至今）

第四代计算机的逻辑元件采用大规模集成电路（Large Scale Integration，LSI）和超大规模集成电路（Very Large Scale Integration，VLSI）技术，称为大规模集成电路电子计算机。大规模集成电路把相当于 2 000 个晶体管的电子元件集中在一个 4 mm^2 的硅片上。集成度极高的半导体存储器取代了服役达 20 年之久的磁芯存储器。这使得计算机成本进一步降低，体积也进一步缩小，功能和可靠性进一步得到提高。计算机的运算速度最高可以达到每秒钟千万亿次浮点运算。在这个时期，操作系统不断完善，应用软件成为现代工业的一部分，计算机的发展进入了以计算机网络为特征的时代。

三、计算机的发展趋势

计算机的发展表现为五种趋势：巨型化、微型化、网络化、多媒体化和智能化。

1. 巨型化

巨型化并不是指计算机的体积大，而是相对于大型计算机而言的一种运算速度高、存储容量更大、功能更完善的计算机，比如，每秒运算 5 000 万次以上、存储容量超过百万字节的计算机。美国于 1965 年开始研制巨型机。1964 年美国控制数据公司（CDC）研制成功大型晶体管计算机 CDC6600，1969 年又研制成功每秒 1 000 万次的 CDC7600。1973 年美国伊利诺大学与巴勒斯公司制造出巨型机 ILLIAL－1 型机。

中国巨型机研制工作开始于 1978 年 3 月，由国防科学技术大学承担。以下为我国巨型机研究的大事记：

1983 年，中国第一台每秒亿次运算速度的巨型计算机——“银河Ⅰ”型机诞生，使中国加入到世界上拥有巨型计算机国家的行列中。

1992 年国防科学技术大学与国家气象中心一起研制成功了每秒运算 10 亿次的“银河Ⅱ”巨型计算机，使中国成为当今世界少数几个能发布中期气象数值预报的国家，为国家经济建设做出了特殊贡献。

1997 年,"银河Ⅲ"巨型计算机研制成功,它采用了国际最新的可扩展多处理机并行体系结构,每秒运算速度 130 亿次。

1999 年,"银河Ⅳ"巨型计算机研制成功。

2000 年,我国著名巨型机专家金怡濂院士主持研制成功高性能计算机"神威Ⅰ"。"神威Ⅰ"为可伸缩的大规模并行计算机系统,浮点运算能力为 3 840 亿次/s,在世界已投入运行的 500 台高性能计算机中排名第 48 位,主要技术指标已达到国际先进水平。

2. 微型化

由于大规模和超大规模集成电路的飞速发展,使计算机的微型化发展十分迅速。微型计算机的发展是以微处理器为特征的。所谓微处理器,就是将运算器和控制器集成在一块大规模或超大规模集成电路芯片上,作为中央处理器(CPU)。以微处理器为核心,再加上存储器和接口芯片,便构成了微型计算机。自 1971 年微处理器问世以来,发展非常迅速,几乎每隔 2～3 年就要更新换代,从而使以微处理器为核心的微型计算机的性能不断跃上一个又一个新台阶。目前,微型计算机已嵌入电视、电冰箱、空调器等家用电器以及仪器仪表等小型设备中,同时也进入工业生产中作为主要部件控制着工业生产自动化的整个过程。

3. 网络化

在计算机网络中,通过网络服务器把分散在不同地方的计算机用通信线路(如光纤、电话线或通信卫星等)互相连接成一个大规模、功能强的网络系统,实现互相之间信息传递、资源共享,也就是在计算机网络的基础上建立信息高速公路。网络技术与计算机技术紧密结合,不可分割。

几年前已经有人提出了"网络计算机"的概念,它与"计算机网络"不仅仅是前后次序的颠倒,而是反映了计算机技术与网络技术真正的有机结合。新一代的计算机已经将网络接口集成在主板上,计算机接入网络已经如同电话接入市内电话交换网一样便捷。有一种称为智能化大厦正在兴起,其计算机网络布线与电话网布线在大楼兴建时同时施工。世界上的一些先进国家和地区,传送信息的光纤已经基本铺设到家门口。这些现象从侧面反映了计算机技术的发展离不开网络技术的发展。

4. 多媒体化

多媒体是"以数字技术为核心的图像、声音与计算机、通信等融为一体的信息环境"的总称。多媒体技术的目标是:无论在什么地方,只需要简单的设备,就能自由自在地以接近自然的交互方式收发所需要的各种媒体信息。

5. 智能化

计算机智能化即让计算机能够进行图像识别、定理证明、研究学习、探索、联想、启发和理解人的语言等功能,也就是具有人工智能。目前正在研究的计算机是一种具有类似人的思维能力,能"说""看""听""想""做",能替代人的一些体力劳动和脑力劳动。计算机正朝着智能化方向发展,并越来越广泛地应用于工作、生活和学习中,对社会和生活起到不可估量的影响。

尽管目前计算机朝着微型化、巨型化、网络化和智能化方向发展,但仍然被称为冯·诺依曼计算机,从采用的物理器件来说,目前计算机的发展处于第四代水平,在体系结构上没有本质的重大突破。人类一刻也没有停止过研究更好、更快、功能更强的计算机,未来的新型计算机将可能在以下几方面取得革命性的突破。

(1)光计算机：利用光作为信息的传输媒体的计算机，具有超强的并行处理能力和超高速的运算速度，是现代计算机望尘莫及的。目前光计算机的许多关键技术，如光存储技术、光电子集成电路等都已经取得了重大突破。

(2)生物计算机(分子计算机)：采用由生物工程技术产生的蛋白质分子构成的生物芯片。在这种芯片中，信息以波的形式传播，运算速度比当今最新一代计算机快10万倍，能量消耗仅相当于普通计算机的1/10并且拥有巨大的存储能力。

(3)量子计算机：利用处于多现实态下的原子进行运算的计算机。刚迈入21世纪之际，人类在研制量子计算机方面取得了新的突破。美国的研究人员已经成功实现了4量子位逻辑门，取得了4个锂离子的量子缠结状态。

四、计算机的特点

计算机作为一种通用的信息处理工具，之所以得以飞速发展，并具有很强的生命力，是因为计算机本身具有许多特点，具体体现在下述几方面。

1. 运算速度快

运算速度是指计算机每秒钟所能执行加法运算的次数，是计算机性能的重要指标。由于计算机采用了高速的电子器件和线路，并利用先进的计算机技术，使得计算机可以有很高的运算速度。第一代计算机的处理速度在几十次到几千次；第二代计算机的处理速度在几千次到几十万次；第三代计算机的处理速度在几十万次到几百万次；第四代计算机的处理速度在几百万次到几千亿次，甚至几千万亿次。目前微型计算机大约在百万次、千万次级；大型计算机在亿次、万亿次级。如此高的计算速度，不仅极大地提高了工作效率，而且使许多极复杂的科学问题得以解决。

对微型计算机而言，常以CPU的主频(Hz)作为计算机运行速度的单位。例如，主频为2GHz的Pentium4微机的运算速度为每秒40亿次，即4 000MIPS。

2. 计算精确度高

计算机内部采用二进制数进行运算，因此表示的精确度极高。一般计算机可以达到十几位以上的有效数字。尖端科学技术的发展往往需要高度准确的计算能力，在科学和工程计算中对精确度的要求也特别严格，计算机可以保证计算结果的任意精确度要求。例如，圆周率π的计算，历代科学家采用人工方式计算只能算出小数点后500位，1981年日本人曾利用计算机算到小数点后200万位，而目前已达到小数点后上亿位。

3. 存储功能强

计算机具有存储“信息”的存储设备，可以存储大量的数据。它能把数据、程序等信息存储起来，进行数据处理和计算，并把结果保存起来，当需要时又能准确无误地取出来。存储信息的多少取决于所配备的存储设备的容量。目前的计算机不仅提供大容量的主存储器，同时还提供各种外存储器。外存是内存的延伸，从这个角度上讲，可以说外存是海量的。而且，只有存储介质不被破坏，就可以使信息永久保存。

4. 具有逻辑判断能力

计算机不仅能进行数值运算，同时也能进行各种逻辑运算，可以对文字或符号进行判断和比较，进行逻辑推理和证明，并且根据判断的结果，自动决定下一步执行的操作。布尔代数是计算机的逻辑基础。计算机的逻辑判断能力也是计算机智能化所必备的基本条件，这是其他任何计算工具无法与之相比的。

5. 具有自动工作的能力

由于完成任务的程序和数据存数在计算机中，计算机内部操作是按照人们事先编制的程序一步一步地执行，直到完成指定的任务为止。整个过程都是在程序控制下自动进行，不需要人工操作和干预。这也是计算机与其他计算工具最本质的区别。

五、计算机的应用领域

1. 科学计算

科学计算又称为数值计算，指用于完成科学研究和工程技术中提出的数学问题的计算。世界上第一台计算机就是为科学计算而设计的。随着科学技术的发展，使得各领域中的计算模型日趋复杂，计算量大且数值变化范围大，人工计算无法解决这些复杂问题。50 多年来，在天文学、量子化学、空气动力学、气象预报等领域中，都需要依靠计算机进行高速和高精度的运算。

2. 数据处理

数据处理也称为非数值处理或事务处理，是指对大量信息进行加工处理，如存储、加工、分类、统计、查询及报表等。与科学计算不同，数据处理涉及的数据量一般很大，但计算方法较简单。

目前，数据处理广泛应用于办公自动化、企业管理、事物处理和情报检索等，成为计算机应用的一个重要方面。计算机管理信息系统的建立，使企业的生产管理水平跃上了新的台阶。从低层的生产业务处理，到中层的作业管理控制，进而到高层的企业规划、市场预测，都有一套新的标准和机制。特别是大规模企业生产资源规划管理软件的开发和使用，为企业实现全面资源管理、生产自动化和集成化、提高生产效率奠定了牢固的基础。

3. 过程控制

过程控制也称为实时控制，是指利用传感器实时采集数据，通过计算机计算出最佳值，并据此迅速地对控制对象进行自动控制或自动调节，如对数控机床和生产流水线的控制。利用计算机进行过程控制，不仅可以大大提高控制的自动化水平，而且可以提高控制的及时性和准确性，从而改善劳动条件、提高质量、节约能源、降低成本。计算机过程控制已在冶金、石油、化工、纺织、水电、机械和航天等部门得到广泛的应用。

4. 计算机辅助工程

计算机辅助工程是以计算机为工具，配备专用软件辅助人们完成特定的任务，以提高工作效率和工作质量为目标。计算机辅助工程包括 CAD，CAM，CAI，CAE 等。

(1)计算机辅助设计(Computer－Aided Design，CAD)技术，是综合利用计算机的工程计算、逻辑判断、数据处理功能和人的经验与判断能力，形成一个专门的系统，用来进行各种图形设计和图形绘制，对所设计的部件、构件或系统进行综合分析与模拟仿真实验。目前在汽车、飞机、船舶、集成电路、大型自动控制系统的设计中，计算机辅助设计的地位越来越重要。采用计算机辅助设计，不但降低了设计人员的工作量，提高了设计的速度，更重要的是提高了设计的质量。

(2)计算机辅助制造(Computer－Aided Manufacturing，CAM)技术，是指利用计算机进行生产设备的管理、控制和操作。CAD 与 CAM 密切相关,CAD 侧重于设计,CAM 侧重于产品的生产过程。采用 CAM 技术可以提高产品质量、降低成本、缩短生产周期和降低劳动强度。

(3)计算机辅助教学(Computer Aided Instruction,CAI)是在计算机辅助下进行的各种教学活动,以对话方式与学生讨论教学内容、安排教学进程、进行教学训练的方法与技术。CAI 为学生提供一个良好的个人化学习环境。综合应用多媒体、超文本、人工智能和知识库等计算机技术,具有交互性、多样性、个别性、灵活性等特点,克服了传统教学方式单一、片面的缺点。它的使用能有效地缩短学习时间、提高教学质量和教学效率,实现最优化的教学目标。

5. 人工智能

人工智能(Artificial Intelligence,AI)是指用计算机来模拟人类的智能活动,如感知、判断、理解、学习、问题求解和图像识别等,即让计算机具有类似于人类的"思维"能力。它是计算机应用研究的前沿学科。人工智能应用的领域主要有图像识别、语言识别和合成、专家系统、机器人等,在军事、化学、气象、地质、医疗等行业都有广泛的应用。

6. 电子商务与电子政务

电子商务是在 Internet 的广阔联系与传统信息技术的丰富资源相结合的背景下应运而生的一种网上相互关联的动态商务活动。简单地讲,是指通过计算机和网络进行的商务活动。电子商务旨在通过网络完成核心业务,改善售后服务,缩短周转时间,从有限的资源中获取更大的利益,从而达到销售商品的目的。它始于 1996 年,起步时间虽然不长,但其高效率、低支付、高收益和全球性的优点,很快受到各国政府和企业的广泛重视,有着广阔的发展前景。目前世界各地的许多公司已经开始通过 Internet 进行商业交易,通过网络方式与顾客、批发商、供货商、股东等进行相互联系,并在网上进行业务往来。当然,电子商务系统也面临诸如保密性、安全性和可靠性等挑战,但这些挑战将随着网络信息技术的发展和社会的进步逐步解决。

电子政务是近年来兴起的一种运用信息与通信技术,打破机关的组织界限,改进行政组织,重组公共管理,实现政府办公自动化、政务业务流程信息化,为公众和企业提供广泛、高效和个性化服务的一个过程。

7. 信息高速公路

1993 年美国正式宣布实施"国家信息基础设施(NII)计划",俗称"信息高速公路"计划,即将所有的信息库及信息网络连成一个全国性的大网络,把大网络连接到所有的机构和家庭中去,让各种形态的信息(如文字、数据、声音和图像等)都能在这个网络里交互传输。该计划引起了世界各发达国家、新兴工业国家的极大震动,纷纷提出自己的发展信息高速公路计划的设想。针对我国信息技术发展现状,我国政府把信息产业发展摆在了突出地位。

利用信息高速公路实现远距离交互式教学和多媒体教学方式,即远程教育,为教育带动经济发展创造了良好的条件。远程教育改变了传统的以教师课堂传授为主、学生被动学习的方式,使学习内容和形式更加丰富灵活,同时也加强了信息处理、计算机、通信技术和多媒体等方面内容的教育,提高了全民族的文化素质与信息化意识。信息高速公路使人们的工作方式和生活方式发生了巨大的改变,人们可以在任何地方通过多媒体和计算机网络,以多种媒体形式浏览世界各地当天的报纸、查阅各地图书馆的图书、办公、接受教育、看电视、购物、看病、发布新闻广告、发送电子邮件、聊天等等。

8. 其他领域的新应用

(1) 虚拟现实技术。虚拟现实技术(virtual reality,VR)是仿真技术的一个重要方向,是仿真技术与计算机图形学、人机接口技术、多媒体技术、传感技术、网络技术等多种技术的集合，是一门富有挑战性的交叉技术前沿学科和研究领域。虚拟现实技术（VR）主要包括模拟环境、感知、自然技能和传感设备等方面。模拟环境是由计算机生成的、实时动态的三维立体逼真图像。感知是指理想的 VR 应该具有一切人所具有的感知。除计算机图形技术所生成的视觉感知外，还有听觉、触觉、力觉、运动等感知，甚至还包括嗅觉和味觉等，也称为多感知。自然技能是指人的头部转动，眼睛、手势、或其他人体行为动作，由计算机来处理与参与者的动作相适应的数据，并对用户的输入作出实时响应，并分别反馈到用户的五官。传感设备是指三维交互设备。

(2)3D 打印技术。3D 打印（3DP）是快速成型技术的一种，它是一种以数字模型文件为基础，运用粉末状金属或塑料等可粘合材料，通过逐层打印的方式来构造物体的技术。3D 打印通常是采用数字技术材料打印机来实现的。起初在模具制造、工业设计等领域被用于制造模型，后逐渐用于一些产品的直接制造，目前已经有使用这种技术打印而成的零部件。该技术在珠宝、鞋类、工业设计、建筑、工程和施工（AEC）、汽车，航空航天、牙科和医疗产业、教育、地理信息系统、土木工程、枪支以及其他领域都有所应用。

日常生活中使用的普通打印机可以打印电脑设计的平面物品，而所谓的 3D 打印机与普通打印机工作原理基本相同，只是打印材料有些不同，普通打印机的打印材料是墨水和纸张，而 3D 打印机内装有金属、陶瓷、塑料、砂等不同的“打印材料”，是实实在在的原材料，打印机与电脑连接后，通过电脑控制可以把“打印材料”一层层叠加起来，最终把计算机上的蓝图变成实物。通俗地说，3D 打印机是可以“打印”出真实的 3D 物体的一种设备，比如打印一个机器人，打印玩具车，打印各种模型，甚至是食物等等。之所以通俗地称其为“打印机”是参照了普通打印机的技术原理，因为分层加工的过程与喷墨打印十分相似。这项打印技术称为 3D 立体打印技术。

任务 2　计算机系统概述

［学习目标］

■掌握计算机硬件系统的组成。

■掌握计算机软件系统的组成。

■了解微型计算机系统的组成。

［导读］

市场里的计算机有不同的种类和品牌的计算机，而即使是同一种配置的计算机价格也不一样，如何根据自己的要求选择一台性价比高的计算机？只有了解了计算机的组成，才能解决这些问题。

［相关知识］

计算机是由若干相互区别、相互联系和相互作用的要素组成的有机整体。它包括硬件系统和软件系统两大部分，如图 1-2 所示。计算机执行程序，二者协同工作，缺一不可。

硬件就是泛指的实际的物理设备，主要包括运算器、控制器、存储器、输入设备和输出设备五部分。没有安装任何软件的计算机叫“裸机”，而只有硬件的裸机是无法运行的，还需要软件的支持。所谓软件，是指为解决问题而编制的程序及其文档。计算机软件包括计算机本身运行所需要的系统软件和用户完成任务所需要的应用软件。计算机是依靠硬件系统和软件系统的协同工作来执行给定任务的。

在计算机系统中,硬件是物质基础,软件是指挥枢纽、灵魂,软件发挥如何管理和使用计算机的作用。软件的功能与质量在很大程度上决定了整个计算机的性能。故软件和硬件一样,是计算机工作必不可少的组成部分。

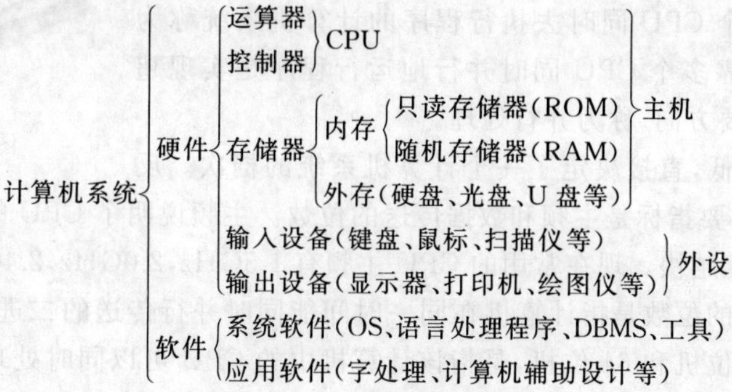

图 1-2　计算机系统组成

一、计算机硬件系统的基本组成

计算机硬件系统是指计算机系统中由电子、机械、磁性和光电元件组成的各种计算机部件和设备,虽然目前计算机的种类很多,但从功能上都可以划分为五大基本组成部分,它们是运算器、控制器、存储器、输入设备和输出设备。它们之间的关系如图 1-3 所示。其中细线箭头表示由控制器发出的控制信息流向,粗线箭头为数据信息流向。

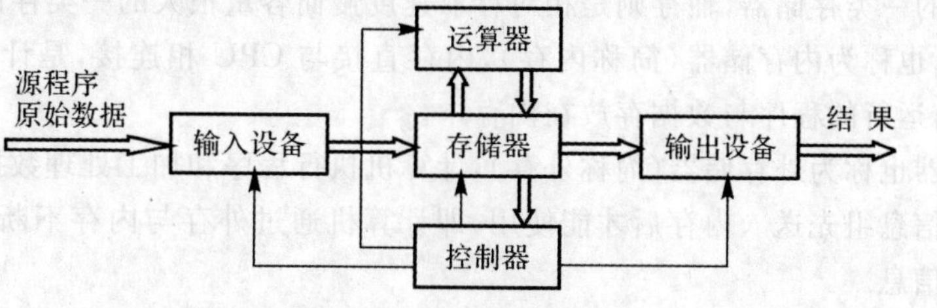

图 1-3　计算机硬件组成

1. 运算器

运算器是对数据进行加工处理的部件,它在控制器的作用下与内存交换数据,负责进行各类基本的算术运算、逻辑运算和其他操作。在运算器中含有暂时存放数据或结果的寄存器。运算器由算术逻辑单元(Arithmetic Logic Unit,ALU)、累加器、状态寄存器和通用寄存器等组成。ALU 是用于完成加、减、乘、除等算术运算,与、或、非等逻辑运算以及移位、求补等操作的部件。

2. 控制器

控制器是整个计算机系统的指挥中心,负责对指令进行分析,并根据指令的要求,有序地、有目的地向各个部件发出控制信号,使计算机的各部件协调一致地工作。控制器由指令指针寄存器、指令寄存器、控制逻辑电路和时钟控制电路等组成。

运算器和控制器统称为 CPU 中央处理机(Central Processing Unit,CPU),由运算器和控制器组成，是任何计算机系统中必备的核心部件，如图1-4所示。CPU由运算器和控制器组成，分别由运算电路和控制电路实现。

寄存器也是CPU的一个重要组成部分，是CPU内部的临时存储单元。寄存器既可以存放数据和地址，又可以存放控制信息或CPU工作的状态信息。

图1-4　CPU

通常把具有多个CPU同时去执行程序的计算机系统称为多处理机系统。依靠多个CPU同时并行地运行程序是实现超高速计算的一个重要方向，称为并行处理。

CPU品质的高低，直接决定了一个计算机系统的档次。反映CPU品质的最重要指标是主频和数据传送的位数。主频说明了CPU的工作速度，主频越高，CPU的运算速度越快。现在常用的CPU主频有1.5GHz，2.0GHz，2.4GHz，3.4GHz等。

CPU传送数据的位数是指计算机在同一时间能同时并行传送的二进制信息位数。人们常说的16位机、32位机和64位机，是指该计算机中的CPU可以同时处理16位、32位和64位的二进制数据。286机是16位机，386机是32位机，486机是32位机，Pentium机是64位机。随着型号的不断更新，微机的性能也不断提高。

3. 存储器

计算机系统的一个重要特征是具有极强的“记忆”能力，能够把大量计算机程序和数据存储起来。存储器是计算机系统内最主要的记忆装置，既能接收计算机内的信息（数据和程序），又能保存信息，还可以根据命令读取已保存的信息。

存储器按功能可分为主存储器（简称主存）和辅助存储器（简称辅存）。主存是相对存取速度快而容量小的一类存储器，辅存则是相对存取速度慢而容量很大的一类存储器。

主存储器，也称为内存储器（简称内存），内存直接与CPU相连接，是计算机中主要的工作存储器，当前运行的程序与数据存放在内存中。

辅助存储器也称为外存储器（简称外存），计算机执行程序和加工处理数据时，外存中的信息按信息块或信息组先送入内存后才能使用，即计算机通过外存与内存不断交换数据的方式使用外存中的信息。

一个存储器中所包含的字节数称为该存储器的容量，简称存储容量。存储容量通常用KB，MB或GB表示，其中B是字节（Byte），并且1KB＝1 024B，1MB＝1 024KB，1GB＝1 024MB。例如，640KB就表示640×1 024＝655 360个字节。

（1）内存储器。现代的内存储器多半是半导体存储器，采用大规模集成电路或超大规模集成电路器件。内存储器按其工作方式的不同，可以分为随机存取存储器（简称随机存储器或RAM）和只读存储器（简称ROM）。

1）随机存储器。随机存储器允许随机的按任意指定地址向内存单元存入或从该单元取出信息，对任一地址的存取时间都是相同的。由于信息是通过电信号写入存储器的，所以断电时RAM中的信息就会消失。计算机工作时使用的程序和数据等都存储在RAM中，如果对程序或数据进行了修改之后，应该将它存储到外存储器中，否则关机后信息将丢失。通常所说的内存大小就是指RAM的大小，一般以KB或MB为单位。

2）只读存储器。只读存储器是只能读出而不能随意写入信息的存储器。ROM中的内容是由厂家制造时用特殊方法写入的，或者要利用特殊的写入器才能写入。当计算机断电后，

ROM中的信息不会丢失。当计算机重新被加电后,其中的信息保持原来的不变,仍可被读出。ROM适宜存放计算机启动的引导程序、启动后的检测程序、系统最基本的输入输出程序、时钟控制程序以及计算机的系统配置和磁盘参数等重要信息。

(2)外存储器。PC机常用的外存是软磁盘(简称软盘)、硬磁盘(简称硬盘)和光盘。现在介绍常用的三种外存。

1)软盘。目前计算机常用的软盘按尺寸划分有5.25 in盘(简称5寸盘)和3.5 in盘(简称3寸盘)。台式PC机使用的是3.5 in的高密软盘驱动器,如图1-5所示。由硬塑料制成,不易弯曲和损坏;3.5 in盘的边缘有一个可移动的金属滑片,对盘片起保护作用,读写槽位于金属滑片下,平时被盖住。3.5 in盘的写保护装置是盘角上的一个正方形的孔和一个滑块,当滑块封住小孔时,可以对盘片进行读写操作,当小孔打开时,则处于写保护状态。软盘记录信息的格式是:将盘片分成许多同心圆,称为磁道,磁道由外向内顺序编号,信息记录在磁道上。另外,从同心圆放射出来的若干条线将每条磁道分割成若干个扇区,顺序编号。这样,就可以通过磁道号和扇区号查找到信息在软盘上存储的位置,一个完整的软盘存储系统是由软盘、软盘驱动器和软驱适配卡组成的。软盘只能存储数据,如果要对它进行读出或写入数据的操作,还必须有软盘驱动器。软盘驱动器位于主机箱内,由磁头和驱动装置两部分组成。磁头用来定位磁道,驱动装置的作用是使磁盘高速旋转,以便对磁盘进行读写操作。软驱适配卡是连接软盘驱动器与主板的专用接口板,通过34芯扁平电缆与软盘驱动器连接。

图1-5　3.5 in软盘的外形

软盘具有携带方便、价格便宜等优点,以今天的视角来看,其读写速度慢容量小、单位容量成本高、速度慢且可靠性差,直到U盘(闪存盘)的出现,逐渐全面替代了历史悠久的软盘,现在推出市面的电脑机箱也不再设有软盘驱动器插口。

2)硬盘。有机械硬盘(HDD传统硬盘)、固态硬盘(SSD盘,新式硬盘)、混合硬盘(HHD一块基于传统机械硬盘诞生出来的新硬盘)。

• 机械硬盘(Mechanical hard disk)如图1-6所示,从数据存储原理和存储格式上看,硬盘与软盘完全相同。但硬盘的磁性材料是涂在金属、陶瓷或玻璃制成的硬盘基片上,而软盘的基片是塑料的。硬盘相对软盘来说,主要是存储空间比较大,目前主流的硬盘容量为500GB或1TB。硬盘大多由多个盘片组成,此时,除了每个盘片要分为若干个磁道和扇区以外,多个盘片表面的相应磁道将在空间上形成多个同心圆柱面。通常情况下,硬盘安装在计算机的主机箱中,但现在已出现一种移动硬盘,这种移动硬盘通过USB接口和计算机连接,方便用户携带大容量的数据。

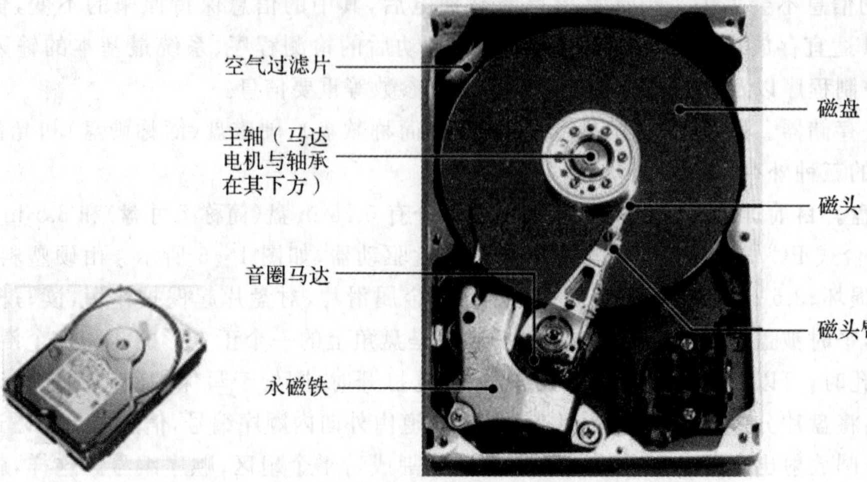

图 1-6　机械硬盘

• 固态硬盘(Solid State Drives)如图 1-7 所示，用固态电子存储芯片阵列而制成的硬盘，由控制单元和存储单元(FLASH 芯片、DRAM 芯片)组成。固态硬盘在接口的规范和定义、功能及使用方法上与普通硬盘的完全相同，在产品外形和尺寸上也完全与普通硬盘一致。被广泛应用于军事、车载、工控、视频监控、网络监控、网络终端、电力、医疗、航空、导航设备等领域。

3)光盘如图 1-8 所示。随着多媒体技术的推广，光盘以其容量大、寿命长、成本低的特点，很快受到人们的欢迎，普及相当迅速。与磁盘相比，光盘的读写是通过光盘驱动器中的光学头用激光束来读写的。目前，用于计算机系统的光盘有三类：只读光盘(CD-ROM)、一次写入光盘(CD-R)和可擦写光盘(CD-RW)。

图 1-7　固态硬盘

图 1-8　光盘

4. 输入设备

计算机中常用的输入设备是键盘和鼠标。

(1)键盘。键盘通过 1 根 5 芯电缆连接到主机的键盘插座内，其内部有专门的微处理器和控制电路，当操作者按下任一键时，键盘内部的控制电路产生一个代表这个键的二进制代码，然后将此代码送入主机内部，操作系统就知道用户按下了哪个键。

现在的键盘通常有101键键盘和104键键盘两种，目前较常用的是104键键盘，如图1-9所示。

图1-9　键盘

(2)鼠标。鼠标器是近年来逐渐流行的一种输入设备，鼠标可以方便准确地移动光标进行定位，因其外形酷似老鼠而得名，如图1-10所示。

根据结构的不同，鼠标可分为机械式、光电式和无线鼠标三种。

1)机械式鼠标。其底部有一个橡胶小球，当鼠标在水平面上滚动时，小球与平面发生相对转动而控制光标移动。

2)光电式鼠标。其对光标进行控制的是鼠标底部的两个平行光源，当鼠标在特殊的光电板上移动时，光源发出的光经反射后转化为移动信号，控制光标移动。

图1-10　鼠标

3)无线鼠标。它分为无线电和红外线两种。红外线穿透力差，在发送和接收口前只要有遮挡物存在就会严重影响使用；而无线电则不用担这个心，即使在发射和接收口前放上厚厚的书本也毫无影响。无线鼠标要能够正常地工作，必须安装一个信号接收器，而传统无线鼠标的接收器都是采用红外线技术的，需要将发射器对准接收器成一直线，且其间不可有障碍物；但采用了最新无线电技术的无线鼠标则没有这个限制，只要鼠标和主机的距离在2米内，即使有障碍物也可以正常工作。

5. 输出设备

计算机常用的输出设备为显示器和打印机。

(1)显示器。显示器是计算机系统最常用的输出设备，它的类型很多，根据显像管的不同可分为三种类型：阴极射线管(CRT)、发光二极管(LED)和液晶(LCD)显示器，如图1-11所示。其中阴极射线管显示器常用于台式机；发光二极管显示器常用于单板机；液晶显示器以前常用于笔记本电脑，现在台式机也配用液晶显示器。

(2)打印机。打印机也是计算机系统中常用的输出设备，目前我们常用的打印机有点阵式打印机、喷墨打印机和激光打印机三种。

1)点阵打印机又称为针式打印机，有9针和24针两种，如图1-12所示。针数越多，针距越密，打印出来的字就越美观。针打的主要优点是：价格便宜、维护费用低，可复写打印，适合于打印蜡纸。缺点是：打印速度慢、噪声大、打印质量稍差。目前针式打印机主要应用于银行、税务、商店等的票据打印。

2)喷墨打印机是通过喷墨管将墨水喷射到普通打印纸上而实现字符或图形的输出，如图

1－13 所示。主要优点是：打印精度较高、噪声低、价格便宜。其缺点是：打印速度慢，由于墨水消耗量大，使日常维护费用高。

3）激光打印机是近年来发展很快的一种输出设备，由于它具有精度高、打印速度快、噪声低等优点，已越来越成为办公自动化的主流产品。随着普及性的提高，其价格也将大幅度下降。激光打印机的一个重要指标就是 DPI（每英寸点数），即分辨率。分辨率越高，打印机的输出质量就越好，如图 1－14 所示。

（a）阴极射线管（CRT）显示器　（b）液晶（LED）显示器

图 1－11　显示器

图 1－12　点阵打印机

图 1－13　喷墨打印机

图 1－14　激光打印机

除以上介绍的计算机的基础硬件外，随着计算机技术的发展，逐步出现了许多新的计算机设备，下面对几种典型设备加以介绍。

6. 机箱

机箱是计算机的外壳，从外观上分为卧式和立式两种。机箱一般包括外壳、用于固定软硬驱动器的支架、面板上必要的开关、指示灯和显示数码管等。配套的机箱内还有电源。

通常在主机箱的正面都有电源开关 Power 和 Reset 按钮，Reset 按钮用来重新启动计算机系统（有些机器没有 Reset 按钮）。在主机箱的背面配有电源插座，用来给主机及其他的外部设备提供电源。一般的 PC 都有一个并行接口和两个串行接口，并行接口用于连接打印机，串行接口用于连接鼠标、数字化仪等串行设备。另外，通常 PC 还配有一排扩展卡插口，用来连接其他的外部设备。

7. 主板

打开主机箱后，可以看到位于机箱底部的一块大型印刷电路板，称为主板（Main board），也称为系统板（System Board）或母板（Mother Board）。

如图 1－15 所示，主板上通常有微处理器插槽、内存储器（ROM，RAM）插槽、输入输出控制电路、扩展插槽、键盘接口、面板控制开关和与指示灯相连的接插件等。

主板上有一些插槽或 I/O 通道，不同的 PC 所含的扩展槽个数不同。扩展槽可以随意插入某个标准选件，如显示适配器、软盘驱动器适配器、声卡、网卡和视频解压卡等。扩展槽有16位和32位槽两种。主板上的总线并行地与扩展槽相连，数据、地址和控制信号由主板通过扩展槽送到选件板，再传送到与PC机相连的外部设备上。

图 1-15 主板

8. 新一代的PC接口标准

第一版USB1.0是在1996年出现的，速度只有12Mbps；两年后升级为USB1.1，速度没有任何改变，仅改变了技术细节，至今在部分旧设备上还能看到这种标准的接口；2000年4月起广泛使用的USB2.0推出，速度达到了480Mbps，是USB 1.1的40倍；如今10多个年头过去了，USB 2.0的速度早已经无法满足应用需要，USB 3.0也就应运而生，最大传输带宽高达5.0Gbps，也就是5120MB/s。

9. 手写笔

手写笔是手写系统中一个很重要的部分。早期的输入笔要从手写板上输入电源，因此笔的尾部有一根电缆与手写板相连，这种输入笔也称为有线笔。较先进的输入笔在笔壳内安装有电池，还有的借助于一些特殊技术而不需要任何电源，因此无须用电缆连接手写板，这种笔也称为无线笔。无线笔的优点是携带和使用起来非常方便，同时也较少出现故障。输入笔一般还带有两个或三个按键，其功能相当于鼠标按键，这样在操作时就不用在手写笔和鼠标之间来回切换了。

早期的手写笔只有一级压感功能，只能感应到单一的笔迹，而现在不少产品都具有压力感应功能，即除了能检测出用户是否划过了某点外，还能检测出用户划过该点时的压力有多大，以及倾斜角度是多少。有了压感能力之后，用户就可以把手写笔当作画笔、水彩笔、钢笔和喷墨笔来进行书法书写、绘画或签名，远远超出了一般的写字功能。另外，在手写设备中集成语音识别功能也是一大趋势，许多厂商均已将语音识别技术整合到自己的产品中，如汉王笔等。

除了硬件外，手写笔的另一项核心技术是手写汉字识别软件，目前各类手写笔的识别技术都已相当成熟，识别率和识别速度也完全能够满足实际应用的要求。

10. 手写板

手写绘图输入设备对计算机来说是一种输入设备，最常见的是手写板，其作用和键盘类似。当然，基本上只局限于输入文字或者绘画，也带有一些鼠标的功能，如图 1－16 所示。手写板还可以用于精确制图，例如可用于电路设计、CAD 设计、图形设计、自由绘画以及文本和数据的输入等。手写板有的集成在键盘上，有的是单独使用，单独使用的手写板一般使用 USB 口或者串口。在手写板的日常使用上，除用于文字、符号、图形等输入外，还可提供光标定位功能，从而手写板可以同时替代键盘与鼠标，成为一种独立的输入工具。

图 1－16　手写板

11. 新型的存储设备

U 盘是一种新型的随身型移动存储设备，符合 USB 1.0 标准，通过 USB 接口与计算机交换数据，支持即插即用，在 Windows Me/Windows2000 以上版本操作系统下无须安装任何驱动程序，使用非常方便。U 盘的另外一个优点是它的读写速度非常快，其读出速度大于 1MB/S，写入速度大于 600KB/S，大大快于软盘的速度；另外，U 盘采用 Flash 作为存储介质，无机械读写部件，所以不仅数据保持能力非常强，抗电磁干扰，而且抗震能力也非常强，如图 1－17 所示。U 盘采用世界上最先进的存储和移动传输技术，加上为方便使用而用心设计的造型，是移动办公及文件交换的最佳选。

移动硬盘(Mobile Hard disk)顾名思义是以硬盘为存储介质，计算机之间交换大容量数据。绝大多数的移动硬盘都是以标准硬盘为基础的，如图 1－18 所示，截至 2015 年，主流 2.5 in 品牌移动硬盘的读取速度约为 50～100 MB/s，写入速度约为 30～80 MB/s。移动硬盘可以提供相当大的存储容量，是一种较具性价比的移动存储产品。市场中的移动硬盘能提供 320GB～4TB 等，最高可达 12TB 的容量，可以说是 U 盘，磁盘等闪存产品的升级版，被大众广泛接受。移动硬盘的容量同样是以 MB(兆)，GB(1 024 兆)，TB(1TB＝1 024GB)为单位的，1.8 in移动硬盘大多提供 10GB，20GB，40GB，60GB，80GB；2.5 in 的有 500GB，750GB，1TB，2TB 的容量；3.5 in 的移动硬盘盒还有 500GB，640GB，750GB，1TB，1.5TB，2TB，4TB，6TB 甚至于 8TB 的大容量，除此之外还有桌面式的移动硬盘，容量更达到 8TB 的超大容量。随着技术的发展，移动硬盘将容量越来越大，体积越来越小。

图 1－17　U 盘

图 1－18　移动硬盘

12. CD－R/RW 刻录机

CD－R 刻录机(CD－Recorder 或 CD－Recordable 的缩写)这种光盘驱动器在刻录光盘

时，一张光盘只可以让用户写一次，其数据格式与 CD－ROM 相同。CD－R 规格书由菲利浦公司(Philips)和索尼公司(Sony)共同制定并于 1990 年颁布，雅马哈公司(Yamaha)在同年推出了第一部 2 倍速 CD－R 驱动器。目前的 CD－R 刻录机根据写入速度的不同，其售价约在 400～600 元之间，CD－R 刻录机的读取速度一般为 40 速、48 速、52 速或更高，而写入速度通常为 16 速或 40 速。

CD－RW 刻录机(CD－ReWritable 的缩写)是允许用户在同一张可擦写光盘上反复进行数据擦写操作的光盘驱动器。CD－RW 采用相变技术来存储信息。相变技术是指在盘片的记录层上，某些区域是处于低反射特性的非晶体状态，数据是通过一系列的由非晶体到晶体的变迁来表示。CD－RW 驱动器在进行记录时，通过改变激光强度来对记录层进行加热，从而导致从非晶体状态到晶体状态的变迁。与 CD－R 驱动器相比，CD－RW 具有明显的优势。CD－R 驱动器所记录的资料是永久性的，刻成就无法改变。若刻录中途出错，则既浪费时间又浪费 CD－R 光盘；而 CD－RW 驱动器一旦遭遇刻录失败或需要重写，可立即通过软件下达清除数据的指令，令 CD－RW 光盘重获"新生"，又可重新写入数据。

13. 总线

总线是连接计算机中各个部件的一组物理信号线。总线在计算机的组成与发展过程中起着关键性的作用，因为总线不仅涉及各个部件之间的接口与信号交换规则，还涉及计算机扩展部件和增加各类设备时的基本约定。

按所传送信息的不同类型，总线可以分为数据总线 DB(Data Bus)、地址总线 AB(Address Bus)和控制总线 CB(Control Bus)三种类型，通常称微型计算机采用三总线结构。如图 1－19 所示。

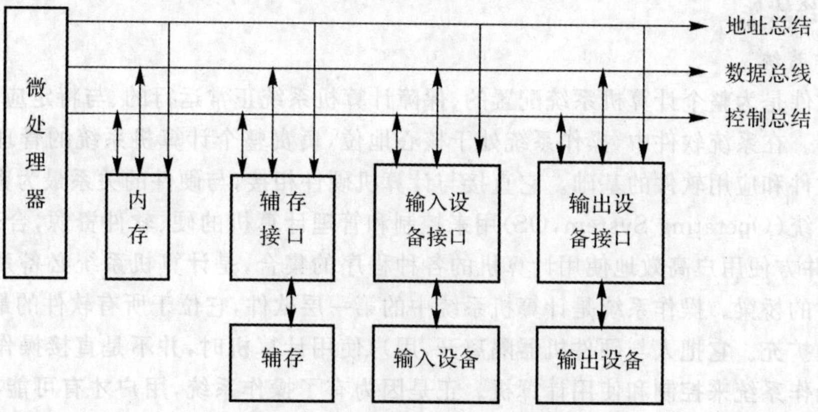

图 1－19 计算机的三总线结构

在计算机系统中，总线使各个部件协调地执行 CPU 发出的指令。CPU 相当于总指挥部，各类存储器提供具体的机内信息(程序与数据)，I/O 设备担任着计算机的"对外联络任务"(输入与输出信息)，而由总线去沟通所有部件之间的信息流。

PC 机的总线结构有 ISA，EISA，VESA，PCI 等几种，目前以 PCI 总线为主流。

14. 微型计算机系统的主要性能指标

(1)字长 。它指计算机一次能够并行处理的二进制数据的位数，字长直接影响到计算机的功能、用途及应用领域。

(2)主频速度。它指计算机的时钟频率，主频在很大程度上决定了计算机的运算速度。

(3)运算速度。它指计算机每秒钟能执行的指令数。常用的单位有 MIPS(每秒百万条指令)。目前已达每秒 2～5 亿条指令。

(4)存储周期。它指存储器连续两次读取(或写入)所需的最短时间，半导体存储器的存储周期约为几十到几百毫微秒之间。

(5)存储容量。它指内存储器能够存储信息的总字节数。

(6)可靠性。它指在给定时间内计算机系统能正常运转的概率，通常用平均无故障时间表示，无故障时间越长表明系统的可靠性越高。

(7)可用性。它指计算机的使用效率，它以计算机系统在执行任务的任意时刻所能正常工作的概率表示。

(8)可维护性。它指计算机的维修效率，通常用平均修复时间来表示。

其中，主频、运算速度、存储周期是衡量计算机速度的不同性能指标。此外，还有一些评价计算机的综合指标，例如性能价格比、兼容性、系统完整性、安全性等。

二、计算机软件系统

计算机硬件系统由大量的、复杂的、特性各异的物理器件组成。这个庞大的军团由谁指挥？用户发出的命令由谁去完成？应用程序提出的请求由谁去实现？计算机中繁杂的数据由谁去管理？用户如何与计算机交流？这些都由计算机系统中的软件系统来实现的。

软件系统分为系统软件和应用软件。系统软件包括操作系统、各种语言的编译系统、数据库管理系统和网络管理软件等。应用软件是为各种应用目的而编制的各种软件。

(一)系统软件

1. 操作系统

系统软件是为整个计算机系统配置的、保障计算机系统正常运行的、与特定应用领域无关的通用软件。在系统软件中，操作系统处于核心地位，负责整个计算机系统的管理和控制，是其他系统软件和应用软件的基础。它直接与计算机硬件相接，与硬件的关系最为密切。

操作系统(Operating System，OS)用来控制和管理计算机的硬、软件资源，合理地组织计算机流程，并方便用户高效地使用计算机的各种程序的集合，是计算机系统必备系统软件，是用户与硬件的桥梁。操作系统是计算机系统中的第一层软件，它位于所有软件的最内层，是硬件的第一级扩充。它把人与硬件机器隔离开，用户使用计算机时，并不是直接操作硬件机器，而是通过操作系统来控制和使用计算机。正是因为有了操作系统，用户才有可能在不了解计算机内部结构及原理的情况下，仍能自如地使用计算机。例如当用户向计算机输入一些信息时，根本不必考虑这些输入的信息放在机器的什么地方；当用户将信息存入磁盘时，也不必考虑到底放在磁盘的哪一段磁道上。用户要做的只是给出一个文件名，而具体的存储工作则完全由操作系统控制计算机来完成。以后，用户只要使用这个文件名就可方便地取出相应信息。如果没有操作系统，除非是计算机专家，普通用户是很难完成这个工作的。

从资源管理的角度来看，操作系统是一组资源管理模块的集合，每个模块完成一种特定的功能，具有五大管理功能。

(1)处理器管理。处理器管理的目的是为了让 CPU 有条不紊地工作。由于系统内一般都有多道程序存在，这些程序都要在 CPU 上执行，而在同一时刻，CPU 只能执行其中一个程序，故需要把 CPU 的时间合理地、动态地分配给各道程序，使 CPU 得到充分利用，同时使得各道程序的需求也能够得到满足。需要强调的是，因为 CPU 是计算机系统中最重要的资源，所以，操作系统的 CPU 管理也是操作系统中最重要的管理。

(2)存储器管理。它是指操作系统对计算机系统内存的管理，目的是使用户合理地使用内存。其主要功能是：

1)合理分配和及时回收内存，即操作系统按一定策略给程序合理地分配内存空间，并及时将不用的空间回收。

2)对内存的保护。它是指操作系统采取相应的管理措施来防止多道程序之间内存的相互干扰，尤其是操作系统存储区严禁用户程序使用。

3)扩充内存。它是指操作系统采用覆盖、交换和虚拟等存储管理技术实现内存空间的扩充。

(3)设备管理。它是指对除 CPU 和内存外所有外部设备的管理，设备管理的目标是：①用户使用设备的方便性；②设备工作的并行性；③设备分配的均衡性；④设备的无关性。

(4)文件管理。它是对计算机系统中软件资源的管理，目的是为用户创造一个方便安全的信息使用环境。其功能是：①文件的结构及存取方法；②文件的目录机构及有关处理；③文件存储空间的管理；④文件的共享和保护；⑤文件的操作和使用。

(5)作业管理 。完成某个独立任务的程序及其所需的数据组成一个作业。作业管理的任务主要是为用户提供一个使用计算机的界面使其方便地运行自己的作业，并对所有进入系统的作业进行调度和控制，尽可能高效地利用整个系统的资源。

从操作人员的角度上讲，操作系统的作业管理和文件管理是可见的，而处理器管理、存储管理和设备管理功能是不可见的。操作系统提供大量操作控制命令和系统调用命令。操作人员主要是通过操作命令来使用操作系统，称为命令执行方式。程序人员利用系统调用命令来调用操作系统功能，称为系统调用方式。

2. 计算机语言

现代计算机解题的一般过程是：用户用高级语言编写程序，与数据一起组成源程序送入计算机，然后由计算机将其翻译成机器语言，在计算机上运行后输出结果。那么常用的计算机语言都有哪些呢？下面我们来简要介绍。

(1)机器语言。硬件直接提供的一套指令系统就是机器语言。因此，机器语言也就是由 0 和 1 按一定规则排列组成的一个指令集；它是计算机唯一能识别和执行的语言，机器语言程序就是机器指令代码序列。其主要优点是执行效率高、速度快；主要缺点是直观性差，可读性不强，给计算机的推广使用带来了极大的困难。这是第一代语言。

(2)汇编语言。要记住每台计算机的指令系统显然是不可能的，汇编语言为机器语言指令的操作性质安排了助记符号，用助记符来表示指令中的操作码和操作数的指令系统就是汇编语言，它比机器语言前进了一步，助记符比较容易记忆，可读性也好。但仍是一种面向机器的语言，是第二代语言。

与高级语言相比，用机器语言或汇编语言编写的程序节省内存，执行速度快，并且可以直接利用和实现计算机的全部功能，完成一般高级语言难以做到得工作。它常用于编写系统软件、实时控制程序、经常使用的标准子程序、直接控制计算机的外部设备或端口数据输入输出的程序。但编制程序的效率不高，难度较大，维护较困难，属低级语言。

(3)高级语言。数 10 年来,人们又创造出了一种更接近于人类自然语言和数学语言的语言,称为高级语言,也就是算法语言,是第三代语言。高级语言的特点是:与计算机的指令系统无关。它从根本上摆脱了语言对机器的依赖,使之独立于机器,由面向机器改为面向过程,所以也称为面向过程语言。目前,世界上有几百种计算机高级语言,常用的和流传较广的有几十种,它们的特点和适应范围也不相同。主要有 FORTRAN 用于科学计算;COBOL 用于商业事务;PASCAL 用于结构程序设计,C 用于系统软件设计等。

(4)非过程语言。这是第四代语言。使用这种语言,不必关心问题的解法和处理过程的描述,只要说明所要完成的加工和条件,指明输入数据以及输出形式,就能得到所要的结果,而其他的工作都由系统来完成。因此,它比第三代语言具有更多的优越性。

如果说第三代语言要求人们告诉计算机怎么做,那么第四代语言只要求人们告诉计算机做什么。因此,人们称第四代语言是面向目标(或对象)的语言,如 Visual C++,Java 语言等。Java 语言是面向网络的程序设计语言,具有面向对象、动态交互操作与控制,动画显示,多媒体支持及不受平台限制,并具有很强的安全性和可靠性等卓越优势,有着良好的前景。

(5)智能性语言。这是第五代语言。它具有第四代语言的基本特征,还具有一定的智能和许多新的功能。如 PROLOG 语言,广泛应用于抽象问题求解、数据逻辑、自然语言理解、专家系统和人工智能的许多领域。

3. 语言处理程序

(1)源程序。用汇编语言和各种高级语言各自规定的使用的符号和语法规则,并按规定的规则编写的程序称为“源程序”。

(2)目标程序。将计算机本身不能直接读懂的源程序翻译成相应的机器语言程序,称为“目标程序”。

计算机将源程序翻译成机器指令时,有解释方式和编译方式两种。编译方式与解释方式的工作过程如图 1-20 所示。

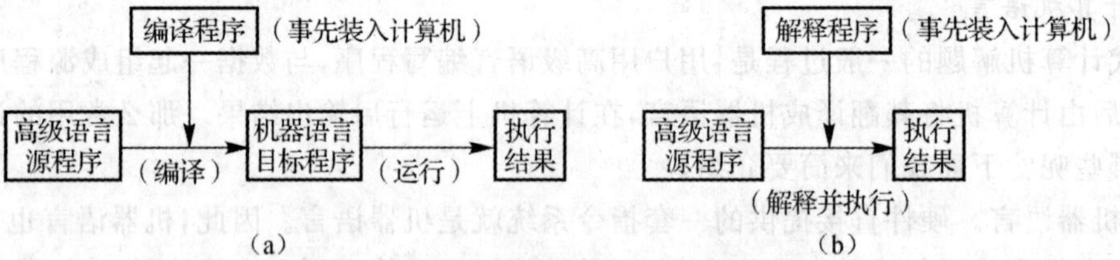

图 1-20 源程序翻译成机器指令的过程

(a)编译过程示意图; (b)解释过程示意图

可以看出,编译方式是把源程序用相应的编译程序翻译成相应的机器语言的目标程序,然后再通过连接装配程序,连接成可执行程序,再执行可执行程序而得结果。在编译之后形成的程序称为“目标程序”,连接之后形成的程序称为“可执行程序”,目标程序和可执行程序都是以文件方式存放在磁盘上,再次运行该程序,只需直接运行可执行程序,不必重新编译和连接。

解释方式就是将源程序输入计算机后,用该种语言的解释程序将其逐条解释,逐条执行,执行完只得结果,而不保存解释后的机器代码,下次运行该 程序时还要重新解释执行。

4. 数据库管理系统

数据库是统一管理的相关数据集合,而数据库管理系统(Data Base Management System,

DBMS)是指在数据库系统中对数据库进行管理的软件,它是数据库系统的重要组成部分,也是数据库系统的核心。数据库管理系统的主要功能是实现对共享数据的有效组织、管理和存取,同时数据库管理系统必须负责维护数据库,保证数据库的完整性和安全性。数据库管理系统位于用户和操作系统之间,它一方面建立在操作系统基础之上,另一方面支持用户对数据库的各种操作。在数据库管理系统支持下,用户可按逻辑意义、抽象地使用数据库中的数据,而不必涉及数据在计算机系统中的存放细节,提高了数据的独立性。

常见的数据库管理系统有:Access,SQL Server,FoxPro,Oracle 等。

(二)应用软件

应用软件是指为某类应用需要或解决某个特定问题而设计的程序,如文字处理软件、图形软件、财务软件、软件包等,这是范围很广的一类软件。在计算机应用中,应用软件发挥着巨大的作用,承担了许多应用任务,如人事管理、财务管理、图书管理等。按照应用软件使用面的不同,一般可将应用软件分为以下两类:专用应用软件和通用应用软件。专用应用软件是指为解决专门问题而定制的软件。它按照用户的特定需求而专门开发,其应用面窄,往往只局限于本单位或部门使用,如某高校教学管理系统、超市销售系统、铁路运行调度管理系统等。通用应用软件是指为解决较有普遍性的问题而开发的软件,其可广泛应用于各领域,如办公软件包、计算机辅助设计软件、各种图形图像处理软件、电子书刊阅读软件、多媒体音乐、视频播放软件等。它们在计算机应用普及进程中,被迅速推广流行,又反过来推进了计算机应用的进一步普及。

也有一些应用软件被称为工具软件,或称实用工具软件。它们一般较小,功能相对单一,但却是解决一些特定问题的有力工具,如下载软件、阅读器、防毒软件等。

以下简单介绍几种常见的应用软件。

1. 办公软件

现代办公涉及对文字、数字、表格、图表、图形、图像以及音频和视频等多种媒体信息的处理,为了实现办公信息处理的自动化,针对不同的信息数据的处理和不同的应用,必须使用不同类型的办公软件。办公软件一般包括文字处理、桌面排版、幻灯演示,电子表格等。常用的办公系列软件有 Microsoft 公司的 Microsoft Office 和金山公司的 WPS Office。它们都是运行在 Windows 操作系统环境下的应用软件,拥有优秀的办公处理功能和方便易用的特点,在很大程度上满足了单位和家庭用户办公的需求,深受广大用户的喜爱。常用办公软件有以下几种。

(1)文字处理软件。文字处理软件的主要功能是将中、英文字符、表格输入到计算机,进行存储、编辑、排版等,并可以各种所需的形式显示、打印。目前的字处理软件不仅可以方便地处理图形,如图形、图片,图表、艺术字,数学公式等,也可以处理声音等多媒体信息。最常用的文字处理软件有 Microsoft Word,WPS Office 金山文字等。

(2)演示文稿软件。演示文稿软件是用于制作幻灯片和演示文稿的软件,它可通过计算机播放文字、图形、声音和动画等多媒体信息,广泛用于多媒体教学、产品宣传、会议演讲、学术报告、现场展示等。常见多媒体演示软件有 Microsoft PowerPoint,WPS Office 金山演示和 Lotus Freelance Graphics 等。

(3)电子表格软件。电子表格软件发挥了计算机强大的计算和数据管理功能,通过在表格中输入文字、数字或公式,利用大量的内置库函数方便快捷地进行统计和运算,并可根据计算的结果进行分析,生成各种统计图表,以评价、预测发展趋势,提供决策支持。常见的电子表格处理软件有 Microsoft Excel,WPS Office 金山表格,Lotus 1-2-3 等。

(4)网页制作软件。随着互联网的普及,网页制作软件也迅速发展。网页制作软件可以让用户不必使用 HTML 语言就可编写网页的文本、装配图形元素、超链接到其他网站,为用户快速、方便地浏览网络上的信息提供了方便、快捷的途径。常用的网页制作软件有:Microsoft FrontPage,Macromedia Dreamweaver,Claris Page 等,Microsoft Word 软件也提供了将 Word 文档转换成 HTML 文档的功能。

(5)桌面出版软件。桌面出版软件在字符及图形设计技术的编辑排版处理方面的功能比文字处理软件更加强大,主要用于报纸、书刊、杂志等出版行业,可以提供更复杂、更专业的排版和输出效果。目前国内常用的排版软件有北大方正排版软件、华光排版软件等。随着文字处理软件技术的发展及功能的丰富,其与桌面出版软件之间的差距越来越小,如 Microsoft Word 也已广泛地用于书籍的出版。

2. 图形和图像处理软件

随着计算机技术的发展,人们获取信息的方法和数量也越来越多。图形、图像已成为常用的媒体信息。相关的图形、图像处理软件的应用也越来越普遍。在计算机中,图形一般分为两种类型:矢量图形和点阵图形(也称位图)。这两种图形的格式不相同,软件的处理方式也不相同,常用图形和图像处理软件有以下几种。

(1)图像软件。图像软件主要用于创建和编辑位图文件。在位图文件中图像由像素点组成。位图文件是最本质的图像表示方式,它适合表示真实的场景。Adobe 公司开发的 Photoshop 软件是目前世界上最流行的图像处理软件,广泛应用于广告设计、美术编辑、彩色印刷、摄影等领域。此外 Windows 操作系统中自带的 PaintBrush 也是一个简单的图像软件,用户可通过绘图工具在屏幕上简单地创建和编辑图像。

(2)图形软件。图形软件主要用于创建和编辑矢量图文件。在矢量图文件中,图形由点、线、圆、椭圆、矩形、多边形等基本图素或体素构成。绘图软件主要应用于工业设计和三维建模等领域。由美国 Autodesk 公司开发的 AutoCAD 是一个通用的交互式绘图软件包,广泛使用在建筑、机械等行业。此外常用的绘图软件还有 Pro/E,UG,Catia,SolidWorks,CorelDraw,Macromedia FreeHand 等。

(3)动画制作软件。计算机动画技术已广泛地应用于影视特技、广告艺术及 Internet 等领域。一般动画软件都包括对各种动画的编辑工具,用户只要根据自己的想法来编排动画,分镜头的处理工作由计算机和软件完成。此外,动画制作软件还提供场景变换、角色更替等功能。3D MAX 是 AutoDesk 公司推出的三维建模和动画制作软件,具有建模、修改模型、赋材质、运动控制、设置灯光和摄像机、插值生成动画以及后期制作等功能。此外常见的动画制作软件还有 Flash,After Effect 等。

3. Internet 服务软件

Internet 技术的快速发展,对人们的工作、学习和生活都产生了很大的影响。人们可以通过网络完成商业交易、远程诊断、学习、办公、娱乐等。在 Internet 上提供服务的软件有很多,以下仅对 WWW 浏览器、电子邮件和 FTP 文件传输软件作简要介绍。

WWW 浏览器软件,WWW 是“World Wide Web”的缩写,译为“万维网”,也称“全球互联网”,是当今 Internet 上最受欢迎、最方便的信息检索服务系统。其使用超文本技术,将 Internet 上现有资源连接起来,使用户能从在 Internet 上已经建立了 WWW 服务器的所有站点提取超文本媒体资源文档。WWW 能把各种类型的信息(静止图像、文本、声音、音像)无缝地集成起来,供用户浏览、查询。

要浏览 WWW 的信息,客户机端必须使用浏览器软件。浏览器软件就是客户机端访问 WWW 服务器所用的程序。常见的浏览器软件有 Microsoft Internet Explorer,Netscape Navigator 等。

4. 电子邮件软件

电子邮件(Electronic Mail,E－mail)是 Internet 所有信息服务中用户最多和接触面最广泛的一类服务。电子邮件的收发过程和普通信件非常相似,所不同的是电子邮件传送的不是实物,而是电子信号,因此它不仅可以传送文字、图形,也可传送声音、视频等各种信息,快速方便,深受广大网络用户的喜爱,已经成为广大用户交换信息的重要途径。

电子邮件功能的实现也是采用客户机/服务器模式。用户一般在客户机上通过客户端的电子邮件软件向提供电子邮件服务的网络服务器发送邮件或从服务器上接收邮件。在客户机端常用的电子邮件软件有 Microsoft Outlook Express,Foxmail,Netscape Messenger 等。

5. FTP 软件

计算机上所有的信息都以文件的形式存储,当文件从一台计算机传递到另一台计算机时,由于两台计算机可能使用不同的操作系统、采用不同的字符编码、硬件设备的类型不一致等原因,就会给文件交换带来一些问题。解决计算机之间因数据交换而产生的问题,通常采用协议的方式。Internet 上的文件传输协议(File Transfer Protocol)就是为了解决在 Internet 上文件交换问题而提供的服务。

FTP 是文件传输最主要工具,使用 FTP 软件功能在于与远程服务器(通常称为 FTP 服务器)建立连接,交互式查看服务器上的文件目录,并从服务器上下载(Download)文件到自己计算机上,或将自己计算机上的文件上传(Upload)到服务器。FTP 是一种实时的联机服务,它几乎可以传送任何类型的文件,如文本文件、二进制文件、图形文件、音像文件、数据压缩文件等。访问 FTP 服务器通常有两种方式,一种是注册用户访问到服务器系统,另一种是用“匿名用户”身份访问服务器,不同身份访问服务器所拥有的权限和享受的服务不一样。在 Windows 系统中都内嵌有 FTP 程序模块,可在浏览器界面的地址栏上直接输入 FTP 服务器的 IP 地址或域名,浏览器将自动调用 FTP 程序完成连接。常用的 FTP 软件有:CuteFTP,WS－FTP 等。

6. 数据库管理软件

数据库技术是计算机应用的一个重要领域。自 20 世纪 80 年代以来,计算机越来越多地应用于事务处理。在事务处理过程中,计算机需要对大量数据进行存储、组织和检索。这些任务主要依赖数据库管理系统(DBMS)以及数据库来实现。DBMS 提供功能齐全的数据库程序设计语言,用户可以自行设计、开发符合需求的数据库应用软件。目前,在微型机上常用的数据库软件有 Microsoft Access,Visual FoxPro,My Sql 等,大型计算机上的数据库软件有 SQL Server,Oracle,Sybase 和 DB2 等。

在银行、保险、证券等行业,由于数据处理量巨大,且数据具备实时性、可靠性、安全性,为满足这些要求,一般均采用大型数据库管理系统。

在一般中小型企业、公司及学校,数据处理量较少,对系统环境的要求较低,通常采用小型数据库管理系统,能够满足企业发展的需要,又便于系统维护使用。

任务3 计算机中的信息表示

[学习目标]

■ 了解计算机中信息的表示方法。

■ 掌握计算机中用到的信息单位。

■ 掌握数的进制。

■ 掌握各种数制间的转换。

[导读]

人类在日常生活中常用十进制来表述事物的量，即逢10进1，实际上这只不过是人们的习惯而已，生活中也常常遇到其他进制，如六十进制(1 min=60 s，1 h=60 min，即逢60进1)，十二进制(计量单位“一打”)等。

在计算机领域，最常用到的是二进制，这是因为计算机是由千千万万个电子元件(如电容、电感、三极管等)组成，这些电子元件一般都是只有两种稳定的工作状态(如三极管的截止和导通)，用高、低两个电位表示“1”和“0”在物理上是最容易实现。

二进制的书写一般比较长，而且容易出错。因此除了二进制外，为了便于书写，计算机中还常常用到八进制和十六进制。一般用户与计算机打交道并不直接使用二进制数，而是十进制数(或八进制、十六进制数)，然后由计算机自动转换为二进制数。对于使用计算机的人员来说，了解不同进制数的特点及它们之间的转换是必要的。

[相关知识]

一、常用计数单位与数制转换

(一)数据存储的组织形式

如上所述，任何一个数都是以二进制形式在计算机内存储。计算机的内存是由千千万万个小的电子线路组成，每一个能代表0和1的电子线路能存储一位二进制数，若干个这样的电子线路就能存储若干位二进制数。关于内存，常用到以下一些术语。

1. 位(Bit)

每一个能代表0和1的电子线路称为一个二进制位，是数据的最小单位。

2. 字节(Byte)

字节简写为B，通常每8个二进制位组成一个字节。字节的容量一般用KB，MB，GB，TB来表示，它们之间的换算关系如下：

1KB = 1 024B；1MB = 1 024KB；1GB = 1 024MB；1TB = 1 024GB；1PB = 1 024TB。

3. 字(Word)

在计算机中作为一个整体被存取、传送、处理的二进制数字串叫做一个字或单元，每个字中二进制位数的长度，称为字长。一个字由若干个字节组成，不同的计算机系统的字长是不同的，常见的有8位、16位、32位、64位等，字长越长，存放数的范围越大，精度越高。字长是性能的一个重要指标。

4. 地址(Address)

为了便于存放，每个存储单元必须有唯一的编号(称为地址)，通过地址可以找到所需的存储单元，取出或存入信息。这如同旅馆中每个房间必须有唯一的房间号，才能找到该房间内的人。

(二)计算机中常用的进制

1. 十进制数(Decimal)

十进制数是人们十分熟悉的计数体制。它用0，1，2，3，4，5，6，7，8，9十个数字符号，按照一定规律排列起来表示数值的大小。任意一个十进制数，如527可表示为$(527)_{10}$、$[527]_{10}$或527D。有时表示十进制数后用D表示或下标10也可以省略。

【例1-1】四位数6486，可以写成：

$6486=6\times10^3+4\times10^2+8\times10^1+6\times10^0$

从这个十进制数的表达式中，可以得到十进制数的特点：

(1)每一个位置(数位)只能出现十个数字符号0～9中的其中一个。通常把这些符号的个数称为基数，十进制数的基数为10。

(2)同一个数字符号在不同的位置代表的数值是不同的。例1-1中左右两边的数字都是6，但右边第一位数的数值为6，而左边第一位数的数值为6 000。

(3)十进制的基本运算规则是“逢十进一”的。例1-1中右边第一位为个位，记作10^0；第二位为十位，记作10^1；第三、四位为百位和千位，记作10^2和10^3。通常把10^0，10^1，10^2。10^3等称为是对应数位的权，各数位的权都是基数的幂。每个数位对应的数字符号称为系数。显然，某数位的数值等于该位的系数和权的乘积。

一般地说，n位十进制正整数$[X]_{10}=a^{n-1}a^{n-2}\cdots a^1a^0$可表达为以下形式：

$[X]_{10}=a^{n-1}\times10^{n-1}+a^{n-2}\times10^{n-2}+\cdots+a^1\times10^1+a^0\times10^0$

式中$a^0,a^1,\cdots,a^{n-1}$为各数位的系数(a^i是第i位的系数)，它可以取0～9十个数字符号中任意一个；$10^0,10^1,\cdots,10^{n-1}$为各数位的权；$[X]_{10}$中下标10表示$X$是十进制数，十进制数的括号也经常被省略。

2. 二进制数(Binary)

与十进制类似，二进制的基数为2，即二进制中只有两个数字符号(0和1)。二进制的基本运算规则是“逢二进一”，各位的权为2的幂。

任意一个二进制数，如110可表示为$(110)_2$，$[110]_2$或110B。

一般地说，n位二进制正整数$[X]_2$表达式可以写成：

$[X]_2=a^{n-1}\times2^{n-1}+a^{n-2}\times2^{n-2}+\cdots+a^1\times2^1+a^0\times2^0$

式中$a^0,a^1,\cdots,a^{n-1}$为系数，可取0或1两种值；$2^0,2^1,\cdots,2^{n-1}$为各数位的权。表1-1列出了十进制和八位二进制正整数的各数位权的对照表。

表1-1 十进制与二进制对照表

从右数的位数	7	6	5	4	3	2	1	0
十进制的权	10000000	1000000	100000	10000	1000	100	10	1
二进制的权	128	64	32	16	8	4	2	1

【例 1-2】八位二进制数$[X]_2=00\ 101\ 001$，写出各位权的表达式，及对应十进制数值。

解：$[X]_2=[00\ 101\ 001]_2=$

$$[0\times2^7+0\times2^6+1\times2^5+0\times2^4+1\times2^3+0\times2^2+0\times2^1+1\times2^0]_{10}=$$

$$[0\times128+0\times64+1\times32+0\times16+1\times8+0\times4+0\times2+1\times1]_{10}=[41]_{10}$$

得 $[00\ 101\ 001]_2=[41]_{10}$

从例 1-2 题可以看出，二进制数进行算术运算简单。但也可以看到，两位十进制数 41，就用了六位二进制数表示。如果数值再大，位数会更多，既难记忆，又不便读写，还容易出错。为此，在计算机的应用中，又经常使用八进制和十六进制数表示。

3. 八进制数(Octal)

在八进制中，基数为 8，它有 0，1，2，3，4，5，6，7 八个数字符号，八进制的基本运算规则是"逢八进一"，各数位的权是 8 的幂。

任意一个八进制数，如 425 可表示为$[425]_8$、$(425)_8$ 或 425O。

n 位八进制正整数的表达式可写成

$$[X]_8=a^{h-1}\times8^{h-1}+a^{h-2}\times8^{h-2}+\cdots+a^1\times8^1+a^0\times8^0$$

【例 1-3】求三位八进制数$[X]_8=[212]_8$ 所对应的十进制数的值。

$[X]_8=[212]_8=[2\times8^2+1\times8^1+2\times8^0]_{10}=[128+8+2]_{10}=[138]_{10}$

所以，$[212]_8=[138]_{10}$

4. 十六进制数(Hexadecimal)

在十六进制中，基数为 16。它有 0，1，2，3，4，5，6，7，8，9，A，B，C，D，E，F16 个数字符号。十六进制的基本运算规则是"逢十六进一"，各数位的权为 16 的幂。

任意一个十六进制数，如 7B5 可表示为$(7B5)_{16}$，$[7B5]_{16}$，或者为 7B5H。

n 位十六进制正整数的一般表达式为

$$[X]_{16}=a^{n-1}\times16^{n-1}+a^{n-2}\times16^{n-2}+\cdots+a^1\times16^1+a^0\times16^0$$

【例 1-4】求十六进制正整数[2BF] 16 所对应的十进制数的值。

$[2BF]_{16}=[2\times16^2+11\times16^1+15\times16^0]_{10}=[703]_{10}$

二、数制间的相互转换

1. 二、八、十六进制转换为十进制

按权展开求和，即将每位数码乘以各自的权值并累加。

【例 1-5】$(1\ 001.1)_2=1\times2^3+0\times2^2+0\times2^1+1\times2^0+1\times2^{-1}$

$=8+1+0.5=(9.5)_{10}$

【例 1-6】$(345.73)_8=3\times8^2+4\times8^1+5\times8^0+7\times8^{-1}+3\times8^{-2}$

$=192+32+5+0.875+0.046\ 875=(229.921\ 875)_{10}$

【例 1-7】$(A3B.E5)_{16}=10\times16^2+3\times16'+11\times16^0+14\times16^{-1}+5\times16^{-2}$

$=2\ 560+48+11+0.875+0.019\ 531\ 25=(2\ 619.894\ 531\ 25)_{10}$

2. 十进制转换为二、八、十六进制

整数部分和小数部分须分别遵守不同的转换规则。假设将十进制数转换为 R 进制数：

整数部分：除以 R 取余法，即整数部分不断除以 R 取余数，直到商为 0 为止，最先得到的余数为最低位，最后得到得余数为最高位。

小数部分：乘 R 取整法，即小数部分不断乘以 R 取整数，直到积为 0 或达到有效精度为止，最先得到的整数为最高位(最靠近小数点)，最后得到的整数为最低位。

【例 1－8】将$(75.453)_{10}$转换成二进制数(取 4 位小数)。

整数部分

除数	被除数/商	取余数	
2	75		
2	37	1	低 ↑
2	18	1	
2	9	0	
2	4	1	
2	2	0	
2	1	0	
	0	1	高

小数部分

小数部分	取整数	
0.453		
× 2		
0.906	0	高
× 2		
1.812	1	
× 2		
1.624	1	
× 2		
1.248	1	↓ 低

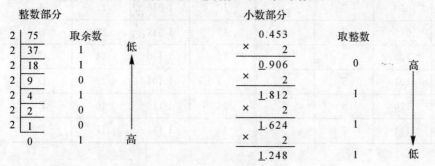

得 $(75.453)_{10}=(1\ 001\ 011.011\ 1)_2$

【例 1－9】将$(152.32)_{10}$转换成八进制数(取 3 位小数)。

整数部分

除数	被除数/商	取余数	
8	152		
8	19	0	低 ↑
8	2	3	
	0	2	高

小数部分

小数部分	取整数	
0.32		
× 8		
2.56	2	高
× 8		
4.48	4	
× 8		
3.84	3	↓ 低

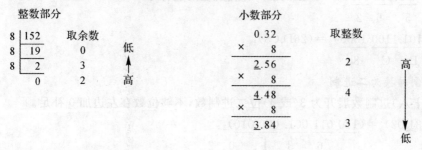

得 $(152.32)_{10}=(230.243)_8$

【例 1－10】将$(237.45)_{10}$转换成十六进制数(取 3 位小数)。

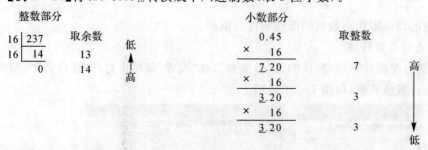

整数部分

除数	被除数/商	取余数	
16	237		
16	14	13	低 ↑
	0	14	高

小数部分

小数部分	取整数	
0.45		
× 16		
7.20	7	高
× 16		
3.20	3	
× 16		
3.20	3	↓ 低

得 $(237.45)_{10}=(\mathrm{ED}.733)_{16}$

3. 二进制转换为八、十六进制

因为 $2^3=8$，$2^4=16$，所以 3 位二进制数对应 1 位八进制数，4 位二进制数对应 1 位十六进制数。二进制数转换为八、十六进制数比转换为十进制数容易得多，因此常用八、十六进制数来表示二进制数。表 1－2 列出了它们之间的对应关系。

将二进制数以小数点为中心分别向两边分组，转换成八(或十六)进制数，每 3(或 4)位为一组，不够位数在两边加 0 补足，然后将每组二进制数转换成八(或十六)进制数即可。

表 1－2　十进制、二进制数、八进制数和十六进制数之间的对应关系

十进制	二进制	八进制	十六进制	十进制	二进制	八进制	十六进制
0	000	0	0	8	1 000	10	8
1	001	1	1	9	1 001	11	9
2	010	2	2	10	1 010	12	A
3	011	3	3	11	1 011	13	B
4	100	4	4	12	1 100	14	C
5	101	5	5	13	1 101	15	D
6	110	6	6	14	1 110	16	E
7	111	7	7	15	1 111	17	F

【例 1－11】将二进制数 1 001 101 101.110 01 分别转换为八、十六进制数。

$(\underline{001}\ \underline{001}\ \underline{101}\ \underline{101}.\underline{110}\ \underline{010})_2=(1\ 155.62)_8$（注意：在两边补零）

1　1　5　5．6　2

$(\underline{0010}\ \underline{0110}\ \underline{1101}.\underline{1100}\ \underline{1000})_2=(26D.C8)_{16}$

2　6　D　C　8

4. 八、十六进制转换为二进制

将每位八（或十六）进制数展开为 3（或 4）位二进制数，不够位数在左边加 0 补足。

【例 1－12】$(631.02)_8=(\underline{110}\ \underline{011}\ \underline{001}.\ \underline{000}\ \underline{010})_2$

6　3　1．0　2

$(23B.E5)_{16}=(\underline{0010}\ \underline{0011}\ \underline{1011}\ .\ \underline{1110}\ \underline{0101})_2$

2　3　B　．E　5

注意：整数前的高位零和小数后的低位零可以取消。

5. 用计算器进行数值转换

打开操作系统自带的计算器，默认的是“标准型”，在“查看”菜单中打开“程序员”类型的命令，可用计算器进行数值转换，如图 1－21 所示。

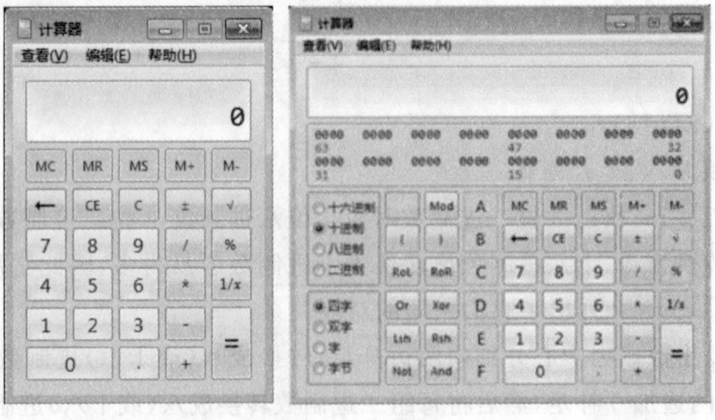

图 1－21　计算器

三、计算机中字符的表示

1. ASCII 码

计算机中用二进制表示字母、数字、符号及控制符号，目前主要用 ASCII 码（American Standard Code for Information Interchange），即美国标准信息交换码，已被国际标准化组织（ISO）定为国际标准，所以又称为国际 5 号代码。

ASCII 码有 7 位 ASCII 码和 8 位 ASCII 码两种。

7 位 ASCII 码称为基本 ASCII 码，是国际通用的，这是 7 位二进制字符编码，表示 128 种字符编码，包括 34 种控制字符，52 个英文大小写字母，10 个 0，1，…，9 数字，32 个字符和运算符（见表 1－3）。用一个字节（8 位二进制位）表示 7 位 ASCII 码时，最高位为 0，它的范围为 00000000B～01111111B。

8 位 ASCII 码称为扩充 ASCII 码，是 8 位二进制字符编码，其最高位有些为 0，有些为 1，它的范围为 00000000B～11111111B，因此可以表示 256 种不同的字符。其中 00000000B～1111111B 为基本部分，范围为 0 到 127，计 128 种；10000000B～1111111B 为扩充部分，范围为 128～255，也有 128 种。尽管对扩充部分的 ASCII 码美国国家标准信息协会已给出定义，但在实际中多数国家都将 ASCII 码扩充部分规定为自己国家语言的字符代码，如中国把扩充 ASCII 码作为汉字的机内码。

表 1－3 ASCII 码表

高位 键名 低位	0	1	2	3	4	5	6	7
0	<Ctrl>＋@	<Ctrl>＋P	空格	0	@	P	、	p
1	<Ctrl>＋A	<Ctrl>＋Q	!	1	A	Q	a	q
2	<Ctrl>＋B	<Ctrl>＋R	“	2	B	R	b	r
3	<Ctrl>＋C	<Ctrl>＋S	#	3	C	S	c	s
4	<Ctrl>＋D	<Ctrl>＋T	$	4	D	T	d	t
5	<Ctrl>＋E	<Ctrl>＋U	%	5	E	U	e	u
6	<Ctrl>＋F	<Ctrl>＋V	&	6	F	V	f	v
7	<Ctrl>＋G	<Ctrl>＋W	‘	7	G	W	g	w
8	BS（退格）	<Ctrl>＋X	(	8	H	X	h	x
9		<Ctrl>＋Y	)	9	I	Y	i	y
A	<Ctrl>＋J	<Ctrl>＋Z	*	:	J	Z	j	z
B	<Ctrl>＋K	<Esc>	+	;	K	[	k	{
C	<Ctrl>＋L	<Ctrl>＋/	,	<	L	\	l	|
D	¿（回车）	<Ctrl>＋]	_	=	M	]	m	}
E	<Ctrl>＋N	<Ctrl>＋6	.	>	N	ˆ	n	～
F	<Ctrl>＋O	<Ctrl>＋—	/	?	O	—	o	DEL

说明：表中的高位是指 ASCII 码二进制的前 3 位，低位是指 ASCII 码二进制的后 4 位，此处以十六进制数表示，由高位和低位合起来组成一个完整的 ASCII 码。例如：数字 0 的 ASCII 码可以这样查：高位是 3，低位是 0，合起来组成的 ASCII 码为 30(十六进制)，转换成十进制数为 48。

2. 汉字输入码

汉字输入码，又称“外部码”，简称“外码”，指用户从键盘上输入代表汉字的编码。根据所采用输入方法的不同，外码大体可分为数字编码(如区位码)、字形编码(如五笔字型)、字音编码(如各种拼音输入法)和音形码等等几大类。如汉字“啊”采用五笔字型输入时编码为“kbsk”，用区位码方式输入时编码为“1601”，那么这里的“kbsk”和“1601”就称为外码。

区位码是一种最通用的汉字输入码。它是根据我国国家标准 GB2312－80(《信息交换用汉字编码字符集》)，将 6763 个汉字和一些常用的图形符号，分为 94 个区，每区 94 个位的方法将它们定位在一张表上，成为区位码表。其中 1～9 区分布的是一些符号；16～55 区为一级字库，共 3755 个汉字，按音序排列；56～87 区为二级字库，共 3008 个汉字，按部首排列。

区位码表中，每个汉字或符号的区位码由两个字节组成，第一个字节为区码，第二个字节为位码，区码和位码分别用一个两位的十进制数来表示，这样区码和位码合起来就形成了一个区位码。如“啊”字位于 16 区第 01 位，则“啊”字的区位码为：区码＋位码，即 1601。

国家标准 GB2312－80 中的汉字代码除了十进制形式的区位码外，还有一种十六进制形式的编码，称为国标码。国标码是在不同汉字信息系统间进行汉字交换时所使用的编码。需要注意的是，在数值上，区位码和国标码是不同的，国标码是在十进制区位码的基础上，其区码和位码分别加十进制数 32。

3. 汉字机内码

汉字机内码又称“汉字 ASCII 码”“机内码”，简称“内码”，由扩充 ASCII 码组成，指计算机内部存储、处理加工和传输汉字时所用的由 0 和 1 符号组成的代码。输入码被接受后就由汉字操作系统的“输入码转换模块”转换为机内码，与所采用的键盘输入法(汉字输入码)无关。

机内码是汉字最基本的编码，不管是什么汉字系统和汉字输人方法，输入的汉字外码到机器内部都要转换成机内码，才能被存储和进行各种处理。我们通常所说的内码是指国标内码，即 GB 内码。GB 内码用两个字节来表示(即一个汉字要用两个字节来表示)，每个字节的高位为 1，以确保 ASCII 码的西文与双字节表示的汉字之间的区别。

机内码与区位码的转换过程是：将十进制区位码的区码和位码部分首先分别转换成十六进制，再在其区码和位码部分分别加上十六进制数 A0 构成，如图 1－22 所示。

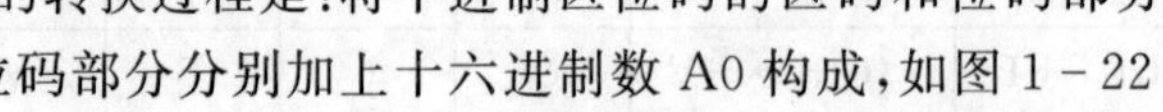

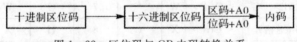

图 1－22　区位码与 GB 内码转换关系

内码的形式也有多种，除 GB 内码外，还有如 GBK，BIG5，UNICIDE 等等。

无论采用何种外码输入，计算机均将其转换成内码形式加以存储、处理和传送。

4. 汉字字模和汉字字库

(1)字形存储码，也称汉字字形码，是指存放在字库中的汉字字形点阵码。不同的字体和表达能力有不同的字库，如黑体、仿宋体、楷体等是不同的字体，点阵的点数越多时一个字的表达质量也越高，也就越美观。一般用于显示的字形码是 16×16 点阵的，每个汉字在字库中占

16×16/8=32 个字节;一般用于打印的是 24×24 点阵字型,每个汉字占 24×24/8=72 个字节;一个 48×48 点阵字型,每个汉字占 48×48/8=288 个字节。

只有在中文操作系统环境下才能处理汉字,操作系统中有实现各种汉字代码间转换的模块,在不同场合下调用不同的转换模块工作。汉字以某种输入方案输入时,就由与该方案对应的输入转换模块将其变换为机内码存储起来。汉字运算是一种字符串运算,用机内码进行,从主存到外存的传送也使用机内码。在不同汉字系统间传输时,先要把机内码转换为传输码,然后通过接口送出,对方收到后再转换为它自己的机内码。输出时先把机内码转换为地址码,再根据地址在字库中找到字形存储码,然后根据输出设备的型号、特性及输出字形特性使用相应转换模块把字形存储转换为字型输出码,把这个码送至输出设备输出。

(2)汉字字库。一个汉字的点阵字形信息叫做该字的字形。字形也称字模(沿用铅字印刷中的名词),两者在概念上没有严格的区分,常混为一谈。存放在存储器中的常用汉字和符号的字模的集合就是汉字字形库,也称汉字字模库,或称汉字点阵字库,简称汉字库。

(3)汉字字库容量的大小。字库容量的大小取决于字模点阵的大小,见表 1-4。

表 1-4　常用的汉字点阵库情况

类　型	点　阵	每字所占字节数	字　数	字库容量(字节)
简易型	16×16	32	8 92	256KB
普及型	24×24	72	8 92	576KB
提高型	32×32 48×48	128 288	8 192 8 192	1MB 2.25MB
精密型	64×64 256×256	512 8 192	8 192 8 192	4MB 64MB

16×16 点阵汉字虽然品质较低,但字库小可放在微机内存中,用于显示和要求不高的打印输出。24×24 点阵汉字字型较美观,多为宋体字,字库容量较大,在要求较高时使用,例如在高分辨率的显示器上用作显示字模,可满足事务处理的打印,也可用于一般报刊、书籍的印刷。32×32 点阵汉字,可更好地体现字型风格,表现笔锋,字库更大,在使用激光打印机的印刷排版系统上采用。64×64 以上的点阵字(最高可达 720× 720),属于精密型汉字,表现力更强,字体更多,但字库十分庞大,所以只有在要求很高的书刊、报纸及广告等的出版工作中才使用。实际使用的字库文件,16×16 点阵的 CCLIB 文件大小为 237632 字节(232KB),24×24 点阵的 CLIB24 文件大小为 607KB。

汉字库可分为软字库和硬字库两种,一般用户多使用软字库。

5. 汉字处理流程

汉字通过输入设备将外码送入计算机,再由汉字系统将其转换成内码存储、传送和处理,当需要输出时再由汉字系统调用字库中汉字的字形码得到结果,这个过程如图 1-23 所示。

图 1-23　汉字处理流程

任务4 学会使用键盘和输入法

[学习目标]

■ 掌握键盘键和功能,能正确使用键盘。

■ 能利用一种输入法熟练录入文字和字符。

[导读]

如何能购买一台性能好的微型计算机,应了解计算机的分类,掌握计算机性能好坏的主要指标,及计算机常用的硬件设备等。

[相关知识]

一、键盘简介

键盘是计算机的主要输入设备,计算机中的大部分文字都是利用键盘输入的,象弹钢琴一样,快速、准确、有节奏地弹击计算机键盘上的每一个键,不但是一种技巧性很强的技能,同时也是每一个学习计算机的人应该掌握的基本功。要熟练地掌握键盘上各键的使用方法,必须了解计算机键盘上的各键的作用。

1. 键盘功能介绍

(1)键盘分为5个区:主键盘区、功能键区、编辑控制键区、数字键区和状态指示区。

1)主键盘区:键盘中最常用的区域,如图1-24所示,主键盘区中键又分为三大类,即字母键、数字(符号)键和功能键。

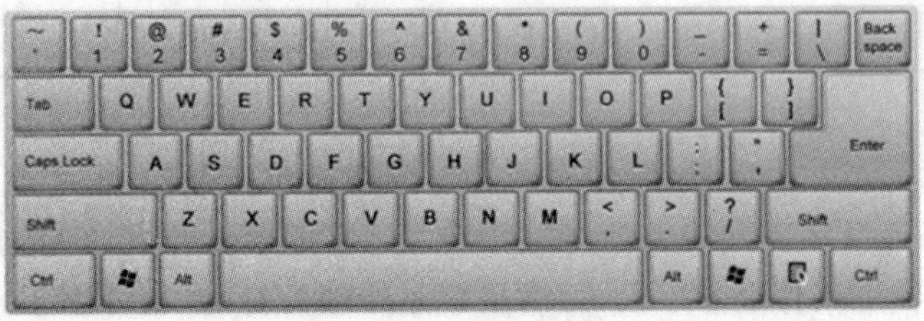

图1-24 主键盘

· 字母键:A~Z共26个字母键,在字母键的键面上标有大写英文字母A~Z,每个键可打大小写两种字母。

· 数字(符号)键:共有21个键,包括数字、运算符号、标点符号和其他符号,分布如图1-25所示,每个键面上都有上下两种符号,也称双字符键,可以显示符号和数字,上面的一行称为上档符号,下面的一行称为下档符号。

· 功能键:功能键共有14个,分布如图1-26所示,在这14个键中,Alt,Shift,Ctrl,Windows键各有两个,对称分布在左右两边,功能完全一样,只是为了操作方面。Caps Lock大写字母锁定键、Shift上档键(也叫换档键)、Ctrl控制键、Alt转换键。

2)功能键区。位于键盘的最上方,包括Esc和F1~F12键,如图1-27所示,这些按键用于完成一些特定的功能。

图 1－25　数字(符号)键

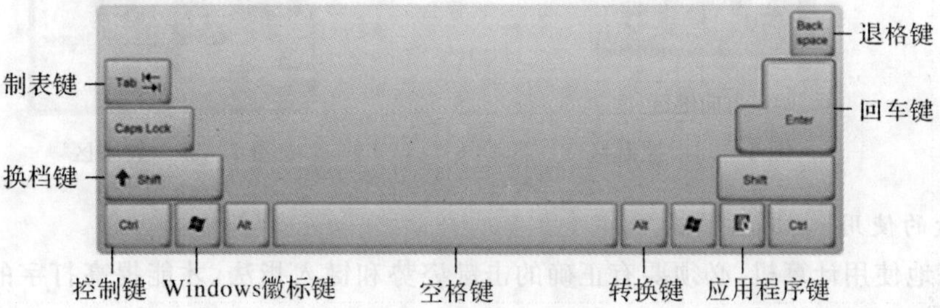

图 1－26　功能键

图 1－27　功能区

· Esc 键：叫做取消键，位于键盘的左上角，在许多软件中它被定义为退出键。

· F1～F12 是功能键，一般软件利用这些键当作软件中的功能热键，例如利用 F1 键寻求帮助。

· PrintScreen：可将当前屏幕的内容复制的剪贴板。

· ScrollLock：屏幕滚动显示锁定键，目前已很少用到。

· PauseBreak：暂停键，使计算机正在执行的命令或应用程序暂时停止工作，直到按键上任意一个键则继续。

3)编辑控制区：控制键区共有 10 个键，位于主键盘区的右侧，包括所有对光标进行操作的按键及一些页面操作功能键，这些按键用于在进行文字处理时控制光标的位置，如图 1－28 所示。

4)数字区：位于键盘的右侧，又称“小键盘区”，主要是为了输入数据方便，共有 17 个键，其中大部分是双字符键，如图 1－29 所示。

5)状态指示区：位于数字键区的上方，包括 3 个状态指示灯，用于提示键盘的工作状态，如图 1－30 所示。

(2)复合键的使用。两键或三键同时操作称为复合键操作，如：

Ctrl＋C——中断屏幕滚动，退回到 DOS 状态提示符。

Ctrl＋P——按一下连接打印机，再按一下又断开打印机。

Ctrl＋Alt＋Del——热启动，重新启动 DOS。

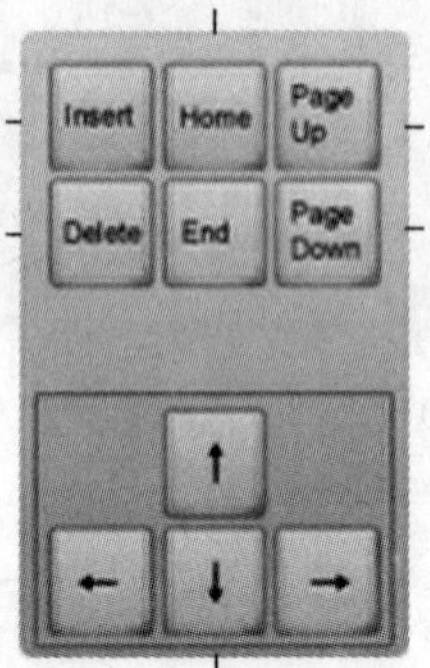

图 1-28　控制区

图 1-29　数字区

2. 键盘的使用

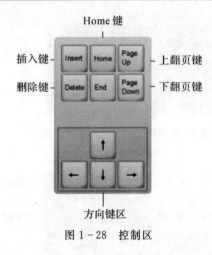

要熟练地使用计算机，必须要有正确的击键姿势和键入指法，才能提高打字的速度，且不易疲劳、出错。

(1)正确的姿势：

· 两脚平放，腰部挺直，两臂自然下垂，两肘贴于腋边；

· 身体可略倾斜，离键盘的距离为 20～30 cm；

· 打字教材或文稿放在键盘的左边，或用专用夹，夹在显示器旁边；

· 打字时眼观文稿，身体不要跟着倾斜。

如图 1-31 所示。

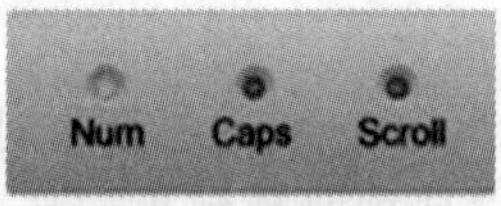

图 1-30　状态指示区

图 1-31　打字的正确姿势

(2)正确的击键方法和指法分区，如图 1-32 所示。

二、输入法的使用

输入法是指为将各种符号输入计算机或其他设备(如手机)而采用的编码方法，同时是书写工具克服墨水限制的最终结果，是一种拥有无限墨水的书写工具，是文字生产力发展到一定阶段的产物；从哲学角度讲，是文字生产发生量变而导致文字生产工具(书写工具)质变的必然结果。

中文输入法是指为了将汉字输入计算机或手机等电子设备而采用的编码方法，是中文信息处理的重要技术。英文字母只有 26 个，它们对应着键盘上的 26 个字母，所以对于英文而言操作系统本身可以输入。中文输入法的编码虽然种类繁多，归纳起来共有拼音编码、形码、音形结合码三大类。

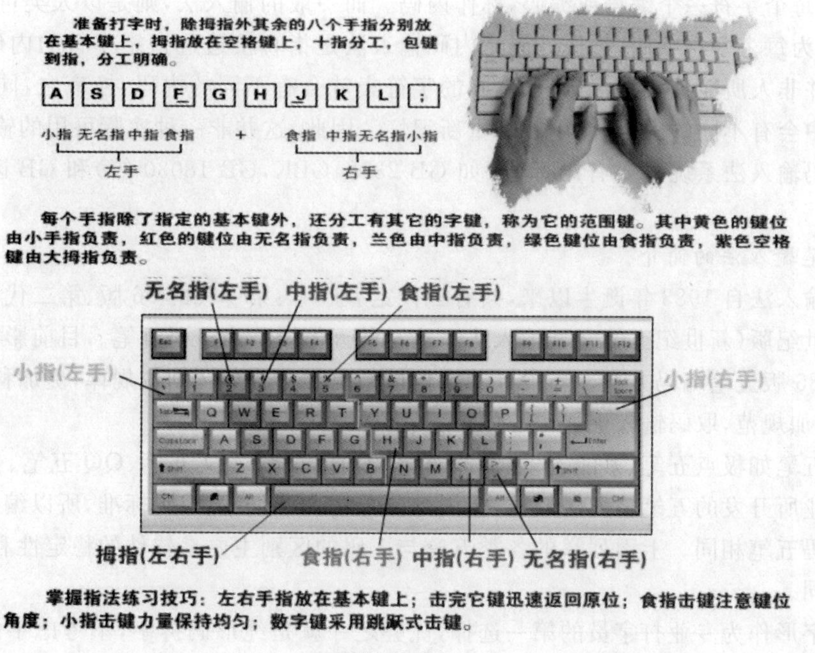

图　1-32

1. 拼音输入法

拼音输入法采用汉语拼音作为编码方法，包括全拼输入法和双拼输入法。广义上的拼音输入法还包括台湾人使用的以注音符号作为编码的注音输入法，香港人使用的以粤语拼音作为编码的粤拼输入法。

流行的输入法软件以智能 ABC、中文之星新拼音、微软拼音、拼音之星、紫光拼音、拼音加加、搜狗拼音、智能狂拼和谷歌拼音、百度输入法、必应输入法等为代表。

2. 形码输入法

形码输入法是依据汉字字形，如笔画或汉字部件进行编码的方法。最简单的形码输入法是 12345 五笔画输入法，广泛应用在手机等手持设备上。电脑上形码广泛使用的有五笔字型输入法、郑码输入法。在港澳台等地流行的形码有仓颉输入法、行列输入法、大易输入法等。流行的形码输入法软件有 QQ 五笔、搜狗五笔、极点中文输入法等。

3. 音形结合码

音形码输入法是以拼音(通常为拼音首字母或双拼)加上汉字笔画或者偏旁为编码方式的输入法，包括音形码和形音码两类。代表输入法有二笔输入法、自然码和拼音之星谭码等。流行的输入法软件有超强两笔输入法、极点二笔输入法、自然码输入法软件等。

以上的形码输入法和音形结合码输入法，相比拼音输入法通常具有较低重码率的特点，汉字输入确定性高，熟练后可以高速地输入单字和词组，借助软件平台还可以实现整句的输入。形码或音形码通常不需要输入法软件太多的功能，更不需要软件的智能功能，所以这类输入法的软件通常都非常小巧，而且无需频繁更新词库。

4. 内码输入法

内码输入法属于无理码，并非一般意义上的输入法。在中文信息处理中，要先决定字符集，并赋予每个字符一个编号或编码，称作内码。而一般的输入法，则是以人类可以理解并记忆的方式，为每个字符编码，称作外码。内码输入法是指直接透过指定字符的内码来做输入。但因内码并非人所能理解并记忆，且不同的字符集就会有不同的内码，换言之，同一个字在不同字符集中会有不同的内码，使用者需重新记忆。因此，这并非一种实际可用的输入法。国内使用的内码输入法系统主要有国标码（如 GB 2312，GBK，GB 18030 等）和 GB 区位码和 GB 内码。

5. 五笔输入法的简介

五笔输入法自 1983 年诞生以来，共有三代定型版本：第一代的 86 版、第二代的 98 版和第三代的新世纪版（新世纪五笔字型输入法），这三种五笔统称为王码五笔。目前影响最大、流行最广的是 86 版五笔编码方案。新设计的字根体系更加符合分区划位规律，更加科学易记而实用，拆字更加规范，取码输入更加得心应手。

其他五笔如极点五笔、万能五笔、海峰五笔、智能五笔、龙文五笔、QQ 五笔、搜狗五笔，是个人或企业所开发的五笔输入法软件，但大部分采用 86 版五笔编码标准，所以编码规则、文字输入与王码五笔相同。上面列举的各类五笔与王码的区别主要是软件的稳定性和软件的拓展功能不相同。

五笔字形作为专业打字员的第一选择，优势之一就是纯形码拆字，不考虑字的读音，即使不认识这个字也可以打出来。还有，打五笔熟练到一定程度，可以达到“眼见手拆”的境界，眼睛看到文稿上的字，手下意识地就会打出来，脑子里不用再考虑如何拆分它，也不用去考虑按了哪几个键，这样就能保证使用五笔可以长时间高效率地打字。五笔字根图如图 1-33 所示。

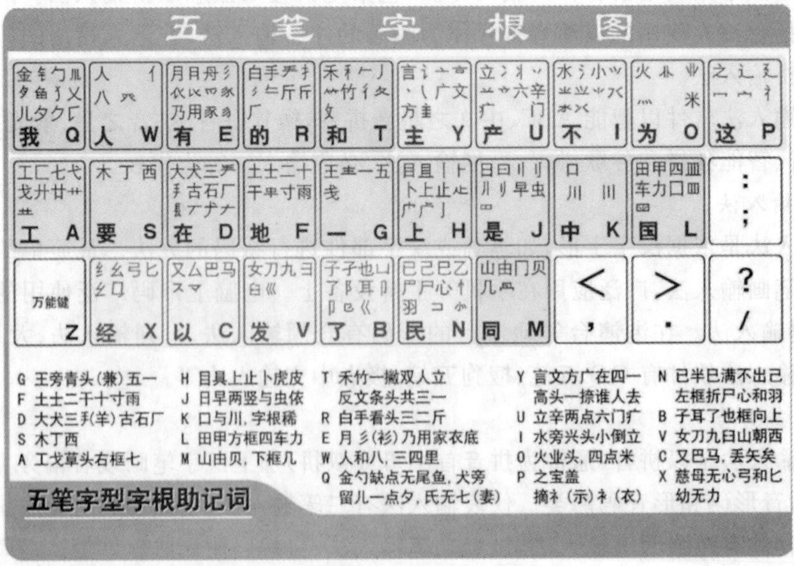

图 1-33　五笔字根图

项目二 计算机操作系统——Windows 7

任务1 初识 Windows 7

[学习目标]

通过本项目学习应掌握以下内容：

■了解操作系统的基本概念、功能与分类。

■熟悉常用的操作系统。

■熟悉 Windows 7 的基本概念和基本操作。

■熟练掌握 Windows 7 的安装、启动与退出方法。

[导读]

操作系统(Operating System,OS)是计算机系统中所有硬件、软件资源的组织者和管理者，是用户与计算机之间的接口，每个用户都是通过操作系统来使用计算机，操作系统是计算机系统中最重要、最基本的系统软件。

[相关知识]

一、操作系统概述

1. 操作系统的概念

操作系统是管理和控制计算机硬件与软件资源的计算机程序，是直接运行在“裸机”上的最基本的系统软件，任何其他软件都必须在操作系统的支持下才能运行。

操作系统是用户和计算机的接口，同时也是计算机硬件和其他软件的接口。操作系统的功能包括管理计算机系统的硬件、软件及数据资源，控制程序运行，改善人机界面，为其他应用软件提供支持，让计算机系统所有资源最大限度地发挥作用，提供各种形式的用户界面，使用户有一个好的工作环境，为其他软件的开发提供必要的服务和相应的接口等。实际上，用户是不用接触操作系统的，操作系统管理着计算机硬件资源，同时按照应用程序的资源请求分配资源，如：划分 CPU 时间，开辟内存空间，调用打印机等。

2. 操作系统的功能

操作系统的主要任务是有效管理系统资源，提供方便的用户接口。操作系统通常有处理器管理、进程管理、存储管理、文件管理和设备管理这 5 个基本功能模块。

(1)处理器管理。其主要控制和管理 CPU 的工作，当多个程序同时运行时，用来解决处理器(CPU)时间的分配问题。最终目的是提高微处理器的利用率。

(2)进程管理,也称为作业管理,是一个具有一定独立功能的程序在一个数据集合上的一次动态执行过程。对所有进入系统的作业进行调度和控制,尽可能高效地利用整个系统的资源。进程管理的功能主要包括进程创建、进程执行、进程通信、进程调度、进程撤销等。

(3)存储管理。存储管理是指对内存进行管理,负责内存的分配、保护及扩充。计算机的程序运行和数据处理都要通过内存来进行,所以对内存进行有效的管理是提高程序执行效率和保证计算机系统性能的基础。存储管理的功能主要包括存储分配、地址变换、存储保护和存储扩充。

(4)设备管理。设备管理是指对计算机外部设备的管理,是操作系统中用户和外部设备之间的接口。设备管理技术包括中断、输入输出缓存、通道技术和设备虚拟化技术等。设备管理的功能主要是设备分配与管理、进行设备 I/O 调度、分配设备缓冲区、设备中断处理等。

(5)文件管理。文件管理是指系统中负责存储和管理外存中的文件信息的那部分软件。文件管理是操作系统中用户和外存设备之间的接口。文件管理的功能主要是文件存储空间管理、文件等操作管理、文件目录管理、文件保护等。

3. 操作系统的分类

操作系统有多种分类方法,从不同的角度有不同的分类方法。从操作系统的发展过程来看,早期的操作系统可以分为批处理系统、分时系统、实时操作系统三种基本类型。随着计算机应用的日益广泛又出现了嵌入式操作系统、网络操作系统、分布式操作系统。下面分别介绍几种操作系统类型。

(1)批处理操作系统(Batch Processing Operating System)。批处理操作系统是指采用批量处理作业的方式。其工作形式是:由系统操作员将用户的许多作业组成一批作业输入计算机,在系统中形成一个自动且连续的作业流,然后启动操作系统,系统将依次自动执行每个作业,最后由操作员将作业结果交给用户。

(2)分时操作系统(Time Sharing Operating System)。分时操作系统是指允许多个用户同时使用一台计算机进行计算的操作系统。其工作方式是:一台主机连接若干终端用户,用户交互地向系统提出请求,系统将 CPU 的时间分成若干时间片,采用时间片轮转方式处理用户请求,并通过终端向用户显示结果。

(3)实时操作系统(Real Time Operating System)。实时操作系统是指使计算机能及时响应外部事件的请求,在规定时间内完成处理,并控制所有实时设备和实时任务协调一致运行的操作系统。典型的实时系统有过程控制系统、信息查询系统和事务处理系统三种。

(4)嵌入式操作系统(Embedded Operating System)。嵌入式操作系统是指运行在嵌入式环境中,对整个系统及所操作的各种部件装置等资源进行统一协调、管理和控制的系统软件。它在制造工业、过程控制、航空航天等方面广泛应用。例如家电产品中的智能功能就是嵌入式系统的典型应用。常见的嵌入式操作系统有 Plam,Symbian,Windows Mobile,嵌入式 Linux 等。

(5)网络操作系统(Web Operating System)。网络操作系统是指基于计算机网络,能够控制计算机在网络中传送信息和共享资源,并能为网络用户提供各种服务的操作系统。它主要有两种模式:即客户端/服务器(Client/Server)模式和对等(Peer - to - Peer)模式。常见的网络操作系统有:UNIX,Netware 和 Windows Server 2003。

(6)分布式操作系统(Distributed Operating System)。分布式操作系统是指大量的计算机通过网络连接在一起所组成的系统。其特点:一是系统中任意两台计算机无主次之分均可交换信息,集各分散结点资源为一体使系统资源充分共享;二是一个程序可在多台计算机上同时运行,使系统运算能力增强;三是系统中有多个 CPU,当某个 CPU 发生故障时不会影响整个系统工作,从而提高系统的可靠性。

二、常见操作系统简介

伴随着计算机系统的发展,操作系统也产生和发展起来。1971 年第一台微型计算机诞生,操作系统便应运而生了。常用的典型操作系统有 MS－DOS,Mac－OS,Windows,UNIX 和 Linux 操作系统等,其中 Windows 系列由于其友好的界面、出色的性能而获得了计算机操作系统市场最大的份额,目前已成为主流的计算机操作系统。

1. MS－DOS 操作系统

MS－DOS 操作系统是微软(Microsoft)公司在 1981 年为 IBM－PC 微型计算机开发的一款基于命令行方式的单用户单任务操作系统。它经历了 7 个版本的不断改进和完善。MS－DOS 是为 16 位微处理器开发的,因此使用的内存空间很小,不能满足用户高效率的需求,而且 DOS 系统的操作命令均是英文字符构成,所以难于记忆。因此 20 世纪 90 年代后 DOS 逐渐被 Windows 所取代。

2. Mac－OS 操作系统

20 世纪 80 年代苹果公司的 Mac－OS(Macintosh)出现,这是第一款图形界面的交互式操作系统,Mac－OS 操作系统的出现取得巨大成功。但由于它不兼容 Intel X86 微处理芯片的计算机,从而失去很大市场。直到现在,苹果公司的 Mac－OS 仍然被公认为是最好的 GUI(图形用户接口)方式的操作系统。

3. Windows 操作系统

Windows 操作系统是微软公司开发的基于图形化用户界面(GUI)的单用户多任务操作系统。Windows 支持多线程、多任务与多处理,和 32 位线性寻址的内存管理方式。同时具有良好的硬件支持,可以即插即用很多不同品牌、不同型号的多媒体设备。现在大多数 PC 机上都在运行 Windows 系列的操作系统。

4. UNIX 操作系统

UNIX 是一个多任务用户的分时操作系统,一般用于大型机、小型机等较大规模的计算机中。1969 年,美国贝尔实验室的 Ken Thompson 和 Dennis M.Ritchie 在分时系统的基础上设计了 UNIX 操作系统,用高级语言 C 全部重新编写,取得巨大成功。UNIX 操作系统也随之成为所有网络操作系统的标准。UNIX 提供可编程的命令语言,具有输入、输出缓存技术,还提供许多程序包。UNIX 操作系统中有一系列的通信工具和协议,因此,它的网络通信功能强、可移植性好,因特网的 TCP/IP 协议就是在 UNIX 下研发的。UNIX 成为现代操作系统发展的一个里程碑,它的出现标志着操作系统已经基本发展成熟。

5. Linux 操作系统

Linux 操作系统来源于 UNIX。1991 年芬兰赫尔辛基大学学生 Linus Torvalds 基于 UNIX 的精简版本 Minix 编写的实验性的操作系统,并将 Linux 的源代码发布在互联网上。由于没有商业目的,全球的电脑爱好者都对其进行积极的修改和完善,使得 Linux 在短短的几年内风靡全球,逐渐成为了 Windows 操作系统的主要竞争对手。在 Linux 的基础上,我国在

1999年自主研发了红旗Linux操作系统并已经应用。红旗Linux为我国自主知识产权的操作系统奠定了基础。

三、Windows 7操作系统介绍

Windows 7是微软公司2009年推出的新一代操作系统。它是继Windows XP之后Windows系列操作系统的又一次全面创新，其在个性化、功能性、安全性、可操作性等方面给我们带来全新体验。

1. Windows 7的新特性

（1）改进的任务栏和窗口处理新方法。Windows 7做了许多方便用户的设计，在任务栏中新增如缩略图预览、跳转列表、快速最大化、窗口半屏显示等新功能，还增添了如鼠标晃动、桌面透视、鼠标拖曳等多窗口处理操作。使Windows 7成为最易用的操作系统。

（2）Aero特效和人性化设置。Windows 7的Aero特效使得视觉效果更华丽，用户体验更直观高级。全新的幻灯片墙纸设置、丰富的桌面小工具、系统故障快速修复等功能。使Windows 7成为最个性化的操作系统。

（3）快速搜索和文件库。Windows 7中可以在多个位置中搜索，搜索结果按类别分组显示。可以进行片段搜索，使搜索信息更简便。其中包括本地、网络和互联网搜索功能。Windows 7新增了“文件库”设计，使得不同位置存放的同一类文件归类显示，方便用户查找文件。

（4）速度更快且能耗更低。Windows 7大幅缩减了启动时间，加快了操作响应，与Vista相比有很大的进步。资源消耗较低，不仅执行效率更胜一筹，笔记本电脑的电池续航能力也大幅增加。可以称为迄今为止最节能的操作系统。

（5）节约成本并提高安全性。Windows 7简化了系统升级。Windows 7改进了安全和功能合法性，优化了安全控制策略。把数据保护和管理扩展到外围设备，如BitLocker To Go、系统高级备份等。

2. Windows 7的版本

简易版——Windows 7 Starter

家庭普通版——Windows 7 Home Basic

家庭高级版——Windows 7 Home Premium

专业版——Windows 7 Professional

企业版——Windows 7 Enterprise

旗舰版——Windows 7 Ultimate

四、Windows 7的安装

Windows 7的安装方法有多种，一般常用3种：用安装光盘引导系统安装、从现有系统中全新安装、从现有系统升级安装。

现在以“安装光盘引导系统安装”为例，介绍Windows 7的安装方法。

将计算机BIOS设置为CD－ROM启动，Windows 7安装盘放入光驱，重启计算机。根据提示按下任意键，屏幕会提示“Windows is loading files…”，如图2－1所示。

图 2-1　系统安装时按下任意键和等待加载文件

计算机加载相关文件后，出现“安装 windows”窗口，用户选择要安装的语言、时间和货币格式以及键盘和输入方法选项，就可以进行下一步安装了，如图 2-2 所示。点击“现在安装”，开始 Windows 的安装，如图 2-3 所示。

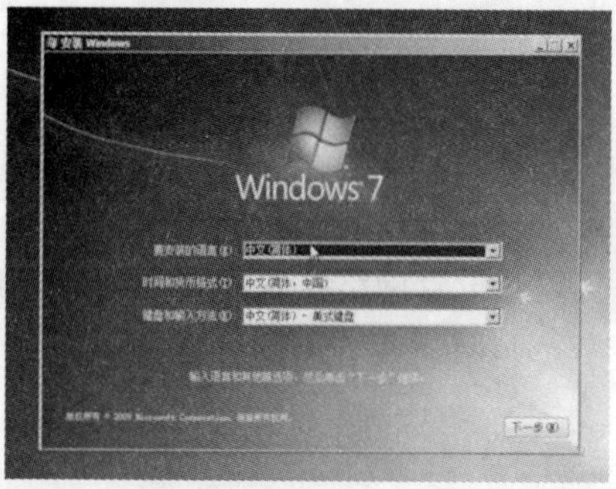

图 2-2　系统安装中选择语言等信息图

图 2-3　“现在安装”界面

之后按照安装向导提示，进行选择和操作。安装完成后，需重新启动电脑，接着会更新注册表设置和启动服务，最后进入最后的安装完成阶段，如图 2-4、图 2-5、图 2-6 所示。

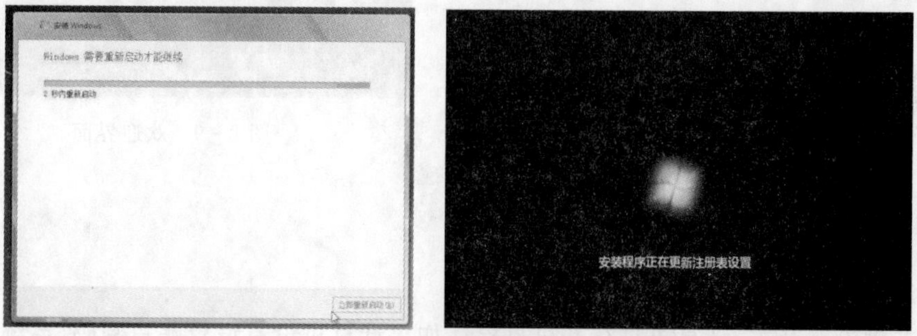

图 2-4　重启计算机和更新注册表设置

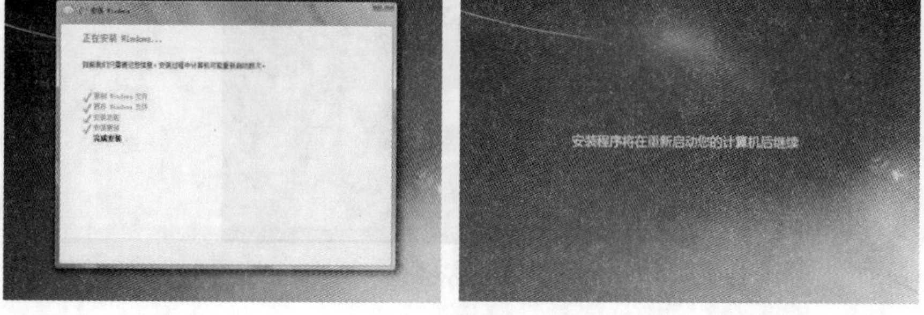

图 2-5　系统安装过程

在安装完成后，有提示界面需要我们输入用户名和计算机名称，单击下一步如图 2－7 所示。进入“为帐户设置密码”界面，如果不在这里设置密码(留空)，以后电脑启动时就不会出现输入密码的提示，而是直接进入系统。如图 2－8 所示。

图 2－6　安装完成阶段

图 2－7　输入用户名和计算机名称

接下来按照提示设置系统更新方式、日期和时间，以及设置网络位置。直到最后来到欢迎界面如图 2－9 所示，说明用户已成功安装并登录到 Windows 7 系统。

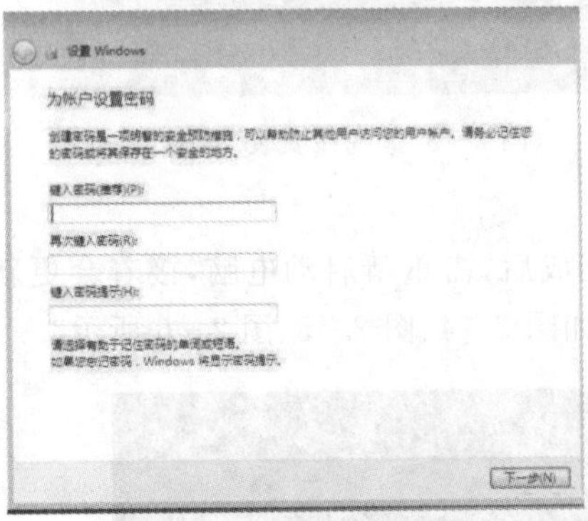

图 2－8　为账户设置密码

图 2－9　欢迎界面

五、Windows 7 的启动与退出

1. Windows 7 的启动

按下主机电源开关，计算机进行开机自检。如果计算机没有设置账户密码，系统会直接进入 Windows 7 系统桌面，如图 2－10 所示。

图 2－10　Windows 7 启动过程

若计算机设置了账户密码，系统自检完成后进入 Windows 7 用户登录界面，如图 2－11

所示。

选择要登录的用户，输入用户密码，回车或点击文本框右侧按钮，进入 Windows 7 的系统桌面，如图 2 - 12 所示。

图 2 - 11　启动时账户登录界面

图 2 - 12　Windows 7 进入系统桌面

2. Windows 7 的退出

在"开始"菜单，单击"关机"按钮，计算机将退出 Windows 7 操作系统并且关闭计算机，如图 2 - 13 所示。在退出 Windows 7 的过程中，系统会保存相应信息。

在"关机"按钮右侧的二级菜单中还有五种状态可供选择：切换用户(W)、注销(L)、锁定(O)、重新启动(R)、睡眠(S)，如图 2 - 14 所示。

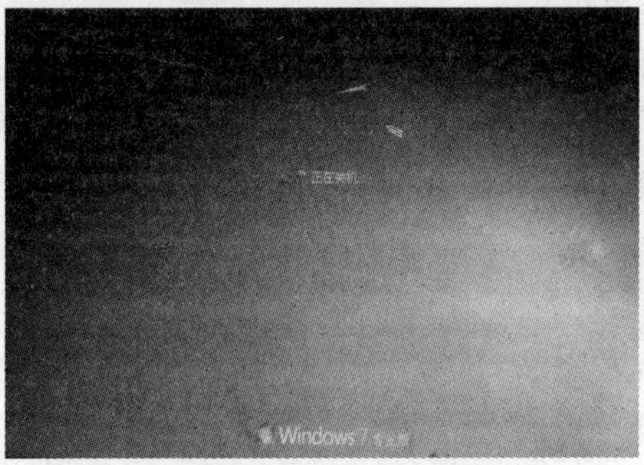

图 2 - 13　关机界面

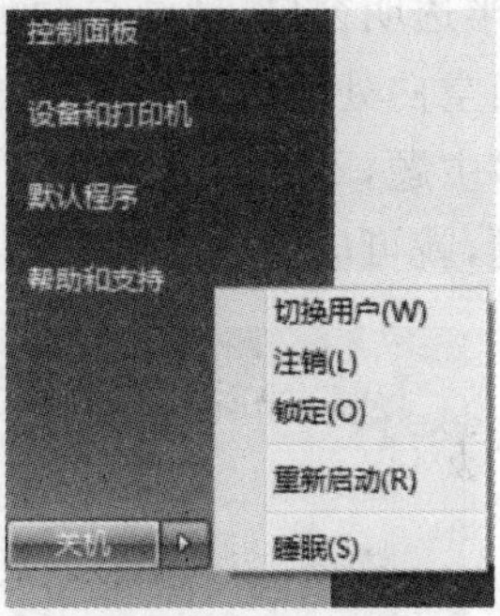

图 2 - 14　"关机"按钮展开的二级菜单

任务 2　Windows 7 个性化设置

[学习目标]

Windows 7 具有更为个性化的使用环境，通过任务学习应掌握以下内容。

■掌握 Windows 7 的外观设置。

■了解窗口、菜单、对话框的特点与功能。

■掌握开始菜单、任务栏的基本操作。

■熟悉鼠标与键盘的基本操作。

[导读]

桌面主题是一组预先定义的窗口元素，直接影响桌面总体形象和外观，包括背景、屏幕保护程序、图标、字体、颜色、窗口等。默认情况下，系统使用"Windows 7"主题，用户通过更改外观、背景等主题元素以取代原有主题，并通过该方法自定义桌面。

[相关知识]

一、Windows 7 的外观设置

1. 桌面图标

桌面图标一般有应用程序图标、快捷方式图标、文件夹或文件图标等。用户在使用过程中，可根据需要自行安排。

Windows 7 系统初装时，桌面上只有"回收站"图标。如要显示其他图标，可在桌面空白处单击鼠标右键，在右键快捷菜单中选择"个性化"，打开"个性化"窗口，在窗口左侧列表中选择"更改桌面图标"的链接，将打开"桌面图标设置"对话框。在对话框中选择需要显示在桌面上的图标。此对话框中还可以进行"更改图标"的设置，如图 2-15 所示。

图 2-15　桌面图标设置

2. 主题

Aero 主题是 Windows 7 的一种特别的图形界面，精致的半透明窗口、动画与颜色，视觉效果出色。

在桌面空白处单击鼠标右键，选择"个性化"命令，打开"个性化"窗口。"Aero 主题"列表框中有许多主题，不同的主题有不同的桌面背景、窗口颜色、声音和屏幕保护程序等效果。单击某个主题，就可应用 Aero 特效，为系统更换主题，如图 2-16 所示。

图 2-16　个性化设置的主题应用

3. 桌面背景

鼠标右击桌面空白处，选择"个性化"命令，在"个性化"窗口下方选择"桌面背景"选项，在

“桌面背景”窗口中进行桌面背景的设置。这里可以选择不同场景图片设置为桌面背景，还可选择多个图片创建一个幻灯片作为背景。

除了默认提供的图片，可通过“浏览”按钮在本地磁盘自选计算机中的图片设置为背景。在“图片位置”选项，下拉列表中可选择图片在桌面的各种位置效果：填充、适应、拉伸、平铺、居中等，如图 2 - 17 所示。

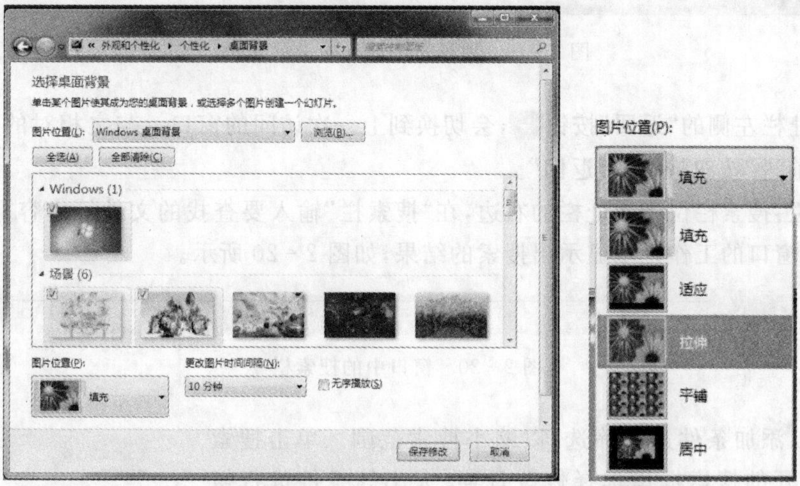

图 2 - 17　设置桌面背景与桌面背景图片的填充位置

二、Windows 7 的窗口、菜单与对话框

1. Windows 7 窗口

Windows 7 系统打开文件或运行一个应用程序时，打开的区域是一个矩形框，这个矩形框区域就是窗口，如图 2 - 18 所示。

(1)窗口的组成：

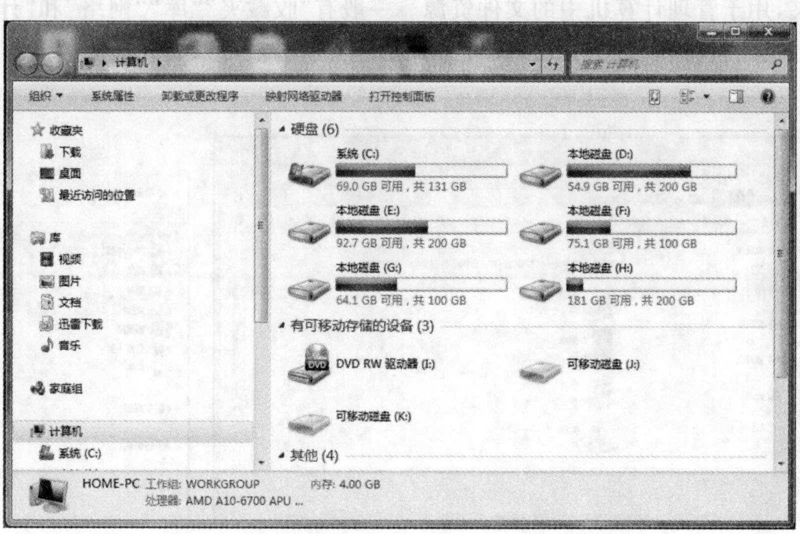

图 2 - 18　Windows 7 的窗口

1)标题栏:标题栏位于窗口顶部,标题栏的右侧有最大化按钮、最小化按钮和关闭按钮,用来控制窗口。当鼠标指向窗口标题栏空白处,按下左键并拖动,可以移动窗口的位置。

2)地址栏:地址栏位于标题栏下方,用来显示当前位置。Windows 7 的地址栏中路径的显示方式简洁清晰,若想以传统方式查看地址,只需在地址栏空白位置单击,如图 2－19 所示。

图 2－19　地址栏中地址的显示方式

单击地址栏左侧的“返回”按钮,会切换到上一次访问的窗口。与之相对的是“前进”按钮,单击“前进”按钮将取消“返回”。

3)搜索栏:搜索栏位于地址栏的右边,在“搜索栏”输入要查找的文件等内容,就会展开搜索,并在当前窗口的工作区域显示出搜索的结果,如图 2－20 所示。

图 2－20　窗口中的搜索栏

搜索可以添加条件进行筛选,以缩小搜索范围。单击搜索文本框,在展开的搜索框里选择修改日期、大小等条件进行搜索,如图 2－21 所示。

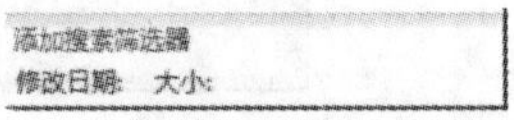

图 2－21　可根据条件进行搜索

4)工具栏:工具栏上显示 Windows 7 窗口中常用的选项,以按钮的形式出现,方便使用,如图 2－22 所示。

图 2－22　窗口中的工具栏

5)导航窗格:在工具栏下大块区域的左侧栏是导航窗格,这里列出了与当前计算机相关的文件和文件夹,用于管理计算机中的文件资源。一般有“收藏夹”“库”“网络”和“计算机”4 项。当鼠标指向导航窗格时,项目前会出现小三角箭头按钮,单击可以展开其中的内容,如图2－23 所示。

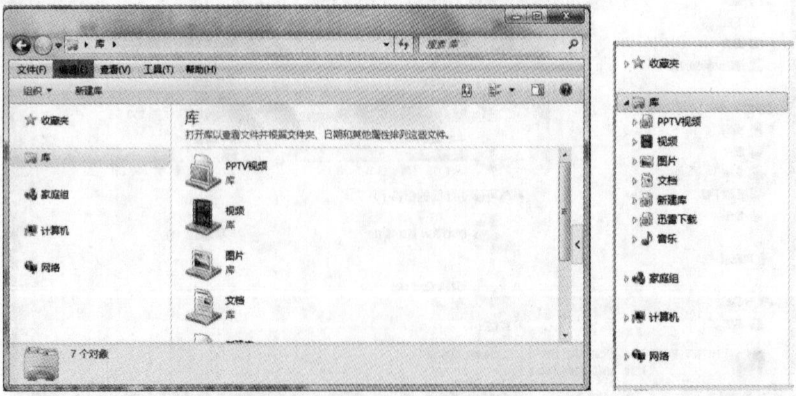

图 2－23　窗口的左侧导航窗格

6)工作区:是位于导航窗格右边的一大片矩形区域,是窗口中最主要组成部分,工作区中显示当前驱动器或文件夹中的所有对象,对文件或文件夹的操作是在这里进行的,如图 2-24 所示。

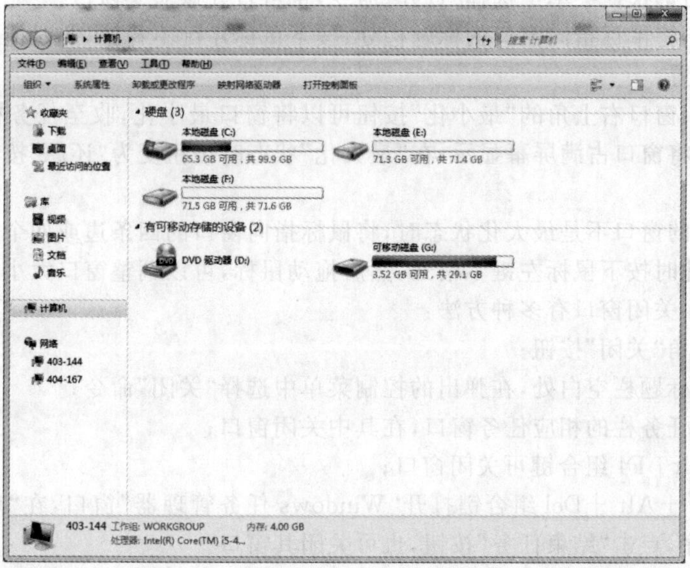

图 2-24　工作区

7)状态栏:位于窗口工作区下方,用来显示当前位置包含对象的数量,如图 2-25 所示,或显示被选中对象的信息和工作状态,如图 2-26 所示。

图 2-25　不同路径下的状态栏

图 2-26　选中文件时状态栏的显示状态

8)菜单栏:Windows 7 系统默认情况下,未在窗口显示菜单栏,用户如果需要可自行设置。单击"工具栏"上的"组织"按钮,在弹出的菜单中选择"布局"下的"菜单栏",窗口就会添加上菜单栏,如图 2-27 所示。

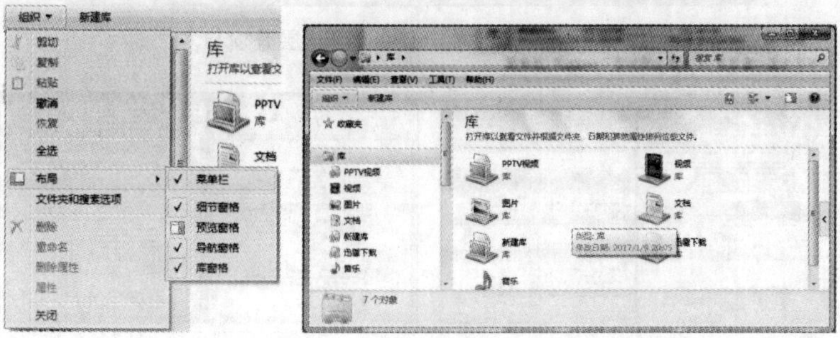

图 2-27　调出菜单栏的方法和窗口显示菜单

(2)窗口的基本操作：

1)打开窗口：双击操作对象图标，可打开该对象的窗口。或在选中对象的图标上单击鼠标右键，在弹出的右键快捷菜单中选择“打开”命令，也可打开该对象窗口。

2)移动窗口：将鼠标指向窗口的标题栏处，按下鼠标左键不释放，此时拖动鼠标，即可移动窗口到需要的位置。

3)调整窗口：窗口右上角的“最小化”按钮可以将窗口最小化，收至任务栏不在桌面显示；“最大化”按钮可将窗口占满屏幕显示；在“最大化”状态时按钮变为“还原”按钮，可将窗口恢复到之前大小。

当桌面显示的窗口不是最大化状态时，将鼠标指向窗口的四条边或四个角上，鼠标指针将变成双向箭头，此时按下鼠标左键不松开，然后拖动鼠标，可以调整窗口大小。

4)关闭窗口：关闭窗口有多种方法：

• 单击右上角“关闭”按钮；

• 右键单击标题栏空白处，在弹出的控制菜单中选择“关闭”命令；

• 鼠标指向任务栏的相应任务窗口，在其中关闭窗口；

• 键盘上 Alt+F4 组合键可关闭窗口；

• 通过 Ctrl +Alt +Del 组合键打开“Windows 任务管理器”窗口，在“应用程序”选项卡中，选择相应程序，点击“结束任务”按钮，也可关闭其窗口。

5)切换窗口：在 Windows 7 操作系统下，可以打开多个窗口，但只能有一个当前操作窗口。在多个窗口间切换到需要的窗口使之成为当前窗口，才可对其操作编辑。

切换窗口的方法有：

• 若桌面上有多个窗口，只要单击所需窗口的任意位置，就可切换为当前窗口；

• 单击任务栏中对应的窗口的任务按钮；

• 按下键盘上 Alt 键不释放，再按 Tab 键，每按一次 Tab 键，就会选择下一个窗口，如此可依次切换所有已打开的窗口，切换到所需窗口时释放按键即可。

6)排列窗口：桌面上打开的所有窗口，可以三种方式进行排列，分别是：层叠，如图 2-28 所示；堆叠和并排，如图 2-29 所示。鼠标右击任务栏的空白处，在弹出的快捷菜单中选择所需要的排列方式。

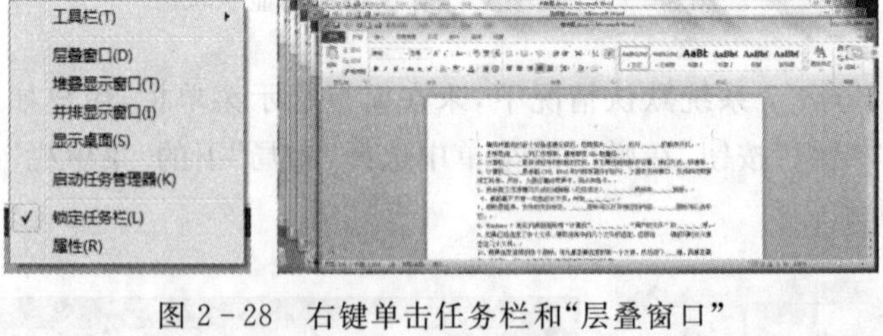

图 2-28　右键单击任务栏和“层叠窗口”

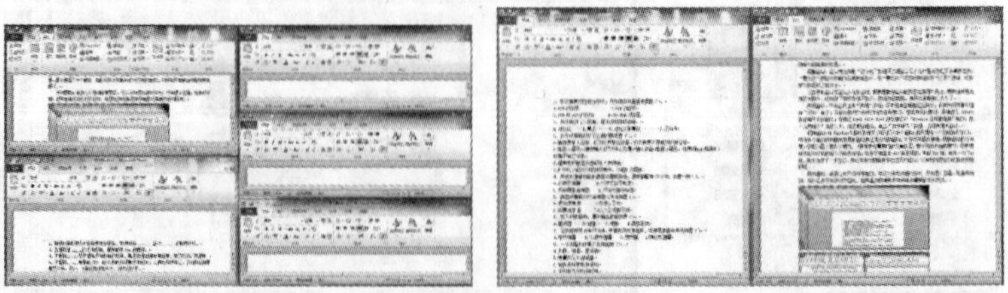

图 2-29　“堆叠显示窗口”和“并排显示窗口”

2. 菜单

菜单是一组操作命令的集合，通过鼠标单击菜单命令，即可完成各种操作。

(1)开始菜单。“开始”按钮位于桌面左下角，单击该按钮弹出“开始”菜单，这里有 Windows 7 操作系统全部的应用程序和几乎所有的操作。

(2)控制菜单。应用程序窗口的控制菜单，包含了窗体的各种控制命令。单击窗体左上角图标，会弹出窗口的控制菜单，一般包括：还原、移动、大小、最大化、最小化和关闭等控制命令，如图 2-30 所示。

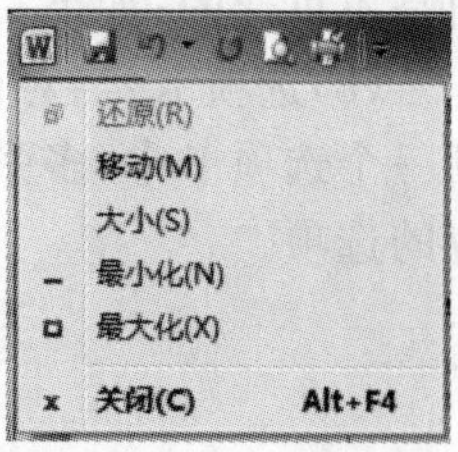

图 2-30　控制菜单

(3)快捷菜单。可以快速执行一些常用命令，一般在选定对象上单击鼠标右键，即弹出右键快捷菜单，可以快速执行操作命令，或打开相应的对话框。

(4)菜单命令符号的含义，见表 2-1。

表 2-1　菜单命令符号含义

表示方法	含　义
高亮显示条	表示当前选定的命令
变灰	当前不能使用的菜单项
前有“√”	复选标记，表示已将该命令选择并应用。再选择一次表示取消选中
前有“⊙”	单选标记，用于切换选择程序的不同状态。每次只能选择其中一项
后带“…”	选择这样的命令会打开对话框，输入进一步的信息，才能执行命令
后有“▷”	下级菜单箭头，表示该菜单项有级联菜单
组合键	在菜单命令的后面有带有下划线的单个字母，打开菜单后按该键可以执行此命令
快捷键	可以直接按键执行的命令，可以是单个的按键，如 F4，Ctrl＋C，Alt＋F4

3. 对话框

Windows 是一个交互式的系统，用户和计算机之间通过对话框来进行信息交流。在 Windows 7 菜单中，选择带有省略号(…)的命令，就会打开一个对话框，如图 2-31 所示。对话框也是一种窗口，但它有自己的特性，是一类定制的、具有特殊行为方式的窗口。对话框不能最小化，但可以移动和关闭。

(1)标题栏：位于对话框的最上方，显示对话框的名称。

(2)文本框：是一个可以输入信息的空白区域，单击该区域会在文本框中出现插入光标，此时，用户可在其中输入相关的文字。

(3)列表框：列表框显示多个选择项，由用户选择其中一项。当一次不能全部显示在列表框中时，系统会提供滚动条帮助用户快速查看。

(4)下拉列表框：单击下拉列表框右侧的下三角按钮可以打开列表供用户选择，列表关闭时显示被选中的信息。

(5)单选按钮：用来在一组选项中选择一个，且只能选择一个，被选中的按钮前出现一个圆点，表示该项被选中，同时，其他选项的选择被取消。

(6)复选框：复选框列出可以选择的选项，用户可以根据需要选择一个或多个选项。复选框被选中后，在框中会出现“√”，表示该选项已被选中，再次单击该复选框时，会取消对复选框的选择。用户可以同时选中多个复选框，也可以不选。

(7)命令按钮:选择命令按钮可以立即执行一个命令。如果命令按钮呈暗淡色,表示该按钮是不可选的;如果一个命令按钮上有省略号(…),表示单击该命令按钮将打开一个对话框。

(8)选项卡:当对话框中的内容很多时,通常采用选项卡的方式来分页,将关联的内容归类到一个选项卡中,多张选项卡合并在一个对话框中。单击某个选项卡,对话框就显示选项卡对应的选项。

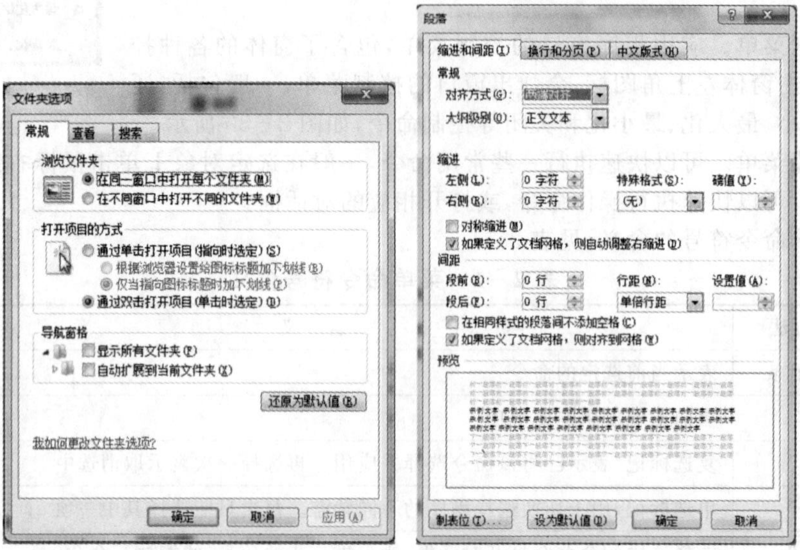

图 2-31　对话框

三、开始菜单和任务栏设置

1. 开始菜单的组成

Windows 7 的“开始”菜单按分为左右窗格两部分,如图 2-32 所示,这种布局可以使用户方便的访问常用程序,有利于提高工作效率。

(1)主体部分左侧区域:

1)常用程序区,该区域显示常用的程序列表,用户可以通过该列表。快速启动常用的应用程序。

2)“所有程序”,此菜单项中包含了计算机内所有已安装的应用程序,用户一般通过它来启动应用程序。

3)搜索栏,输入程序和文件名后回车,可以在计算机中进行搜索。

(2)主体部分右侧区域:

1)顶部是当前登录用户的账户图标按钮,单击该按钮可以方便地对本地账户进行管理。

2)上半部分是为了方便用户对各类文档的管理而设置的文件夹,包括“用户名”“文档”“图片”“音乐”等文件夹。单击最上边的登录用户的账户名称,可以打开个人文件夹,查看更加详细的内容。

3)中间部分是“游戏”和“计算机”,可以打开游戏窗口和计算机资源管理器。

4)下半部分是“控制面板”“设备和打印机”“默认程序”以及“帮助和支持”等,可以用来对计算机进行管理,修改设置、查看系统帮助等。

5)底部是“关机”命令,点击“关机”按钮将关闭计算机。单击“关机”按钮旁的小箭头,展开下一级菜单中，可执行“切换用户”、“注销”、“锁定”、“重新启动”和“睡眠”等操作，如图 2－33 所示。

图 2－32　开始菜单

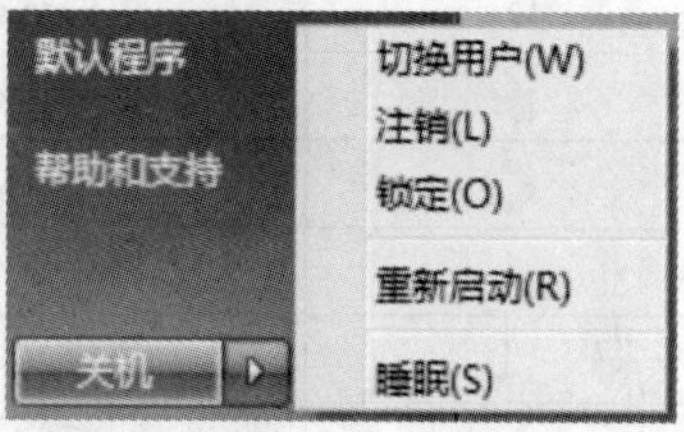

图 2－33　关机命令下的二级菜单

2. 任务栏设置

用户在任务栏空白处单击鼠标右键，选择“属性”命令，可以打开“任务栏和[开始]菜单属性”对话框。这里包括“任务栏”“[开始]菜单”和“工具栏”选项卡。

默认情况下显示“任务栏”选项卡，在其中可以设置任务栏的外观，自定义通知区域的设置，选择是否使用 Aero Peek 预览桌面，如图 2－34 所示。

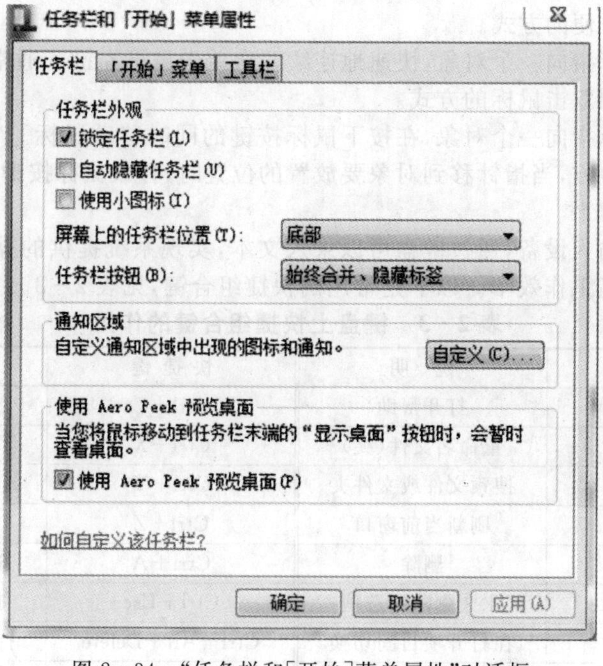

图 2－34　“任务栏和[开始]菜单属性”对话框

四、鼠标和键盘的基本操作

1. 鼠标的基本操作

Windows 7 是一个完全图形化的环境，其中最主要的交互工具是鼠标。利用鼠标可以直观地进行对象选择、操作等。通常情况下，鼠标的指针形状是一个小箭头，特殊场合，鼠标指针的形状会有所变化。以下是 Windows 7 默认方式下常见的几种鼠标指针形状所代表的含义，见表 2－2。

表 2－2　鼠标指针形状代表的含义

鼠标形状	含　义	鼠标形状	含　义
	标准选择	↕	垂直调整
	帮助选择	↔	水平调整
	后台运行		对角线调整 1
	忙、等待		对角线调整 2
＋	精确定位		移动
I	选定文本		不可用
	手写		链接选择

鼠标的基本操作主要有以下几种：

(1)指向：未按下鼠标键的情况下，在屏幕上移动鼠标指针，使鼠标指针位于被选对象的上面。当用户准备对某个对象做出操作前，要指向这个对象。

(2)单击：快速地按下并释放鼠标键。可单击鼠标左键和鼠标右键两种情况，通常说的“单击”是指单击鼠标左键，用于在屏幕上选中一个对象。左键单击某个对象一般是执行一个命令、打开一个程序或选择一个对象。而单击鼠标右键常用于在桌面上调出一个快捷菜单，快捷菜单是执行命令最方便的方式。

(3)双击：用鼠标指向一个对象，快速地连续两次单击鼠标左键。通常打开文件夹、启动应用程序或打开文件用双击鼠标的方式。

(4)拖动：用鼠标指向一个对象，在按下鼠标按键的同时移动鼠标。它可以把对象从一个地方移动到另一个地方，当指针移到对象要放置的位置时，释放鼠标按键。这个过程叫拖动。

2. 键盘的基本操作

键盘是基本的输入设备，通过键盘可以录入文本，实现系统提供的操作功能，使用键盘上的快捷键会大大提高工作效率。以下是常用的快捷组合键，见表 2－3。

表 2－3　键盘上快捷组合键的作用

快 捷 键	说　明	快 捷 键	说　明
F1	打开帮助	Ctrl＋C	复制
F2	重命名文件(夹)	Ctrl＋X	剪切
F3	搜索文件或文件夹	Ctrl＋V	粘贴
F5	刷新当前窗口	Ctrl＋Z	撤销
Delete	删除	Ctrl＋A	选定全部内容
Shift＋Delete	永久删除所选项	Ctrl＋Esc	打开开始菜单
Alt＋Tab	在打开项目间切换	Ctrl＋Alt＋Delete	打开任务管理器
Alt＋Esc	以项目打开顺序切换	Alt＋F4	退出当前程序

任务3　资源管理

［学习目标］

Windows 7 的资源组织和管理能力强大，用户通过 Windows 7 能够很方便的对计算机中的资源进行管理和控制。通过本节学习应掌握以下内容。

■认识文件和文件夹。

■熟悉资源管理器。

■熟练掌握文件和文件夹的操作。

■掌握搜索文件或文件夹的方法。

■掌握应用程序的安装与卸载。

［导读］

对文件和文件夹的操作是 Windows 7 操作系统中的重要技能。本节主要对文件、文件夹等资源的管理和操作进行介绍。

［相关知识］

一、认识文件和文件夹

1. 文件和文件夹概述

在计算机系统中，主要的数据元素就是文件和文件夹，正是大量的文件和文件夹组成了整个计算机的信息和数据资源。因此学习计算机的操作，主要就是学习管理和操作文件或文件夹。

文件是一组相关信息的集合，由文件名标识进行区别。在 Windows 7 中允许使用长文件名，即文件名或文件夹名称最多可使用 255 个字符；这些字符可以是字母、空格、数字、汉字或一些特定符号；英文字母不区分大小写；但不能有以下括号中列出的一些符号（”｜\＜＞ * / ：?）。

为了便于管理，将相关文件分类后存放在不同的目录中。这些目录在 Windows 7 中被称为文件夹。

2. 文件类型

文件根据存储方式和内容的不同，分为很多类型。不同类型的文件通常用不同的文件扩展名表示。以下是 Windows 7 中常用的文件类型及其扩展名，见表 2-4。

表 2-4　常用文件类型与对应的扩展名

文件类型	扩展名	文件类型	扩展名
系统文件	.sys	声音文件	.wav
可执行程序文件	.exe 或.com	位图文件	.bmp
纯文本文件	.txt	Word 文档文件	.doc
系统配置文件	.ini	Excel 文件	.xls
Web 页文件	.htm 或 html	帮助文件	.hlp
动态链接库文件	.dll	数据库文件	.dbf

3. 文件属性

在 Windows 7 中，每个文件或文件夹对象都有自己的属性，其中包含着详细的信息。选中一个文件，单击鼠标右键，在右键快捷菜单中选择“属性”命令，打开文件的“属性”对话框。

在对话框中的“常规”选项卡中，可以查看文件的类型、打开方式、位置、大小、占用空间、创建时间、修改时间、访问时间等信息。

如果要保护文件或文件夹，可选定“只读”复选框将文件或文件夹设置为只读属性。如果要隐藏文件或文件夹，可选定“隐藏”复选框，如图 2－35 所示。

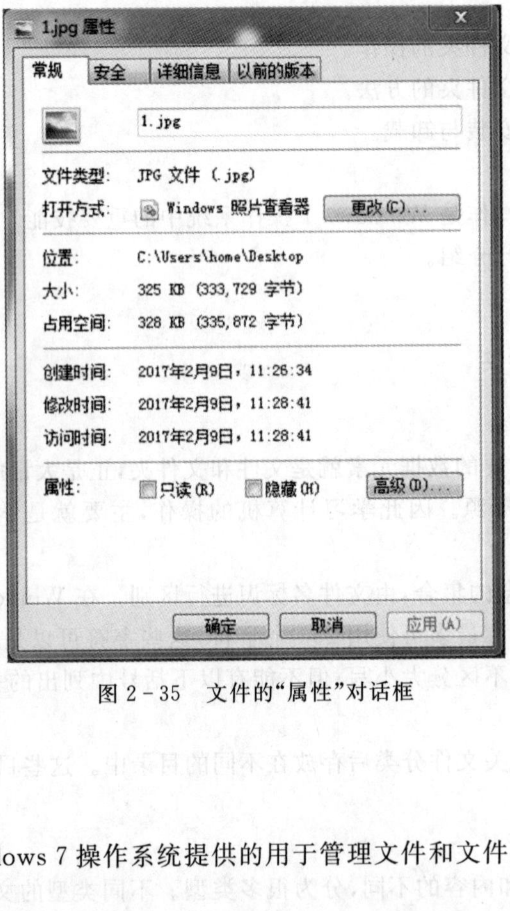

图 2－35　文件的“属性”对话框

二、资源管理器

资源管理器是 Windows 7 操作系统提供的用于管理文件和文件夹的工具。

1. 资源管理器窗口

“资源管理器”主要用来方便地查看和管理计算机中所有的文件和文件夹。在功能上，与“计算机”完全相同。通过资源管理器可以管理硬盘、映射网络驱动器、外围驱动器、查看控制面板等。

方法 1：在“开始”菜单，选择“所有程序”的“附件”中的“Windows 资源管理器”命令，可以打开资源管理器窗口。

方法 2：鼠标右键单击“开始”菜单，选择“打开 Windows 资源管理器”，如图 2－36 所示。

图 2－36　用鼠标右键单击开始菜单打开资源管理器

资源管理器窗口包含两部分。左边的列表窗格以目录树状结构显示系统中的所有资源项目。右边的信息窗格显示所选项目的具体内容。

当用户从左边的列表窗格选择一个文件夹时，右侧信息窗格将显示该文件夹下包含的文件和文件夹。

2. 库

库是一种特殊的文件夹，是 Windows 7 具有的一项新功能，通过“库”可以快速访问用户的各种重要资源。可以统一管理分散在硬盘各分区的资源，不需要在各个资源管理器窗口间来回切换。这种方式类似于“快捷方式”。

Windows 7 系统默认情况下，库包含 4 个子库，分别为：视频、图片、文档和音乐。

Windows 7 系统中用户保存新创建的文件时，默认位置就是“文档库”所对应的文件夹，从 Internet 下载的各种视频、网页、图片、音乐等存放时，默认路径也是这 4 个相应的子库。

3. 快捷方式

某些图标的左下角有一个弯曲的小箭头，这样的图标就是快捷方式，通过这种快捷方式图标可以快速启动其所对应的应用程序。

三、文件和文件夹的常用操作

1. 打开、关闭文件或文件夹

打开方法：在文件或文件夹上双击鼠标，即可将其打开。

关闭方法：单击窗口标题栏右侧的“关闭”按钮或双击标题栏左侧的窗口图标。

2. 新建文件或文件夹

Windows 7 中可在任意文件夹或驱动器下创建新的文件和文件夹。新建文件或文件夹主要方法有以下几种。

(1)在“Windows 资源管理器”，进入某磁盘驱动器或文件夹中，单击鼠标右键，在弹出的右键快捷菜单中选择“新建”，根据需要选择新建文件夹或某种文件，用户输入文件名或文件夹名后，按下回车键或在空白处单击，即可新建成功。

(2)在“Windows 资源管理器”，进入某磁盘驱动器或文件夹，选择工具栏上“新建文件夹”按钮，再输入文件夹名称，这种方式可新建一个文件夹。

(3)在资源管理器窗口或应用程序窗口，打开“文件”菜单，执行“新建”命令。

(4)在应用程序窗口执行快捷键组合“Ctrl+N”。

3. 创建文件或文件夹的快捷方式

(1)按住右键拖动文件或文件夹，在弹出的菜单中选择“在当前位置创建快捷方式”命令。

(2)在资源管理器的“文件”菜单中，有“创建快捷方式”命令。

(3)右键单击操作对象，在弹出的快捷菜单中选择“创建快捷方式”，或选择“发送到”命令下的“桌面快捷方式”选项。

4. 选定文件或文件夹

在对文件或文件夹进行操作时，首先必须确定操作对象，即选择文件或文件夹。

(1)选择单个文件或文件夹：单击要选择的对象即可将其选定。如果单击一个文件夹，则它的子文件夹和文件都会被选定。

(2)选择多个连续文件或文件夹：

1)按下鼠标左键，拖出一片矩形区域，区域范围内的文件和文件夹都被选中；

2)先单击第一个对象，按住“Shift”键再单击最后一个要选择的对象，选择结果如图 2－37 所示。

(3)选择多个不连续文件或文件夹：先单击一个要选择的对象，按下“Ctrl”键不松开，再用鼠标单击其他要选择的多个对象，使其变为淡蓝色选中状态，可选中多个不连续的文件和文件夹选择结果见图 2－37。

若要撤销被选中的对象，在保持按下“Ctrl”键的同时，再次单击已选中的文件，确认无误后，松开“Ctrl”键即可取消被选中的文件。

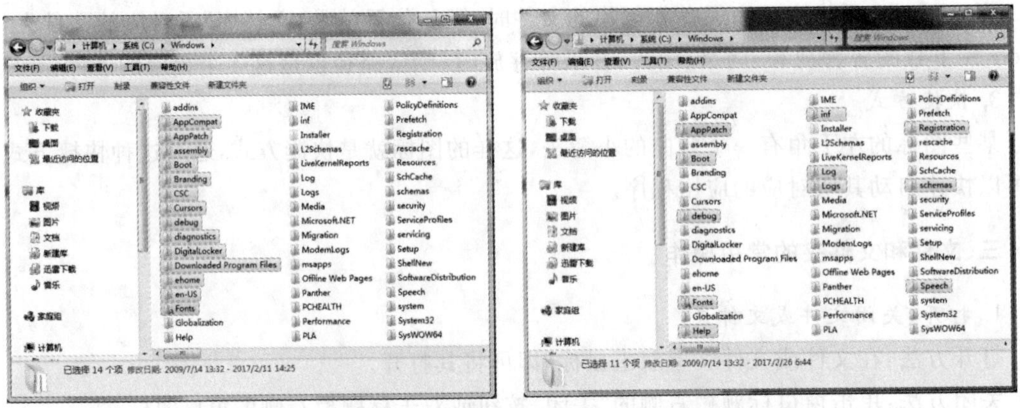

图 2－37　选择多个连续的文件和选择多个不连续的文件

(4)全部选择：若要选中当前文件夹中的全部文件和文件夹，则

1)在资源管理器窗口，选择“编辑”菜单下的“全选”命令；

2)使用“Ctrl＋A”组合键。

5. 复制、移动文件或文件夹

当复制文件或文件夹时，是将它的一份副本放到了用户选择的新的磁盘路径或其他文件夹中，最初的文件或文件夹仍然保留。而移动文件或文件夹时，是将它移动到用户选择的新的磁盘路径或其他文件夹中去，不保留原来位置的文件或文件夹。复制或移动文件和文件夹的方法有以下几种。

(1)通过右键快捷菜单命令：右键单击要复制的文件或文件夹，从弹出的快捷菜单中选择“复制”或“剪切”命令。然后打开目标文件夹或驱动器，右键单击窗口的空白处，选择快捷菜单中的“粘贴”命令。

(2)快捷组合键：“Ctrl＋X”代表剪切，“Crtl＋C”代表复制，“Ctrl＋V”代表粘贴。

(3)复制或移动项目对话框：在资源管理器窗口，选择“编辑”菜单中的“复制到文件夹”或“移动到文件夹”，将打开“复制项目”或“移动项目”对话框，在此选择将要复制到或移动到的位置进行复制或移动，如图 2－38 所示。

(4)拖动：分别打开源文件所在位置窗口和目标位置窗口，使两个窗口均可见。按下鼠标左键将源文件直接拖动到目标位置，释放鼠标，即可实现复制操作；鼠标拖动文件的同时按下“Shift”键，此时拖动实现移动操作。

(5)鼠标右键拖动：用鼠标右键拖动要复制的对象到目标位置。释放鼠标会自动弹出一个快捷菜单让用户选择进行何种操作，这时选择“复制到当前位置”或“移动到当前位置”命令即可。

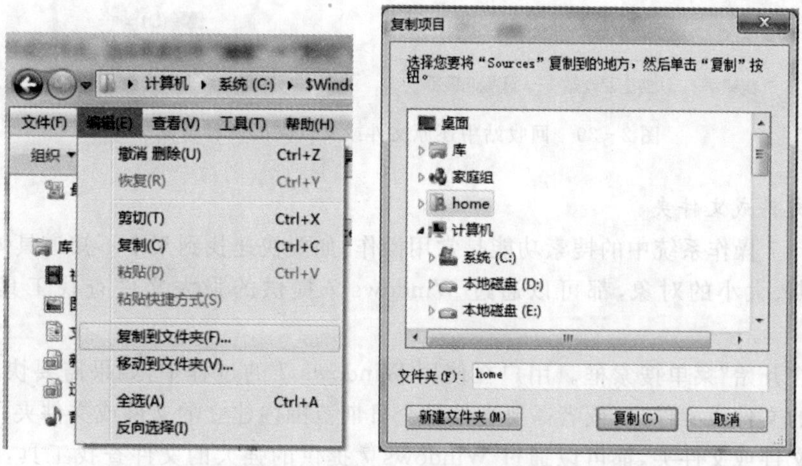

图 2-38　通过项目对话框实现复制或移动

6. 重命名文件或文件夹

在 Windows 7 中，用户可以根据需要来更改文件或文件夹的名称。通常文件名除了要符合命名规则外，还要有明确的含义，以便更好地表示文件或文件夹的内容。选中文件或文件夹对象后，可通过以下方法实现重命名：

(1)在文件上单击鼠标右键，在弹出的快捷菜单中选择“重命名”命令，输入新的名称，按“Enter”键确定。

(2)在文件或文件夹名称处单击两次鼠标，输入新的名称，按“Enter”键确定。

(3)选择“文件”菜单中的“重命名”命令，输入新的名称，按“Enter”键确定。

7. 删除文件或文件夹

有些不再用到的文件，为了节约计算机磁盘空间，应该删除。选定要删除的文件或文件夹对象，然后用以下方法删除：

(1)直接按键盘上的“Delete”键删除。

(2)在文件上单击鼠标右键，在右键快捷菜单中选择“删除”命令。

(3)资源管理器窗口的工具栏上，在“组织”菜单下选择“删除”命令。

(4)在“文件”菜单中选择“删除”命令。

(5)如果使用“Shift+Delete”组合键，将永久彻底删除文件或文件夹。

8. 恢复被删除的文件或文件夹

一般直接删除的文件或文件夹会放入“回收站”，如果错误地进行了删除操作，可以从回收站中恢复。但是永久彻底删除的、U 盘或移动硬盘上被删除的文件或文件夹是不能恢复的。

通过“回收站”恢复被删除的对象的方法：双击打开桌面上“回收站”，所有被删除的文件和文件夹会显示在窗口内。选中要恢复的文件或文件夹，点击鼠标右键，在快捷菜单中选择“还原”；或单击工具栏上的“还原此项目”按钮，如图 2-39 所示。

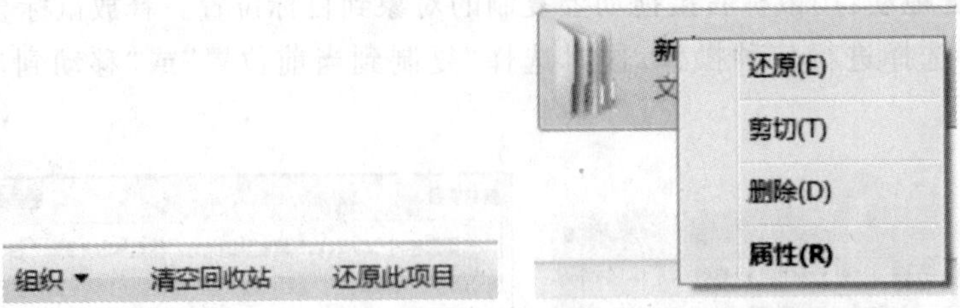

图 2-39　回收站中还原文件或文件夹的两种方法

9. 搜索文件或文件夹

Windows 7 操作系统中的搜索功能是常用操作，如要快速找到某个不知道具体路径，或只知道修改日期、大小的对象，都可以通过 Windows 7 提供的强大文件查找工具，快速找到目标。

(1)通过“开始”菜单搜索框。用户在使用 Windows 7 的过程中，如果需要快速找到某个不知道路径的文件或文件夹；或者需要查找某个日期范围内建立的文件或文件夹；或者是包含某些字符的文件或文件夹，都可以通过 Windows 7 提供的强大的文件查找工具，快速的找到要找的目标。操作步骤如下：

单击“开始”菜单，在下方搜索栏中输入要搜索的文件对象，输入后与之匹配的项目都会显示在开始菜单上，如图 2-40 所示。如果文件或文件夹的名称不确定，可以使用通配符“＊”(代表多个字符)或“?”(代表一个字代替)。例如：

＊.＊：表示所有的文件和文件夹。

＊.doc：表示所有扩展名为.doc 的文件 。

? a??.＊：表示文件名为 4 个且第 2 个字符为 a 的所有文件或文件夹。

设置好后单击按钮，系统将在设定的条件下搜索符号条件的文件或文件夹。

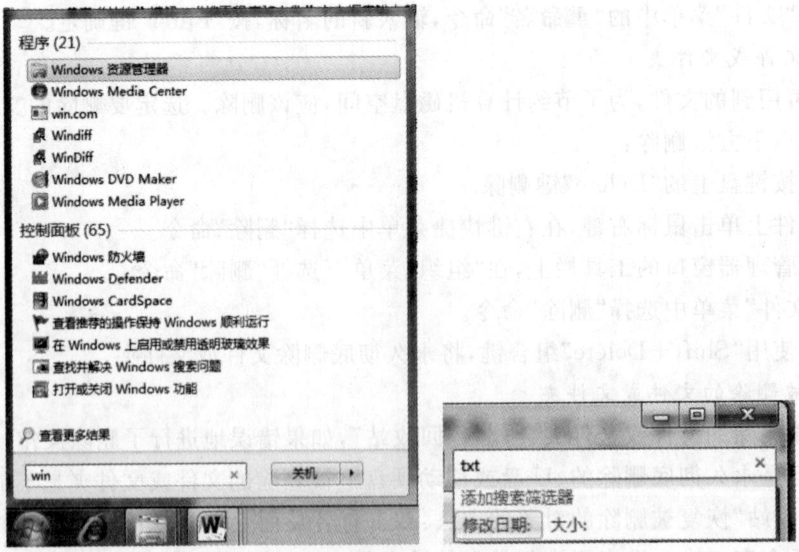

图 2-40　搜索文件或文件夹对象的两种方式

(2)资源管理器或库中的搜索框。如果已知查找对象位于某磁盘驱动器路径下,使用资源管理器窗口地址栏右侧的“搜索”文本框进行搜索。在这里还可以根据查找对象的修改日期或大小进行搜索。

四、应用程序管理

计算机系统中的应用程序可以帮助用户完成更多的工作,在计算机使用过程中,用户会接触到各种各样的应用程序,也就是软件。这些软件除了 Windows 7 自带的,都需要用户自己安装和卸载。

1. 安装应用程序

安装应用程序只需运行应用程序的安装程序即可。如果安装的应用程序是光盘中的,则打开应用程序安装盘,系统会自动运行光盘中的自启动安装程序。如果安装的应用程序是网络下载的,用户需双击运行安装文件,例如:Setup.exe 安装文件。按照安装向导提示一步一步进行操作,即可完成安装。

安装的应用程序会在 Windows 的注册表中进行注册,并自动在“开始”菜单中添加相应的程序选项。

2. 卸载程序

删除程序软件不能单纯删除软件所在程序的目录或文件夹,因为在 Windows 环境下安装的软件都会在注册表中注册,有的软件在安装中还会在 Windows 目录中复制一些共享程序,所以单纯删除软件的目录或文件夹不能把软件彻底的删除掉。

常用的方法:

(1)利用软件自身带有的卸载程序,用户启动卸载程序便可将该软件完全卸载。

(2)打开控制面板,在“程序”中选择“卸载程序”,即可打开“卸载或更改程序”窗口,在列表框中列出了系统所有已安装的应用程序,用户根据需要,找到要卸载的应用程序,选中对象之后,点击工具栏上“卸载”按钮,按照提示操作即可,如图 2-41 所示。

图 2-41　卸载应用程序

五、多媒体

大多数计算机都具备多媒体功能，用户可以利用这些功能查看图片、播放音乐、视频、动画等。

在 Windows 7 系统，自带 Windows Media Center 程序，这是一款集影、视、音乐播放、图片浏览、游戏等各种功能于一体的综合娱乐媒体中心，为用户提供全面的数字娱乐享受。

单击“开始”菜单，在“所有程序”中单击“Windows Media Center”，就会启动 Windows Media Center 窗口，如图 2-42 所示。

图 2-42　启动“Windows Media Center”窗口

单击“继续”按钮，进入 Windows Media Center 主界面，如图 2-43 所示。

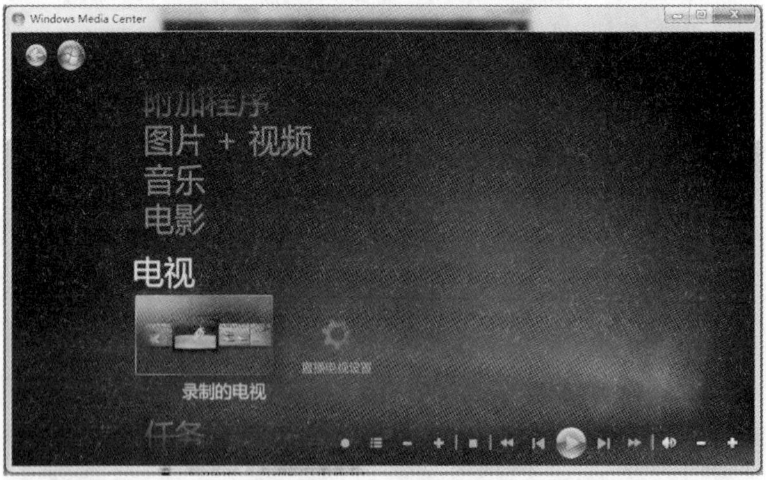

图 2-43　“Windows Media Center”主界面

在这里可以享受到图片、音乐、电影、电视等各种视听娱乐。用户还可做个性化的设置，例如设置启动和窗口行为、视觉和音效、图片和音乐等播放选项。

任务4　Windows 7系统维护与安全

［学习目标］

第一次进入 Windows 7 后，系统会为用户提供一个默认的工作环境，以方便用户在不进行任何选择和功能设置的情况下正常操作。实际上用户可以不使用系统预定义的内容，通过创建自定义的方案来设置计算机，从而获得更加个性的工作环境。

通过本节学习以下内容。

■Windows 7 系统的控制面板。

■磁盘格式化、清理、整理磁盘碎片。

■创建系统还原点、还原系统。

■用户账户管理。

■防火墙。

［导读］

通过控制面板的使用，对 Windows 7 操作系统进行配置与安全维护。

［相关知识］

一、认识 Windows 7 控制面板

在 Windows 7 的“控制面板”窗口默认采用“类别”查看方式，将整个计算机设置按类别分为 8 类。如果更改查看方式为“大图标”或“小图标”，控制面板窗口将显示所有设置项，如图 2-44所示。

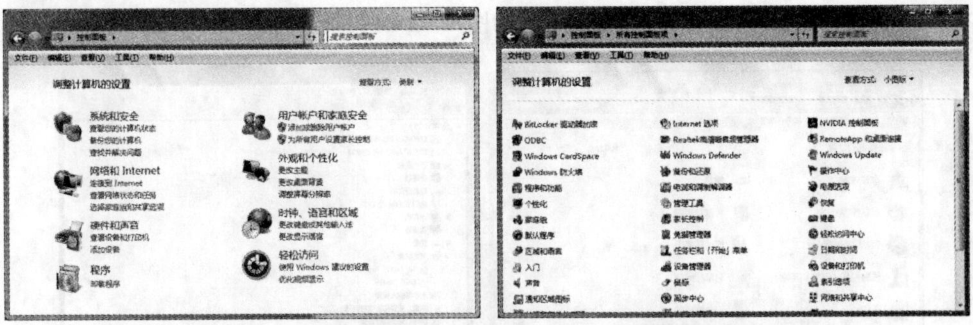

图 2-44　控制面板的“类别”查看方式和“小图标”查看方式

启动控制面板常用的几种方法：

(1)单击“开始”菜单按钮，选择“控制面板”选项，即可将其打开。

(2)在资源管理器窗口，选择工具栏上的“打开控制面板”按钮，即可打开控制面板。

(3)在资源管理器窗口的地址栏中输入“控制面板”，按回车键，可打开控制面板。

二、设置系统日期和时间、时区

选择“控制面板”中的“时钟、语言和区域”，在打开的窗口中选择“设置时间和日期”，将打开“日期和时间”对话框，在这里可以更改日期和时间，也可以更改时区，如图 2-45 所示。

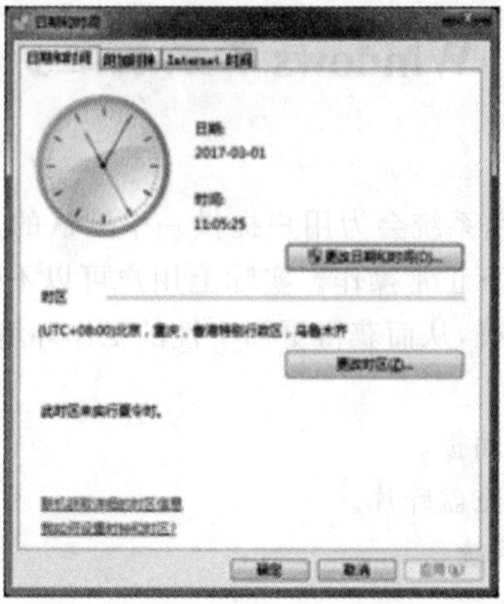

图 2－45 “日期和时间”对话框

三、设备管理器

目前许多计算机硬件属于即插即用型设备，直接连接电脑即可使用。一般情况下设备连接到计算机上，系统会自动完成驱动程序的安装。但也有非即插即用的硬件设备，例如打印机、扫描仪等需要安装对应的驱动程序才能使用。

安装驱动程序，可使用硬件自带的安装光盘，或在网上下载对应的驱动程序，参考应用程序安装的方式，按向导提示安装即可。

但某些设备需要通过“设备管理器”完成驱动的安装，方法是：

在控制面板中，打开“设备管理器”窗口，如图 2－46 所示。

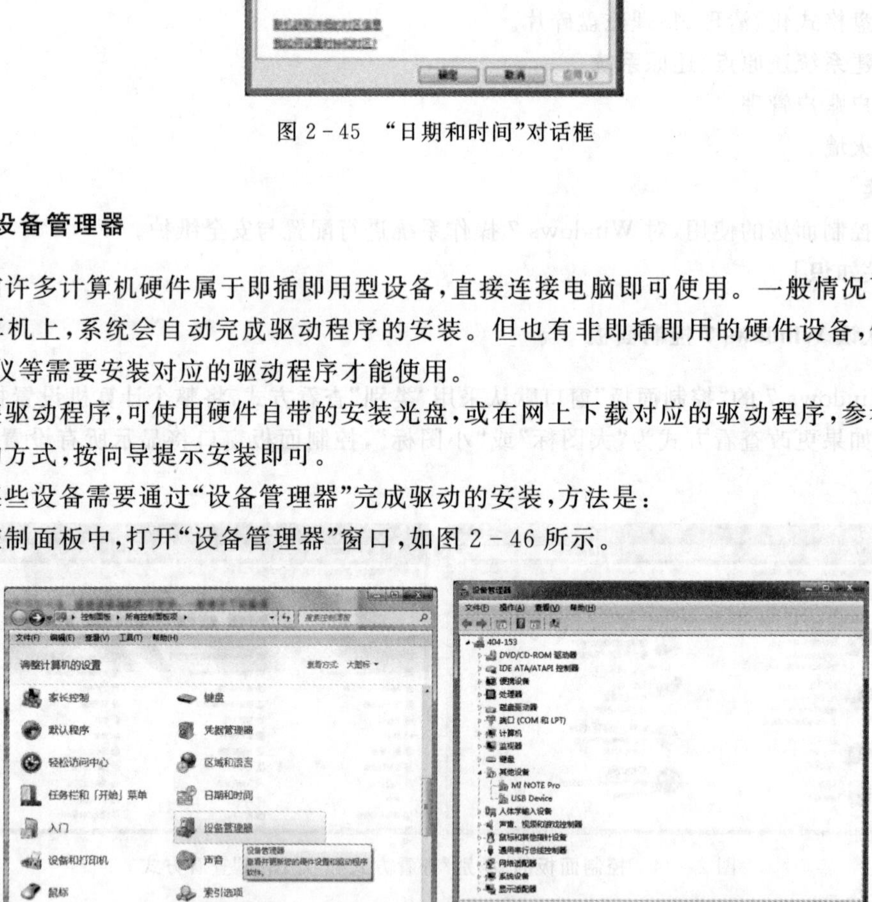

图 2－46 打开“设备管理器”窗口

点击工具栏上“扫描检测硬件改动”按钮，系统会探测新装硬件设备，弹出提示驱动安装的对话框，按照向导提示进行安装。

也可用鼠标右键点击“设备管理器”中的计算机名称，在快捷菜单中选择“添加过时硬件”，会弹出“欢迎使用添加硬件向导”对话框，按照向导提示完成添加即可，如图 2－47 所示。

如要卸载某硬件设备，在“设备管理器”中用鼠标右键单击该设备，选择“卸载”即可，如图 2－48 所示。

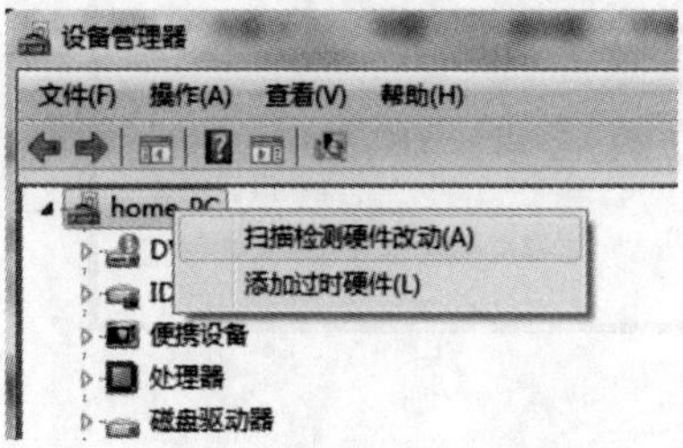

图 2－47　通过右键快捷菜单添加硬件

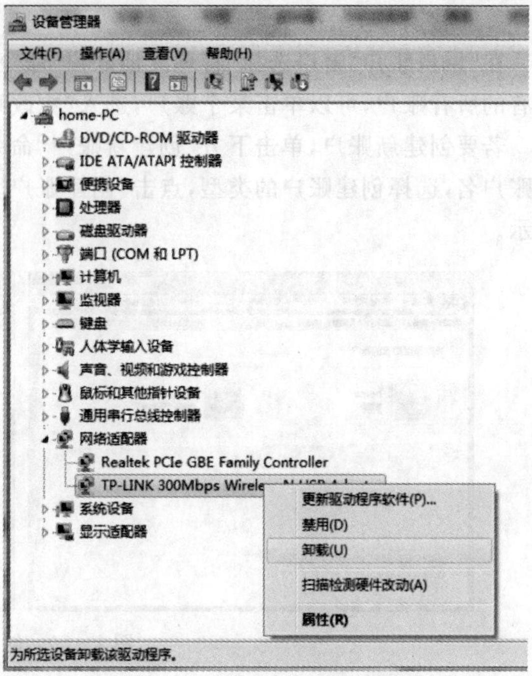

图 2－48　卸载硬件设备

四、用户账户设置

Windows 7 拥有一个健全的用户账户管理机制。通过为用户账户设置权限，可以赋予或限制用户访问各种资源的权利。每个经常使用该计算机的用户都应有一个用户账户。

Windows 7 系统提供 3 种类型的账户：

管理员账户：拥有最高的操作权限，拥有完全访问权，可做任何需要的修改。

标准账户：不能更改影响到其他用户的设置和涉及计算机安全的设置。其他基本上可以执行管理员账户下所有操作。

来宾账户：是临时用户拥有最低的权限，只能进行最基本的操作，不能对系统进行修改。

1. 账户设置

在控制面板选择“用户账户”，打开“用户账户”窗口。在这里可以更改用户账户，进行创建密码、更改图片、更改账户名称、更改账户类型等账户设置，如图 2－49 所示。

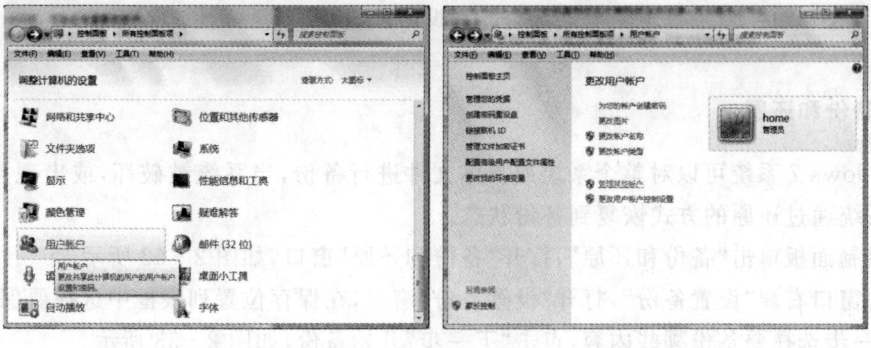

图 2－49　打开“用户账户”窗口

2. 创建新账户

在“用户账户”窗口选择“管理其他账户”命令，就会进入“管理账户”窗口，窗口里显示系统已有的所有账户，可以单击某个账户，进入“更改账户”进行更改。

若要创建新账户，单击下方“创建新账户”命令，打开“创建新账户”窗口。在文本框中输入新账户名，选择创建账户的类型，点击“创建账户”按钮，就可以完成新账户的创建，如图 2－50 所示。

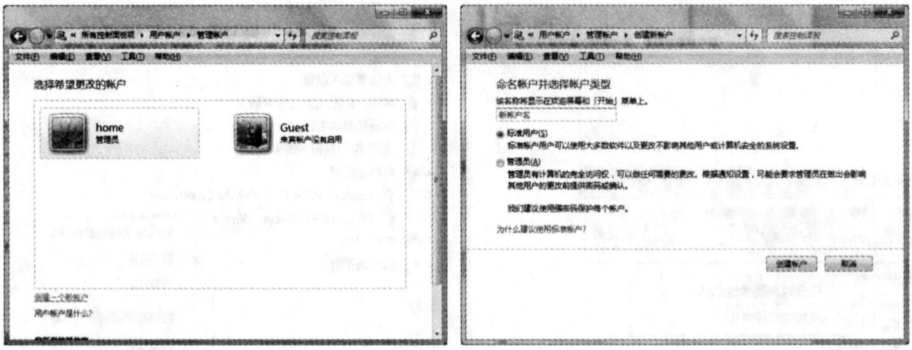

图 2－50　创建新账户

3. 设置家长控制

在“用户账户”窗口左侧列表窗格下方，单击“家长控制”链接，就会进入“家长控制”窗口，在这里可以为账户启用家长控制功能，从而限定账户使用时间、限制游戏类型，允许或阻止特定的程序，如图 2－51 所示。

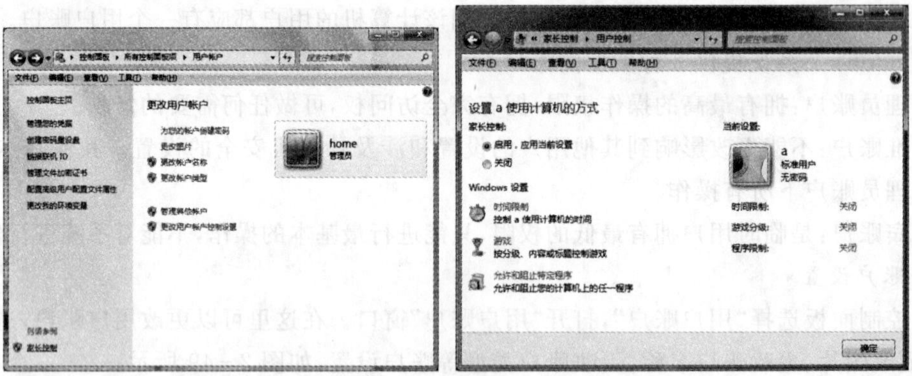

图 2－51　设置家长控制

五、备份和还原

Windows 7 系统可以对整个系统或具体文件进行备份，当系统被破坏，或出现异常情况，可以使系统通过还原的方式恢复到备份状态。

在控制面板单击“备份和还原”，打开“备份和还原”窗口，如图 2－52 所示。

单击窗口右侧“设置备份”，打开“设置备份”窗口，在保存位置列表框中选择要保存备份的位置，下一步选择要备份哪些内容，点击“下一步”开始备份，如图 2－53 所示。

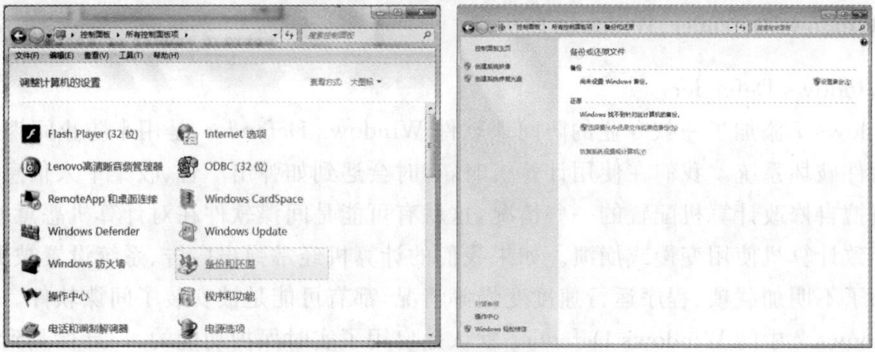

图 2-52　打开“备份和还原”窗口

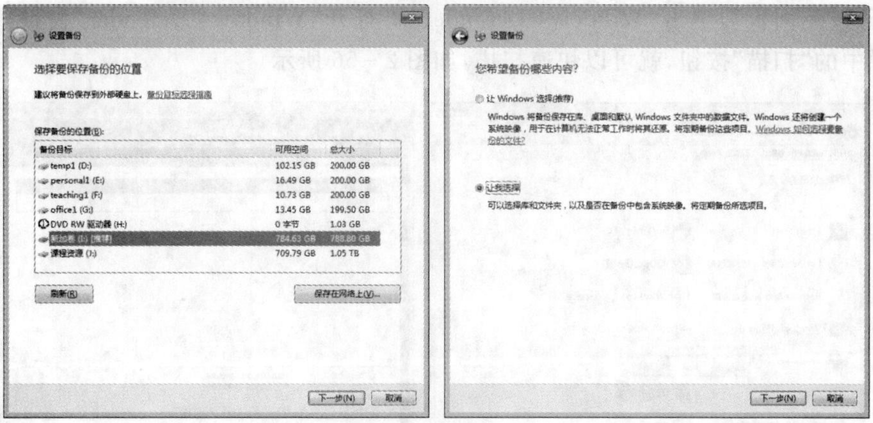

图 2-53　设置备份

文件备份完成后，如果需要重新设置，可通过“更改计划”修改，如图 2-54 所示。

通过这样的方式，我们可以手动备份系统，也可以让系统定期备份。需要还原系统的时候，单击“还原我的文件”，找到备份好的文件，就可以还原了，如图 2-55 所示。

图 2-54　系统备份过程

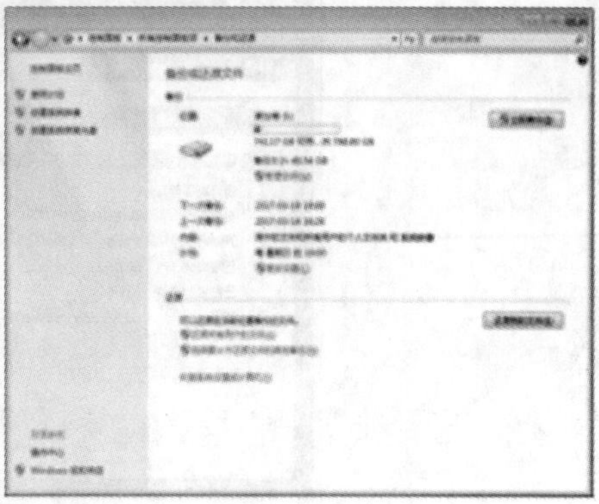

图 2-55　通过“还原我的文件”按钮恢复备份

六、Windows Defender，Windows 防火墙

1. Windows Defender

Windows 7 添加了一款专业的防间谍软件 Windows Defender，是用来防止间谍软件和其他恶意软件破坏系统。我们在使用计算机时，有时会遇到如弹出广告、收集个人信息或未经用户许可就擅自修改计算机配置的一些情况，这就有可能是间谍软件在对计算机恶意修改，这些情况会导致计算机使用变慢或崩溃。如果我们的计算机经常弹出广告、系统设置被更改、浏览器中添加了不明加载项、程序运行速度变慢等情况，都有可能是被安装了间谍软件。

Windows 7 中的 Windows Defender 默认是启用了实时保护功能的，一旦检测到恶意软件对计算机有危害，就会弹出警告消息框报警。

我们也可通过手动扫描的方式来监控计算机系统。

打开"控制面板"，单击"Windows Defender"将打开"Windows Defender"窗口，我们单击其工具栏中的"扫描"按钮，就可以快速扫描，如图 2－56 所示。

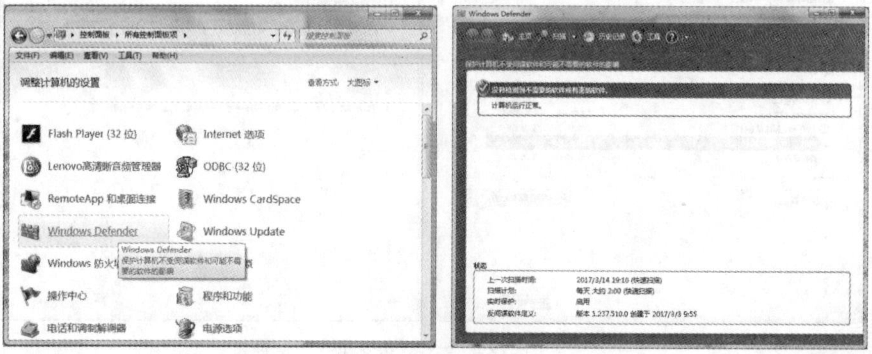

图 2－56　打开"Windows Defender"窗口

若单击"扫描"按钮旁的下拉箭头，还可以选择"快速扫描""完全扫描""自定义扫描"和"取消扫描"等操作，如图 2－57 所示。

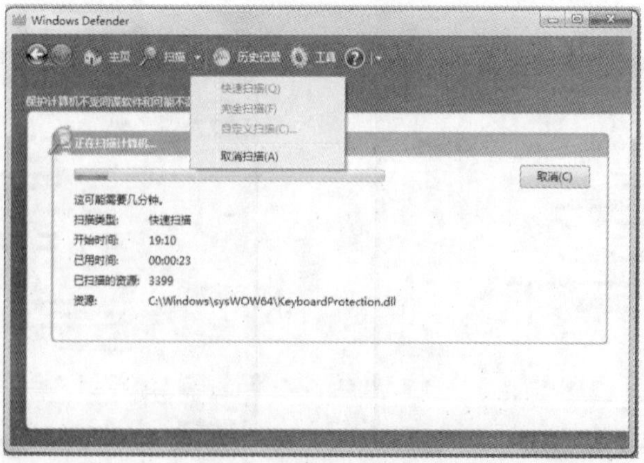

图 2－57　Windows Defender 的不同扫描方式

Windows Defender 功能强大，用户还可自己定义操作设置。单击“Windows Defender”窗口工具栏上的“工具”按钮，在这里可以进行详细的 Windows Defender 配置操作，如图 2-58 所示。

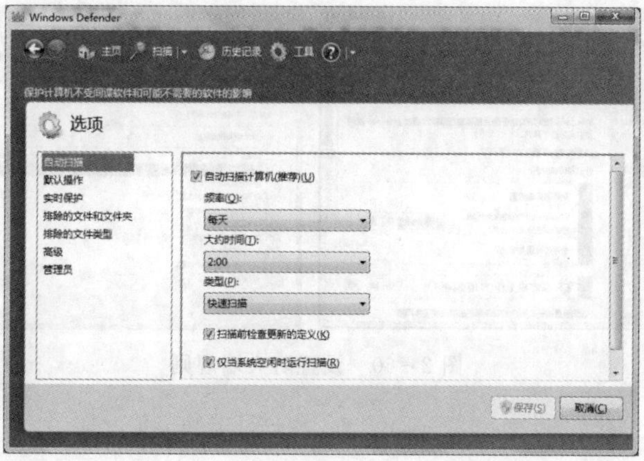

图 2-58　Windows Defender 的自定义设置

2. Windows 防火墙

防火墙实际是一种隔离防护措施，主要用来保护计算机、数据或其他资源不被未授权的用户攻击和访问。防火墙可防止黑客或恶意软件通过网络访问计算机，也防止计算机向其他计算机发送恶意软件，根据防火墙设置的规则，能阻止或允许信息通过计算机。

打开“控制面板”，单击“Windows 防火墙”，在打开的“Windows 防火墙”窗口，单击窗口左侧列表的“打开或关闭 Windows 防火墙”链接，打开“自定义设置”窗口，选择“启用 Windows 防火墙”即可开启 Windows 防火墙的保护功能。设置完成后单击“确定”按钮，如图 2-59 所示。

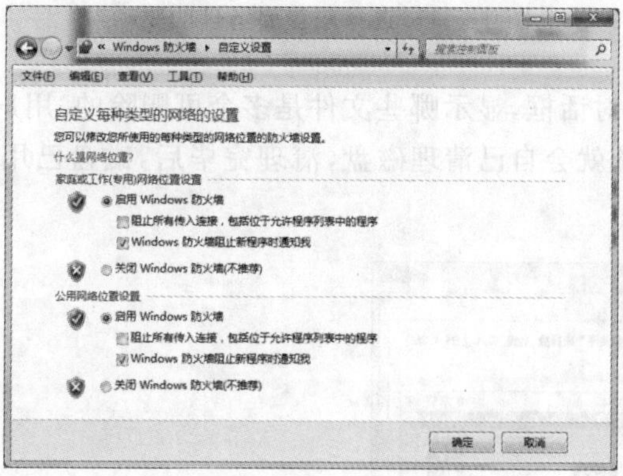

图 2-59　开启 Windows 防火墙

如果启用了 Windows 7 的防火墙功能，需要访问的某网络程序却不在防火墙允许访问网络的列表中，那么系统就会弹出“Windows 安全警报”对话框。若要允许其通过防火墙，单击“允许访问”按钮，程序运行时防火墙就不再阻止了。若不允许该程序通过防火墙，单击“取消”即可。

另外也可通过“Windows 防火墙窗口”设置防火墙规则，在“Windows 防火墙”窗口左侧列表窗格中选择“允许程序或功能通过 Windows 防火墙”，在打开的“允许的程序”窗口中，根据需要勾选列表框内的程序，如图 2－60 所示。

图 2－60　设置防火墙规则

七、磁盘管理

1. 磁盘清理

计算机使用一段时间，速度会变慢，通过清理磁盘空间或整理磁盘碎片可以提高计算机的运行速度。以下是清理磁盘的方法：点击“开始”菜单→“所有程序”→“附件”→“系统工具”→“磁盘清理”，打开“磁盘清理：驱动器选择”对话框，在这里选择要清理的驱动器。单击“确定”之后，开始扫描需要清理的磁盘，如图 2－61 所示。

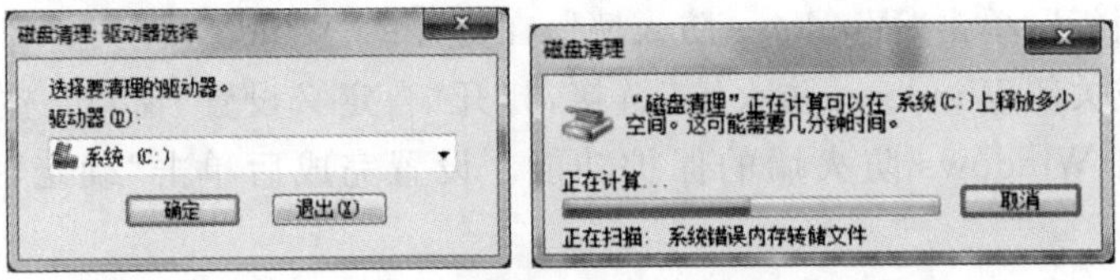

图 2－61　选择磁盘要清理的驱动器

扫描完毕后，会弹出对话框，显示哪些文件是多余可删除的，用户可根据需要进行删除，如图 2－62 所示。之后系统就会自己清理磁盘，清理完毕后，磁盘已用空间会变少，使计算机运行速度加快。

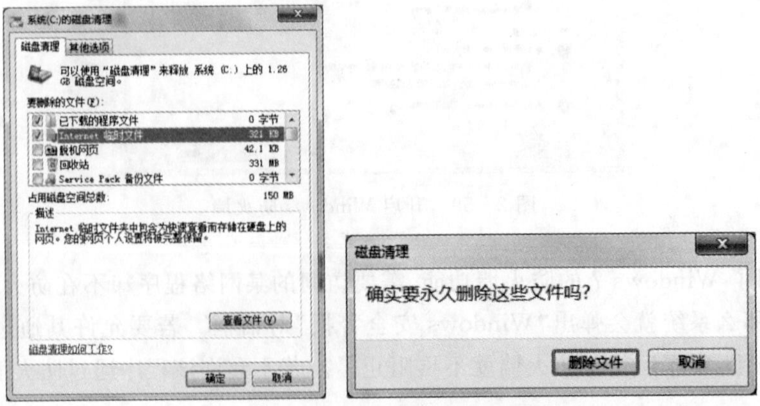

图 2－62　选择磁盘要清理的项目

2. *磁盘碎片整理*

操作系统对磁盘的写操作不是顺序进行，而是随机的，因此磁盘使用一段时间，内部的文件就会零散的分布在磁盘内，影响磁盘的访问效率，所以使用一段时间后有必要对磁盘进行整理。磁盘碎片整理是先将磁盘内零散的文件读出，再重新写入到连续的空间内，以此提高磁盘的访问效率。

碎片整理的方法是："开始"菜单→"所有程序"→"附件"→"系统工具"→"磁盘碎片整理程序"，打开"磁盘碎片整理程序"窗口，在其中单击"磁盘碎片整理"按钮就可以进行磁盘碎片整理了，如图 2-63 所示。

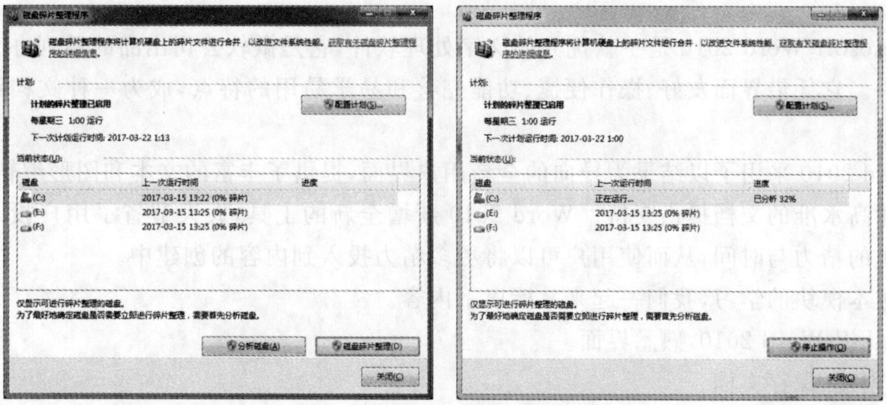

图 2-63　"磁盘碎片整理程序"窗口

单击窗口的"配置计划"会打开磁盘碎片整理程序的"修改计划"对话框，使系统按计划自动执行碎片整理工作，如图 2-64 所示。

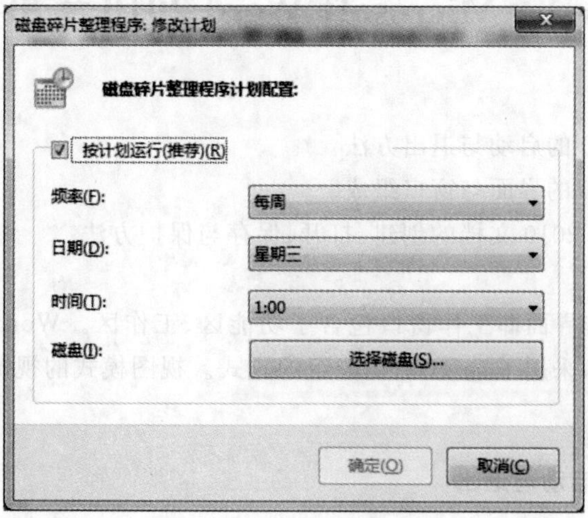

图 2-64　"磁盘碎片整理程序：修改计划"对话框

项目三 文字处理
——Microsoft Word 2010 软件应用

Microsoft Word 2010 是一款优秀的文字处理软件，它是微软公司出品的系列办公软件的组件之一。它凭借界面友好、操作便捷、功能完善和易学易用的特点，成为一种文档编辑的主流软件。

Word 2010 采用了以结果为导向的全新用户界面，提供了丰富的文本和图形编辑工具，为用户创建高水准的文档提供支持。Word 2010 新增全新的工具，大大节省了用户投入在格式化文档上的精力与时间，从而使用户可以将更多精力投入到内容的创建中。

通过本模块的学习，我们一起来掌握以下内容。

(1)认识 Word 2010，熟悉界面。

(2)创建、保存文档。

(3)编辑、格式化、管理文档。

(4)学习 Word 表格的创建与编辑。

(5)图文混排美化文档。

任务1 Microsoft Word 2010 使用初步

[学习目标]

■掌握 Word 2010 的启动与退出方法。

■熟悉 Word 2010 的界面与窗口组成。

■熟练掌握 Word 2010 文档的创建、打开、保存与保护方法。

[导读]

Word 2010 的工作界面即工作窗口包含了功能区、工作区。Word 2010 摒弃了老版本中菜单栏、工具栏的形式，采用了选项卡、功能组的方式。视图模式的视觉效果更加生动。

[相关知识]

一、Word 2010 的启动与退出

1. 启动 Word 2010 的几种方法

(1)常规启动：选择“开始”菜单里的“所有程序”，找到并单击“Microsoft Office”文件夹，这里包含所有已安装的 Office 组件，单击“Microsoft Word 2010”即可启动 Word 2010，如图 3-1所示，此时系统自动创建一个空白文档，用户可在此输入文本并编辑。

(2)快捷图标启动：如果已在桌面上建立了 Word 快捷方式图标，双击该图标即可打开

Word 2010。如果桌面上没有 Word 2010 快捷方式图标,也可自己建立,方法是复制快捷方式到桌面。通过开始菜单找到“Microsoft Word 2010”,按住“Ctrl”键的同时,将其拖至桌面,释放鼠标,即可在桌面创建 Word 2010 的快捷方式。

图 3-1　Word 2010 的开始菜单

(3)直接打开已有的 Word 文件:双击已保存在计算机中的 Word 文档,就会启动 Word 2010,同时打开该文档。

2. 退出 Word 2010 的几种方法

(1)单击 Word 窗口标题栏右侧的关闭按钮 。

(2)在 Word 功能区的“文件”选项卡中选择“退出”命令。

(3)组合键“Alt+F4”可关闭当前 Word 窗口。

二、Word 2010 的界面与窗口组成

启动 Word 2010 后,默认空白文档的窗口如图 3-2 所示。

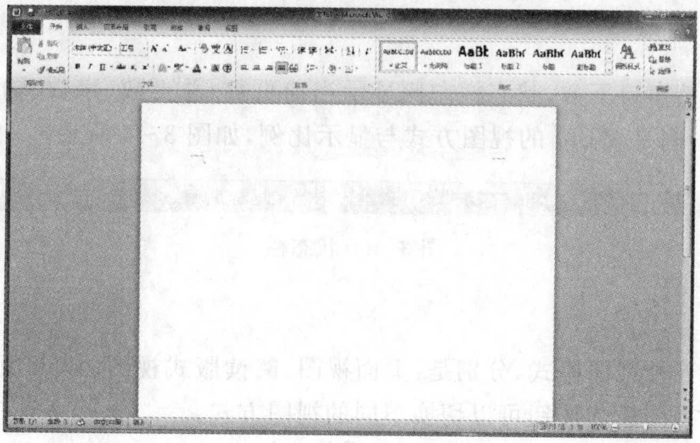

图 3-2　Word 2010 窗口界面

1. 标题栏

标题栏位于窗口顶部,标题栏中部显示当前启动的应用程序名称及正在编辑的文档名。标题栏右边是"最小化""最大化/向下还原"和"关闭"按钮。

新建 Word 2010 时,默认打开的文档名是"文档 1",如不保存继续新建,依次是"文档 2""文档 3"……

Word 2010 文档的扩展名为.docx。

2. 功能区

Word 2010 将各种命令根据功能的不同进行分组,放在不同的功能选项卡区域,不再是传统的菜单和工具栏显示。这种选项卡的方式更加直观,操作性大为提高。

Word 2010 将功能区分为:开始、插入、页面布局、引用、邮件、审阅、视图等编辑文档的选项卡。

除了默认的功能选项卡,Word 2010 还有上下文选项卡,这是在编辑某些特定对象时才会出现的选项卡,一般显示在功能选项卡之后。例如:若要操作图表对象,当选中图表时,就会增加"设计""布局"和"格式"三个上下文选项卡。这样方式灵活智能,又保证版面的整洁,如图 3-3所示。

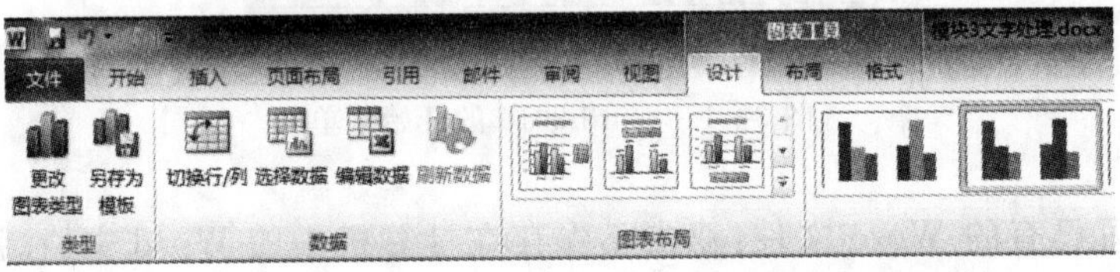

图 3-3 Word 功能区的上下文选项卡

选项卡中的命令会随着窗口大小的变化调整大小,当窗口缩小时,功能区的功能按钮会变窄,有时多个命令选项会折叠,只需点击下拉箭头就可以看到全部命令。

3. 文档工作区

Word 窗口中间的大块区域是文档工作区域(文本区),用来输入和编辑文字、表格、图形等。文档窗口闪烁着的竖线称为光标或插入点,用来标识在文档中插入对象的位置。文档窗口有两条滚动条,用以显示在该文档屏幕以外部分的内容。滚动条分为垂直滚动条和水平滚动条。

4. 状态栏

状态栏位于文档窗口下方,状态栏左侧显示当前页数/总页数、字数、输入的字符类型、插入或改写状态等,右侧是 Word 的视图方式与显示比例,如图 3-4 所示。

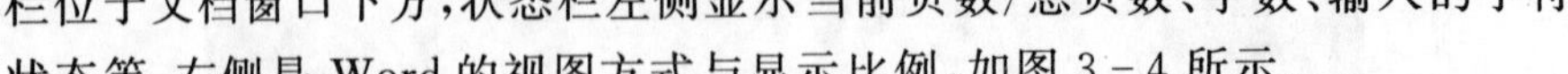

图 3-4 状态栏

5. 视图方式

Word 2010 有五种视图模式,分别是:页面视图、阅读版式视图、Web 版式视图、大纲视图和草稿。通过单击视图模式按钮可以切换不同的视图方式。

(1)页面视图:是 Word 默认的视图模式,是制作文档时最常用的一种视图。这种视图模式，可以显示整个页面的分布情况和文档中所有的元素，并能对它们进行设置。在页面视图下，显示效果反映了打印后的真实效果，真正做到了“所见即所得”。

（2）阅读版式视图：这种视图模式下，版面以最大空间来显示文档，功能区域、状态栏等被隐藏，利于用户阅读。

（3）Web 版式视图：用于显示文档在 Web 浏览器中的外观。这种视图模式下，便于浏览和制作 Web 网页。

（4）大纲视图：大纲视图使得长篇文档的结构变容易，可以通过拖动标题来移动、复制或重新组织正文。在大纲视图中，可以折叠文档，只看主标题；或者扩展文档，以便查看整个文档。

（5）草稿视图：这种视图模式只显示文档的文本，取消了页边距、页眉页脚、图片等元素，是最节省空间的视图模式。

三、Word 2010 的基本操作

1. 创建文档

通过“开始”菜单等方式启动 Word 文档时会新建空白的 Word 文档。

若用户已启动 Word 2010 应用程序，需要新建一个 Word 文档。则在功能区单击“文件”选项卡，在其中选择“新建”命令，在“可用模板”选区内选择“空白文档”，也可以选择一种模板，就可创建一个新的文档。

Word 2010 提供了许多模板，用户可以根据需要选择，选中某种模板，右侧的预览区将显示预览效果，点击“创建”按钮即可创建一个文档。经过编辑，能快速完成一个精美、专业的文档，如图 3 - 5 所示。

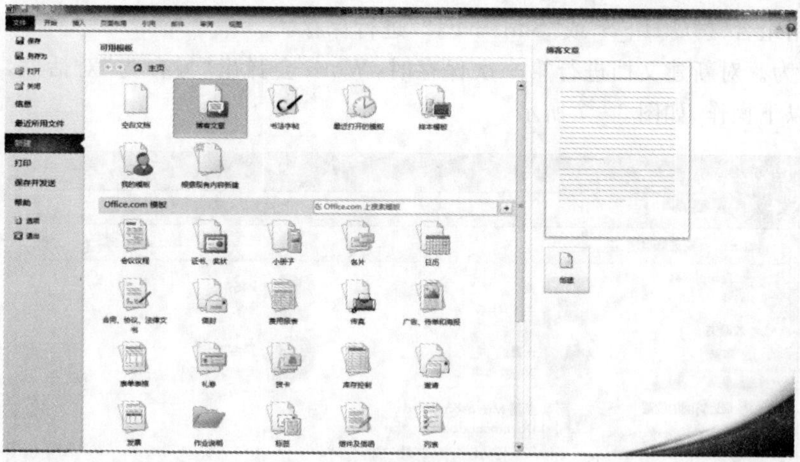

图 3 - 5　新建 Word 文档

2. 打开文档

若计算机中有已经存在的 Word 文档，可双击图标直接打开。

若已打开 Word 应用程序，可以通过“文件”选项卡，选择“打开”命令，会弹出“打开”对话框。选择文档所在路径，选中后点击“打开”按钮，即可打开文档，如图 3 - 6 所示。

3. 保存文档

用户新创建的文档和正在编辑中的文档存放在内存中，任何一次对计算机的意外操作，如

停电、死机、错误操作等,都有可能导致文档的丢失,因此需要将输入的文档数据保存到外存(如硬盘)上。

图 3-6　打开 Word 文档

(1)保存文档。对正在编辑的文档,应适时地做一下保存操作,以免系统突然断电而造成数据丢失。用户可以通过以下方法保存文档:

在“文件”选项卡中选择“保存”命令,或“另存为”命令。

也可使用组合键“Ctrl+S”或“Shift+F12”进行保存。

(2)另存为。对新建文档进行第一次保存时,Word 会弹出“另存为”对话框,在该对话框中需要进行以下操作,如图 3-7 所示。

图 3-7　“另存为”对话框

1)选择保存位置。在默认情况下,Word 2010 将文档保存在“库\文档”文件夹中,如果想更改保存位置,可以单击左侧计算机位置,选择希望保存的驱动器和文件夹路径。

2)输入文件名。用户选择了保存位置后,如果直接单击“保存”按钮,Word 会将文档的第一句话作为这个文档的文件名进行保存;如要命名,在“另存为”对话框的“文件名”文本框中输入文件名。

3)选择文件类型。文档默认保存为 Word 文档(.docx)类型,用户可根据需要选择其他保存类型,如 PDF 等,如图 3-8 所示。

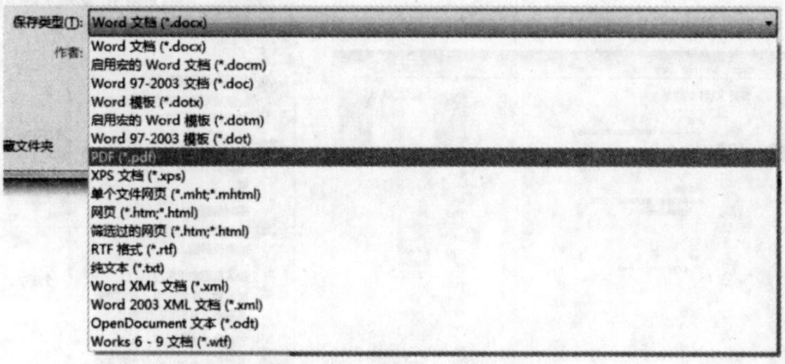

图 3-8 Word 文档的保存类型

(3)自动保存。自动保存是一种更方便、更安全的保存方式,用户只要设定好时间,系统就会在指定的时间间隔自动保存文档。

在“文件”选项卡,选择“选项”命令,将打开“Word 选项”对话框,在对话框左侧选择“保存”,右侧显示出和保存文档相关的选项。在这里可以设置希望自动保存的时间间隔,默认自动保存的时间间隔是 10 分钟。需特别注意的是,自动保存通常要在输入文档内容之前设置,而且只对 Word 文档类型有效,如图 3-9 所示。

图 3-9 “Word 选项”对话框

4. 保护文档

给 Word 文档设置密码，可以保护文档，防止其他人查看或修改。

在“文件”选项卡中，选择“信息”命令，右侧将显示该文档的信息。点击“保护文档”按钮，可以设置“权限”。选择“用密码进行加密”可以给文档设置密码，防止他人查看；选择“限制密码”可以给文档增加各种保护权限，如“格式设置限制”、“编辑限制”或“启动强制保护”等，如图 3-10 所示。

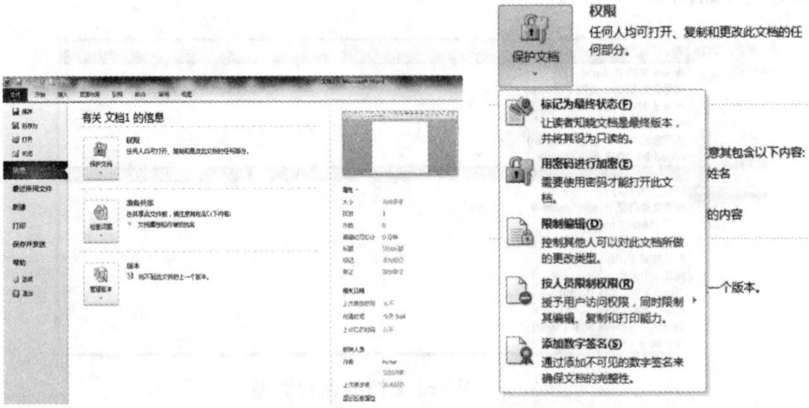

图 3-10　信息界面和保护文档按钮

任务 2　文档的录入与格式设置
——制作“产品简介”文档

[学习目标]

■掌握文档的输入、编辑。

■熟练掌握字符格式设置。

■熟练掌握段落格式设置。

[任务描述]

在桌面创建 Word 文档“产品简介.docx”，录入以下内容，并设置文本的字体和段落格式，最终效果如图 3-11 所示。

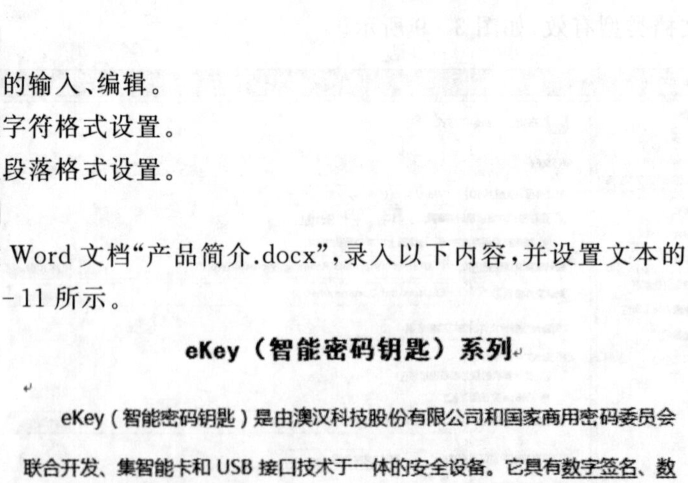

eKey（智能密码钥匙）系列

eKey（智能密码钥匙）是由澳汉科技股份有限公司和国家商用密码委员会联合开发、集智能卡和 USB 接口技术于一体的安全设备。它具有数字签名、数据加解密和证书存储等功能，适用于*电子政务、电子商务、信息保密、网上银行*等应用领域。

eKey 系列产品是现代计算机网络中很好的客户端信息安全产品，可为建立系统的安全平台提供快捷、安全的客户端解决方案。

图 3-11　“产品简介”样图

［相关知识］

一、Word 2010 文档的输入与编辑

1. 输入文档

文档的输入主要指文字的录入和图片、符号、表格等元素的插入操作。当启动 Word 时，系统就自动创建一个空白文档，在文档编辑区内可以看到一个闪烁的“|”形光标，这就是插入点，是输入的起始位置。

(1)插入点的移动。在录入时，插入点会随着文字的增加而不断往右移动。在整个录入过程中难免会出现漏字、错字的情况，需要随时移动插入点进行修改。下面介绍几种常用的插入点移动方法：

1)用“↑”“↓”“←”“→”方向键可将插入点在字里行间上下左右地移动；

2)用“Home”键可将插入点快速移到行首；

3)用“End”键可将插入点快速移到行尾；

4)用“Ctrl＋Home”键可将插入点快速移到文档首；

5)用“Ctrl＋End”键可将插入点快速移到文档尾；

6)文档输入过程中，在文中单击鼠标左键，可将插入点快速移动到鼠标单击处。

(2)插入方式和改写方式。在录入前要注意 Word 的编辑状态是插入还是改写方式，在下方状态栏可以看到当前状态。这两种方式下，文字录入的效果是不一样的。将插入点定位后，在插入方式下录入文字时，新输入的文字不会改变后面文本的内容，只是将新的内容在插入点处插入而已；但如果在改写方式下，当用户在文档中间输入新内容时，新内容会将插入点之后的内容覆盖，即改写了原有的内容。因此，必须随时注意当前的编辑状态(默认为插入状态)。

用户单击状态栏的“插入”按钮，或单击键盘上“Insert”键均可修改插入/改写状态。

(3)输入文字。在输入文字前，应当首先确定输入点的位置是否合适，并选择一种自己熟悉的中文输入法。用户在具体输入文字时应注意以下细节：

1)随着字符的输入，插入点光标从左向右移动，到达文档右边界时自动换行。只有在开始一个新的自然段或需要产生一个空行时才需要按“Enter”键，按键后会产生一个段落标记(↵)，用于区分段落。如果看不到段落标记，可以点击“开始”选显卡的“段落”选项组中的“显示/隐藏段落标记”图标使之显示。

2)在 Word 中，还存在一些有特殊意义的符号，称为非打印字符，它们在 Word 程序中可以看到，但是打印在纸上不会显示。除段落标记符外，还有人工换行符、分页符、制表符等等。

3)如果录入没有到达文档的右边界就需要另起一行，而又不想开始一个新的段落时(例如唐诗或诗歌的输入)，可以按“Shift＋Enter”组合键产生一个手动换行符(↓)，就会实现既不产生新段落又可换行的操作。

4)当输入的内容超过一页时，系统会自动换页。如果在未满一页时，要强行将后面的内容另起一页，可以按“Ctrl＋Enter”组合键输入分页符来达到目的。

5)在输入过程中，如果遇到只能输入大写英文字符，不能输入中文的情况，这是因为大小写锁定键已打开。按键盘上“CapsLock”键可切换到大写输入并锁定，再次按此键则切换回正常中文或小写输入。

6)如果不小心输入了错误的字符，可以用“Backspace”键或“Delete”键删除。前者删除的

是光标左边的字符;后者删除的是光标右边的字符。

(4)输入符号。文档中除了普通文字外,常需要输入一些符号。可以通过以下方法来输入:

1)键盘直接输入。某些标点符号可通过键盘直接输入。例如:键盘主键区的每个数字键也对应一个符号键,按下“Shift”键的同时再按数字键,会输入键盘上提示的符号。注意在中文标点符号状态下,键盘上的标点符号会产生变化。例如:英文标点状态下输入的是英文句号“.”,在中文标点状态下输入的是中文句号“。”;英文状态下输入“\”会显示为中文顿号“、”;英文状态下输入小于/大于符号“＜”/“＞”,在中文标点符号状态下会显示为书名号“《”/“》”等。中英文标点符号的切换可以通过按“Ctrl+.”组合键来实现。

2)软键盘输入。一些特殊的标点符号、数学符号、单位符号、希腊字母等,可以利用输入法状态栏的软键盘输入。方法是:用鼠标右键单击输入法状态条上的软键盘按钮,在快捷菜单中选择字符类别,再选中需要的字符。注意在用软件盘输入完符号后需要切换回PC键盘,否则输入的内容仍为软键盘中显示的特殊符号。

3)插入命令。在“插入”功能选项卡的“符号”选项组中,点击“符号”按钮,将展开“符号”下拉框,选择“其他符号…”,就会打开“符号”对话框,如图3-12所示,在对话框中有丰富的符号,可根据需要选择插入。

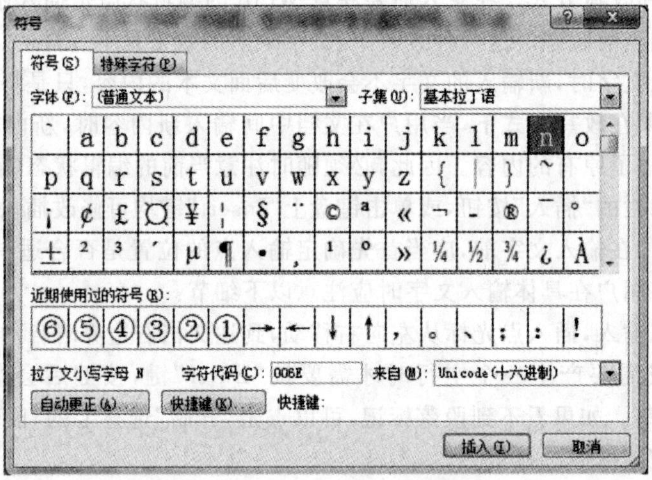

图3-12　插入符号

4)插入日期和时间。如果需要快速在文档中加入各种标准的日期和时间,可以选择“插入”选项卡的“文本”选项组,点击“日期和时间”命令,打开“日期和时间”对话框,如图3-13所示,选择需要的日期时间格式即可。如果希望每次打开文档时,时间自动更新为打开文档的时间,需要勾选“自动更新”复选框。

2. 选定文本

文字录入后,需要对它们做进一步的加工整理,使之达到满意的效果。对文档进行加工时首先要做的是选定内容,被选定的内容呈浅蓝色底纹。内容选定后才可以做有针对性的各项操作。如果想要取消选择,可以将鼠标移至选定文本外的任何区域单击即可。选定文本的方法如下:

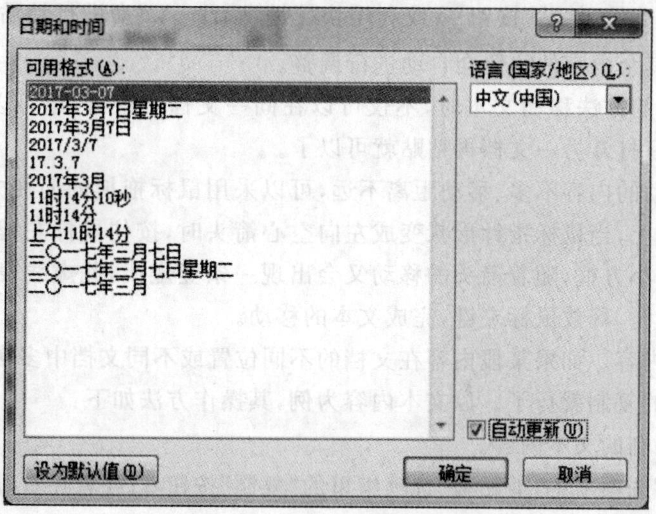

图 3-13　插入日期和时间

(1)用鼠标选定文本。

1)当鼠标指针为"I"形时:①单击:光标定位;②双击:选定一个单词;③三击:选定一段;④选定连续的任意数量的文字:将"I"形的鼠标指针定位到第一个要选定的文字左边,按住鼠标左键,拖动鼠标一直到要选定文字的结尾,释放鼠标;⑤选取图片或艺术字:将鼠标移至图片或艺术字上,单击鼠标左键即可选定。

2)文档的左边空白处,也称文档选定区,是 Word 软件特有的选择方式。当鼠标移动到文档选定区,鼠标指针变成指向右侧的空心箭头时:①单击:选定箭头所指的一行;②双击:选定箭头所指的一段;③三击:选定整篇文档。

(2)用键盘选定文本。使用键盘选定文本的方法是:按住"Shift"键的同时,使用键盘的组合键操作,这样就可以把选定范围扩展到插入点移动到的位置。①"Shift+→"(或"←")组合键:向右(或向左)选取一个字符或一个汉字;②"Ctrl+Shift+→"(或"←")组合键:向右(或向左)选取一个单词;③"Shift+Home"组合键:从插入点位置选定到当前行的行首;④"Shift+End"组合键:从插入点位置选定到当前行的行尾;⑤按"Ctrl+A"组合键:选定整篇文档。

(3)鼠标和键盘配合选定文本。

①选定以句号为标记的一句:按住"Ctrl"键,鼠标在句中任意位置单击;②选定大块文本:先在开始处单击鼠标,按住"Shift"键,再在结尾处单击鼠标; ③选定垂直的一块文本:按住"Alt"键,将鼠标拖过要选定的文档。

3. 编辑文档

(1)移动文档内容。移动操作就是将已录入的文档内容移动到一个新的位置。以文本内容为例,其操作步骤如下:

• 选取需要移动的文本内容。

• 单击"开始"选项卡中"剪贴板"选项组里的"剪切"按钮✂;或在已选取的文本块上单击鼠标右键,在弹出的快捷菜单中选取"剪切"命令;或利用快捷键"Ctrl+X"来实现剪切。

• 移动插入点至新的位置。

· 单击选项卡上的“粘贴”按钮 ；或利用快捷键“Ctrl＋V”来进行粘贴，即可将选取的内容移至新的位置，其余内容的位置会自动进行调整。

用剪切和粘贴的方法移动文本时，不仅可以在同一文档中进行，也可以在不同文档中进行，只要剪切内容后打开另一文档再粘贴就可以了。

另外，如果移动的内容不多、移动距离不远，可以采用鼠标拖拽的简便方法：选定文本，移动鼠标到选定内容上，当鼠标指针形状变成左向空心箭头时，按住鼠标左键拖拽，此时箭头右下方出现一个虚线小方框，随着箭头的移动又会出现一条竖虚线，此虚线表明移动的位置，当虚线移到指定位置时，释放鼠标左键，完成文本的移动。

(2)复制文档内容。如果某段内容在文档的不同位置或不同文档中多次出现，不必重复录入，只要进行文档的复制就行了。以文本内容为例，其操作方法如下：

· 选取需要复制的文本内容。

· 单击“开始”选项卡中“剪贴板”选项组里的“复制”按钮 ；或者在右键快捷菜单中选“复制”命令；或利用快捷键“Ctrl＋C”来实现复制。

· 移动插入点到目标位置，也可以打开另一文档后再移动插入点。

· 选择选项卡中的“粘贴”按钮 ；或用右键快捷菜单中的“粘贴”命令；也可以用组合键“Ctrl＋V”将选定的内容复制到新的位置，原位置的内容不变。

如果是近距离复制文本，在选定内容后，按住 Ctrl 键的同时拖拽鼠标左键至新位置放手即可。

如果对网页上的某段信息感兴趣，也可以采用复制与粘贴的方法将内容先复制到剪贴板上，然后启动相应的应用程序，如 Word，再粘贴到新文档中，保存即可。

剪贴板是 Windows 系统专门在内存中开辟的一块存储区域，作为移动或复制的中转站。它功能强大，不仅可以保存文本信息，也可以保存图形、图像和表格等信息。Word 2010 的“剪贴板”任务窗格可最多存储 24 个对象。

(3)删除文档内容。文字录入过程中，出现错别字需要删除时，使用键盘上的退格键“←”可以删除插入点左侧的字符；用“Delete”键删除插入点右侧的字符。

(4)撤销与恢复。进行文字录入和编辑排版的过程中，如果操作满意，可随时进行存盘操作。但如果操作不当，把不该删除的内容删除了，或者对某一设置不满意时，可以使用 Word 中的“撤消”功能。

当对最近一次操作不满意时，可单击标题栏上“撤消”按钮 ，Word 会将最近一次所做的操作撤消。

如果想撤消前几次的操作，可连续“撤消”，或点击“撤消”按钮旁的下拉箭头，会弹出下拉列表框中，在列表框中有用户之前所做操作，可单击选择欲撤消的操作，注意做此操作后被撤消操作之后用户的其它操作也将同时撤消。

如果对刚才所做撤消操作后悔，用户还可单击标题栏上的“重复”按钮 恢复操作。

(5)查找与替换。如果要在一篇文档中查找某些文字，或者想用新的文字代替文档中已有的且多处出现的特定文字，可以使用 Word 2010 提供的“查找”或“替换”功能，它是效率很高的编辑功能。

1)查找文本。查找文本的功能可帮助用户迅速找到指定的文本及其所在位置，操作步骤如下：

·在“开始”选项卡中，选择“编辑”选项组中的“查找”命令。

·文档左侧出现“导航”任务窗格，在“搜索文档”文本框中输入要查找的文本。

·“导航”任务窗格的搜索结果就会出现，查找的文本以黄色突出显示。

2)替换文本。替换操作是将指定文本用另外的文本代替掉。在 Word 中替换操作还能完成批量删除相同内容和对指定内容批量替换格式的功能。操作步骤如下：

·在 Word 2010 的“开始”选项卡中，选择“编辑”选项组中的“替换”命令。

·会弹出“查找和替换”对话框，在“查找内容”中输入要查找的文本，在“替换为”文本框中输入要替换的文本。

·单击“全部替换”按钮可以将文档中查找到的所有指定文本都替换掉，也可每次点击“替换”依次逐个查找和替换，如图 3－14 所示。如果“替换为”为空，则相当于删除查找的内容。

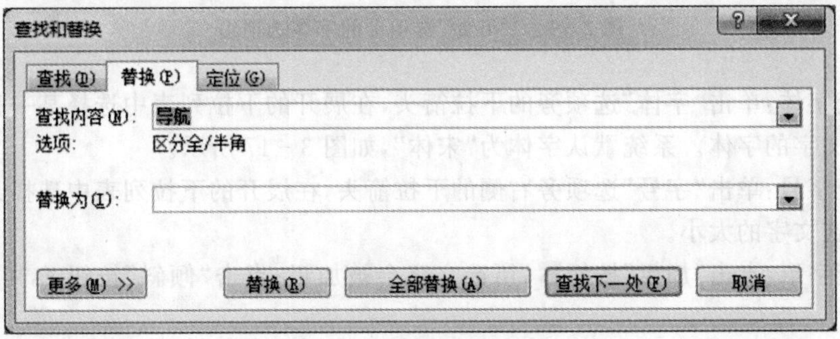

图 3－14　查找和替换

(6)检查拼写和语法。用户输入文本，难免会出现拼写或语法上的错误，如果自己检查，会花费大量的时间。Word 2010 提供了自动拼写和语法检查功能，开启该功能后，会在它认为有误的文本下加上红色或绿色波浪线进行标记。

在“审阅”功能选项卡中的“校对”选项组中选择“拼写和语法”命令，将打开“拼写和语法”对话框，如图 3－15 所示，可以根据具体情况忽略或更改检查出的文本。

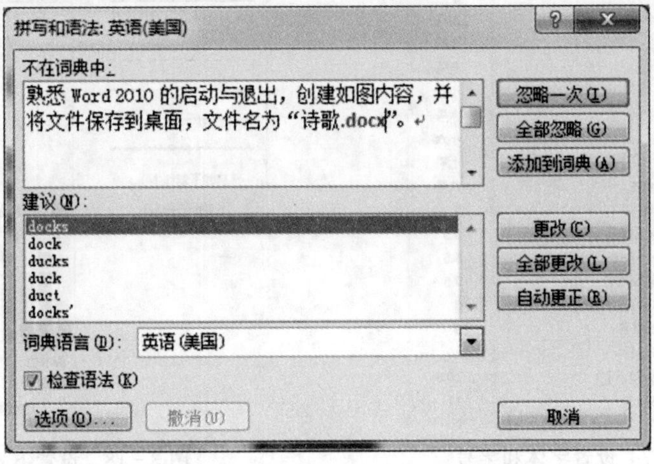

图 3－15　“拼写和语法”对话框

二、文档排版

对输入的文档进行修改后，接下来就要使文档美观漂亮，这就是对文档进行排版。在Word 2010 中通过对文字、段落进行设置，能满足各种不同的排版需求。

1. 文本格式设置

在 Word 2010 中，在功能区的“开始”选项卡中有“字体”选项组，如图 3－16 所示，在这里有常用的文本字体设置项。对文本进行格式设置前，要先选定要设置的文本对象。

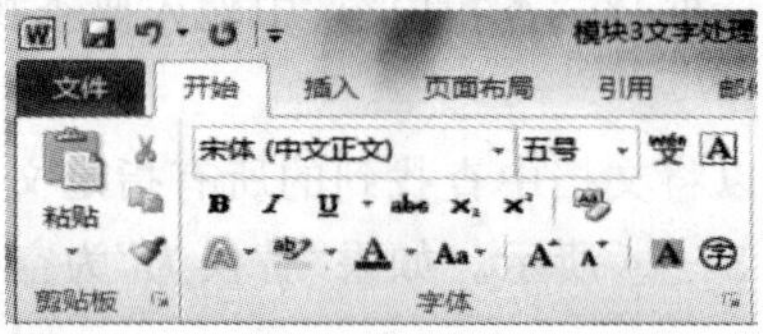

图 3－16 “开始”选项卡的字体选项组

(1)改变字体：单击“字体”选项旁的下拉箭头，在展开的下拉列表中选择某一种字体，就可以改变所选文字的字体。系统默认字体为“宋体”，如图 3－17 所示。

(2)改变字号：单击“字号”选项旁右侧的下拉箭头，在展开的下拉列表中选择某一种字号，可以改变所选文字的大小。

(3)改变字形：点击“加粗”按钮**B**，所选文字会被加粗；点击“倾斜”按钮*I*，可将所选文字倾斜。

(4)下划线：选中文字，单击“下划线”按钮U，可为所选文字添加下划线，点击“下划线”按钮旁边的下拉箭头可在展开的下拉列表中选择下划线线型、颜色等，如图 3－18 所示。

图 3－17 设置字体和字号

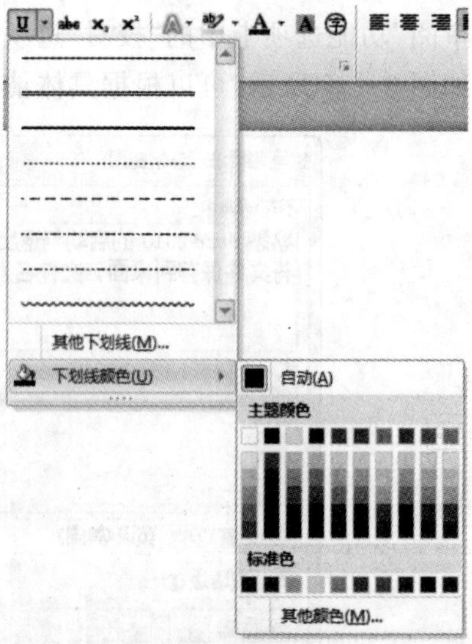

图 3－18 设置下划线

(5)字体颜色：选中文字后，单击“字体颜色”按钮右边的下拉箭头，在下拉调色板中选择所需颜色，或单击“其他颜色”自定义颜色来改变所选文字的颜色。

在“字体”选项卡还有许多常用的设置，如删除线、下标、上标、文本效果、增大字体、缩小字体、更改大小写、清除格式、拼音指南、字符边框等等。

若想进一步设置字体格式，也可通过“字体”对话框完成。单击“开始”选项卡中“字体”选项组右下角的对话框启动器按钮，打开“字体”对话框。通过“字体”和“高级”两个选项标签下的内容设置，对选中文本进行更加详细的“字体”相关设置，如图 3-19 所示。

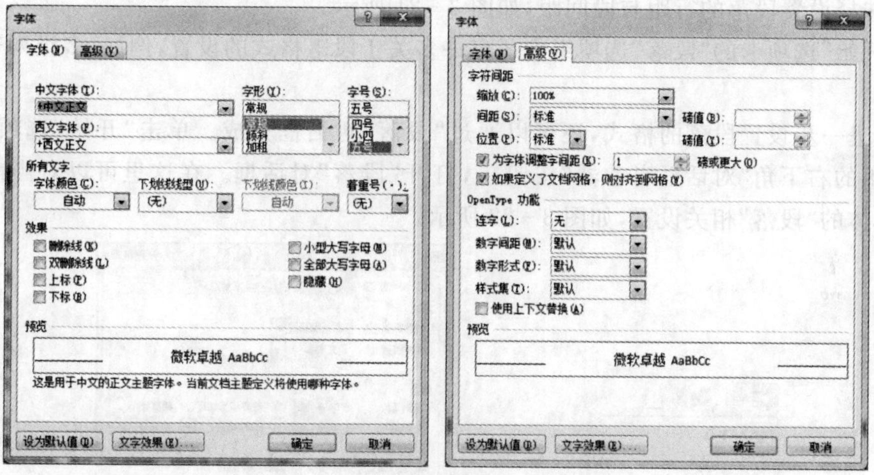

图 3-19　“字体”对话框的两个选项标签

2. 段落格式设置

段落由一些字符和其他对象，如图形、公式、图标等组成的，段落结束处按 Enter 键产生段落标记(↵)。

段落常用的设置在功能区域的“开始”选项卡中“段落”选项组中，如图 3-20 所示。这里可以设置大部分常用的段落排版。

图 3-20　“开始”选项卡的“段落”选项组

(1)段落对齐方式。对齐文本可以使文档清晰易读。Word 2010 中的对齐方式有 5 种：文本左对齐、居中、文本右对齐、两端对齐和分散对齐。点击“段落”选项组中的相应按钮，可以设置当前段落的对齐方式。

(2)段落缩进。段落缩进指段落各行相对于页面左右边界的距离。Word 2010 提供了左缩进、右缩进、首行缩进和悬挂缩进 4 种方式。左、右缩进用来控制段落中每一行距离页面左、右边界的距离；首行缩进用来控制段落第一行首字符的开始位置，常见的中文段落一般首行缩进 2 个字符；悬挂缩进用来控制段落中除第一行外，其他行首字符的开始位置。

“开始”选项卡的“段落”选项组，有两个按钮：“增加缩进量”和“减少缩进量”，用来调整段落左缩进的程度。

(3)行和段落间距。段间距指当前段落与相邻的前后两个段落之间的距离，分别是：段前间距和段后间距，加大段落间距可使文档显示清晰。

行距指段落里行与行之间的距离，有单倍行距、1.5 倍行距、2 倍行距、最小值、固定值和多倍行距等。

在“开始”选项卡的“段落”选项组中，点击“行和段间距”命令按钮，在展开的下拉列表中，可以选择设置段落的行距与段间距，如图 3 - 21 所示。

在“开始”选项卡的“段落”选项组中还有许多关于段落格式的设置，例如：多级列表、底纹、边框等等。

若想进一步设置段落的格式，还可以通过“段落”对话框完成。单击“开始”选项卡中“段落”选项组的右下角“对话框启动器”按钮，打开“段落”对话框。在这里可以对当前段落进行更加具体的“段落”相关设置，如图 3 - 22 所示。

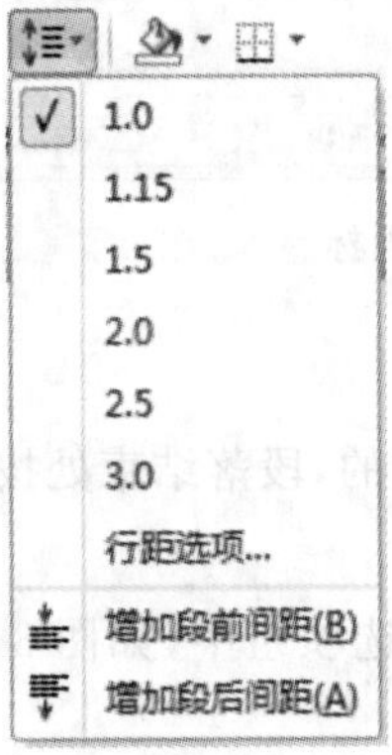

图 3 - 21　单击“行和段间距”命令按钮

图 3 - 22　“段落”对话框

[任务实施]

步骤一　启动 Word 2010

单击“开始”按钮，在“所有程序”选项中找到“Microsoft Office”菜单，选择其中的“Microsoft Word 2010”，打开 Word 2010 应用程序，如图 3 - 23 所示。

步骤二　保存文件

(1)点击标题栏上“保存”按钮，弹出“另存为”对话框。

(2)选择文件要保存的位置，在左侧窗格中选择“桌面”，将路径定位在桌面位置。

(3)对话框的“文件名”文本框中输入文件名称“产品简介”。

(4)“保存类型”为默认 Word 文档(.docx)，不用修改。

(5)点击“保存”按钮，文件创建成功，如图 3－24 所示。

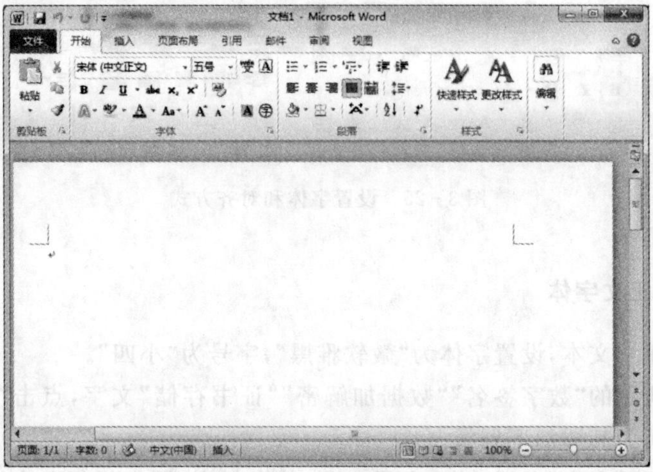

图 3－23　启动 Word 2010

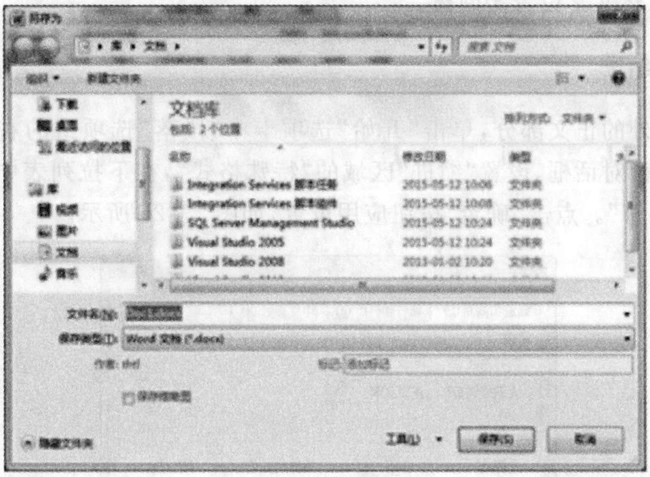

图 3－24　保存文件

步骤三　录入文本

参照样图，输入文本内容，注意用 Enter 键分段。

使用组合键“Ctrl＋Shift”会依次切换输入法列表中的输入法。

使用组合键“Ctrl＋空格”可在当前的中文输入法和英文输入法之间切换。

使用组合键“Ctrl＋句号”可以切换中英文的标点符号。

步骤四　设置标题字体

选中第一行标题文本，即标题。在“开始”选项卡的“字体”选项组中选择字体为“黑体”，字号为“三号”，设置文字加粗，如图 3－25 所示。

继续设置标题，在“开始”选项卡的“段落”选项组中，选择对齐方式为“居中”，使标题居中显示。

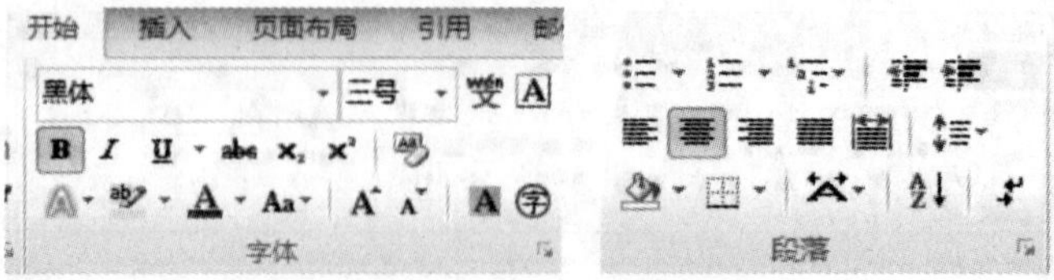

图 3－25　设置字体和对齐方式

步骤五　设置正文字体

(1)选中所有正文文本,设置字体为“微软雅黑”,字号为“小四”。

(2)选中样图所示的“数字签名”“数据加解密”“证书存储”文字,点击“字体”选项组中的“下划线”命令 **U** ▾,为其添加下划线。

(3)选中样图所示文本“电子政务、电子商务、信息保密、网上银行”,在“字体”选项组点击“字体颜色” **A** ▾,将文本设置为“标准色－红色”。继续设置这些文字,在“字体”选项组中点击“倾斜”命令按钮 *I*,将文字设置为斜体。

步骤六　设置缩进

选中除标题以外的正文部分,单击“开始”选项卡中“段落”选项组的右下角“对话框启动器”按钮,打开“段落”对话框,设置“缩进”区域的“特殊格式”,在下拉列表中选择“首行缩进”,磅值为默认的“2 字符”。点击“确定”按钮应用设置,如图 3－26 所示。

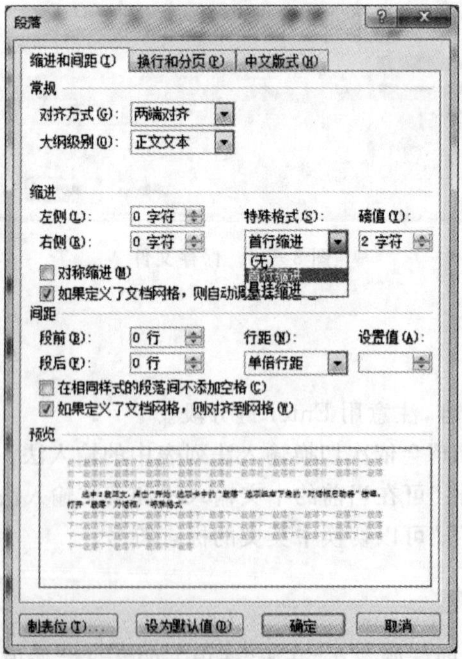

图 3－26　设置首行缩进

步骤七　保存并检查文档

所有设置完成后，再次点击标题栏上的“保存”按钮，会按照上一次文件创建的路径和文件名再次保存，此时 Word 不会弹出保存对话框。

如果要修改路径或文件名，在“文件”选项卡中选择“另存为”命令，这样会再次弹出“另存为”对话框，可在对话框中重新选择路径或文件名进行保存，如图 3 - 27 所示。

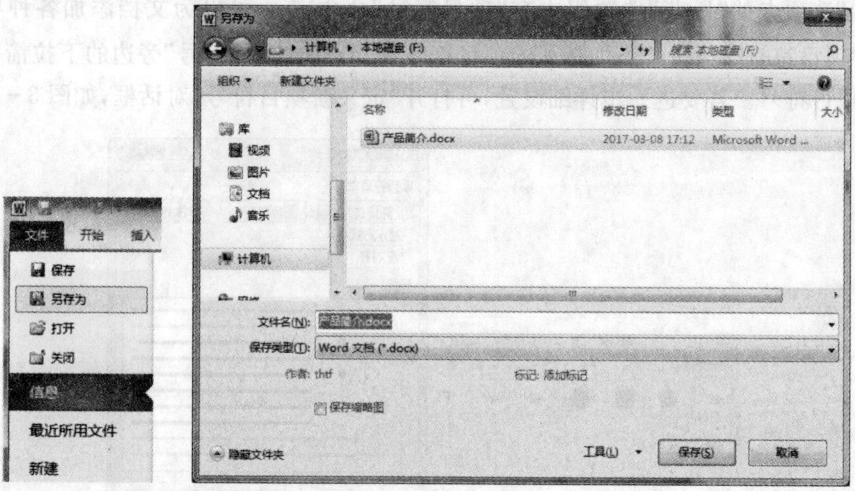

图 3 - 27　保存文档

参照样图样式检查文档，若无误保存后关闭 Word 窗口。

任务 3　文档的其他格式设置
——制作“产品宣传方案”文档

[学习目标]

■掌握项目符号和编号的使用。

■为文档添加边框、底纹。

■熟练设置页眉和页脚。

■掌握首字下沉的设置。

■掌握插入脚注、尾注和题注。

■复制和清除格式。

■学会应用样式与主题。

[任务描述]

根据样图内容输入文本，并对文档进行排版，设置为样图所示格式，将文档保存在桌面，文件名为“产品宣传方案.docx”，效果如图 3 - 28 所示。

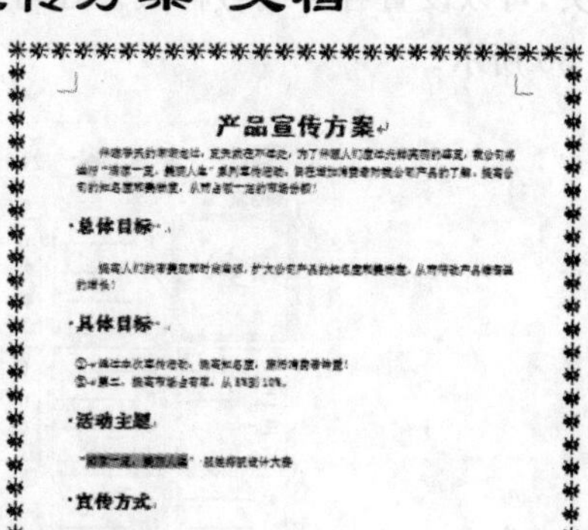

图 3 - 28　“产品宣传方案”样图

[相关知识]

一、项目符号和编号

文档处理中，经常需要在段落前添加项目符号或编号，用来准确、清晰地表达某些内容之间的并列关系或顺序关系，以方便文档阅读。

1. 项目符号

“开始”选项卡的“段落”选项组中有“项目符号”命令☰▾，可以为文档添加各种项目符号。直接点击“项目符号”，给段落添加默认的项目符号●。点击“项目符号”旁边的下拉箭头，可选择其它样式项目符号。若要进一步详细设置，可打开“定义新项目符号”对话框，如图 3 - 29 所示。

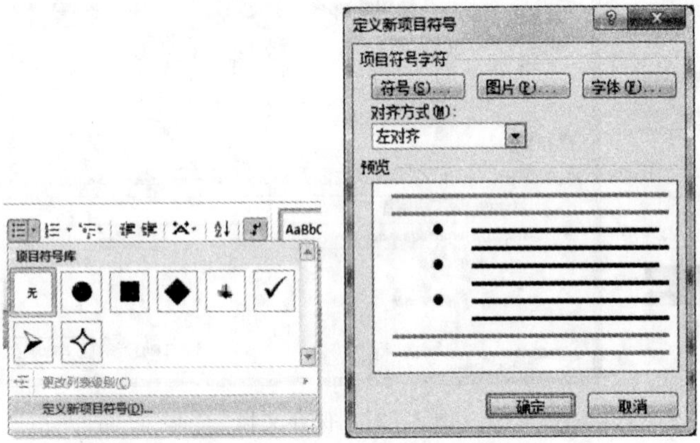

图 3 - 29　项目符号按钮与“定义新项目符号”对话框

2. 编号

在“段落”选项组中，选择“编号”命令☰▾，可以为段落添加编号。点击“编号”右边的下拉箭头，可以设置各种编号样式。还可以选择打开“定义新编号格式”对话框中进一步设置，如图 3 - 30 所示。

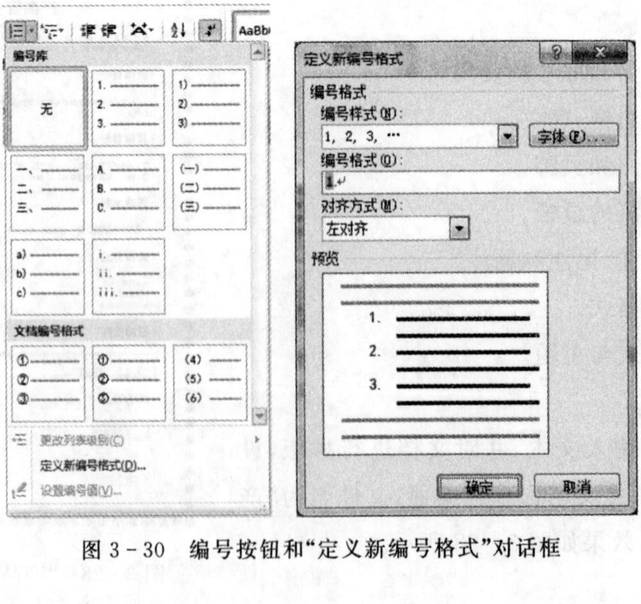

图 3 - 30　编号按钮和“定义新编号格式”对话框

二、边框和底纹

为文档添加边框和底纹可以起到强调和美观的作用。

在 Word 功能区的“页面布局”选项卡中，有“页面背景”选项组，单击“页面边框”，将会打开“边框和底纹”对话框。这里有“边框”“页面边框”和“底纹”3 个选项卡。

1. 边框

边框：给选定的段落或文字添加边框。可选择边框的类型、线型、颜色和宽度等。在右侧预览区域可预览设置效果。预览区周围有对应的不同位置边线，可以单击设置其中的某一条边。预览区下方有“应用于”不同对象的选择，注意设置边框后，在下拉列表中选择设置的边框应用于文字还是段落，如图 3－31 所示。

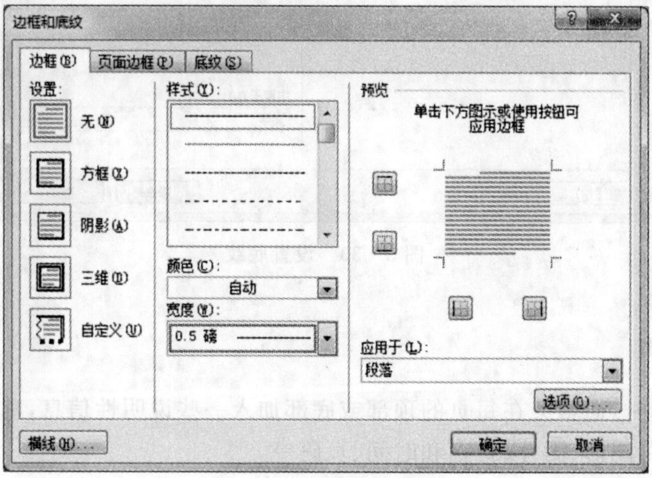

图 3－31　设置边框

2. 页面边框

给当前节或整个文档添加边框。它的操作与“边框”选项卡相同，不同的是增加了“艺术型”下拉列表框，如图 3－32 所示。

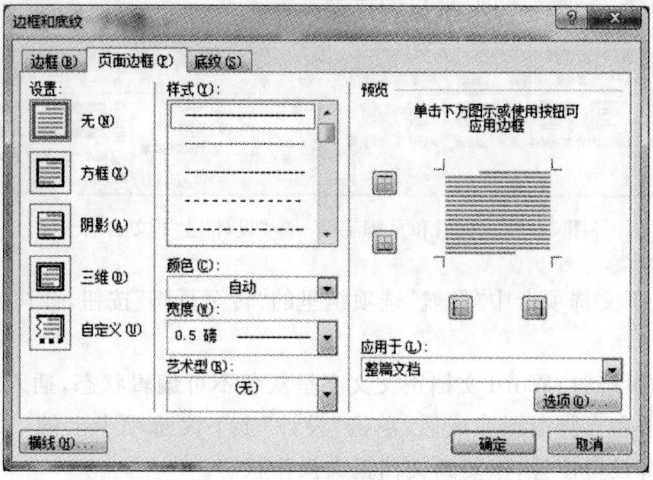

图 3－32　设置页面边框

3. 底纹

给选定的段落或文字添加底纹。其中“填充”是指底纹的背景色；“样式”是指底纹的图案样式；“颜色”指底纹图案中点或线的颜色。底纹设置时同样要注意“应用于”的对象，如图3-33所示。

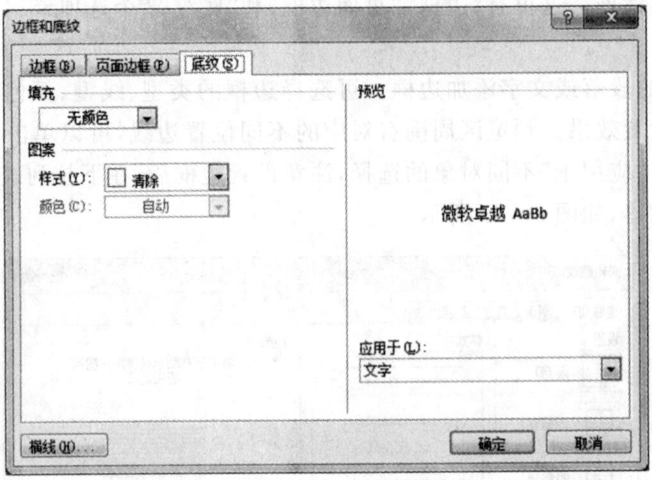

图 3-33　设置底纹

三、页眉和页脚

文档排版打印时，通常会在每页的顶部或底部加入一些说明性信息，称为页眉和页脚。这些信息可以是文字、图形、图片、日期和时间、页码等。

功能区的“插入”选项卡中，有“页眉和页脚”选项组。在这里可以设置页眉、页脚和页码。单击“页眉和页脚”选项组中“页眉”按钮，展开的下拉列表中以图示的方式列出许多内置的页眉样式，可从中选择合适的页眉样式。插入页眉后，文档的每一页都会应用该页眉。

设置页眉或页脚时，功能区会出现页眉和页脚工具：“设计”上下文选项卡。在“设计”上下文选项卡中，可以对页眉和页脚进行详细设置，如图 3-34 所示。例如：插入不同的对象、设置页眉页脚的首页不同、奇偶页不同、页眉的位置等等。

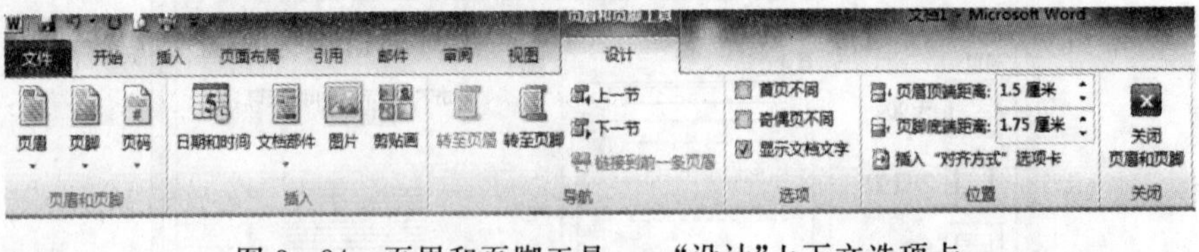

图 3-34　页眉和页脚工具——“设计”上下文选项卡

单击“设计”上下文选项卡中“导航”选项组里的“转至页脚”按钮，会切换到页脚位置，与页眉同样方法设置。

在设置页眉和页脚时，Word 文档正文文字呈灰色不可编辑状态，插入点在当前设置的页眉或页脚位置，页眉和页脚设置完成后，单击“设计”上下文选项卡上的“关闭页眉和页脚”按钮，会退出页眉页脚设置位置，恢复到文档正文操作状态。

四、首字下沉

在报纸、杂志上经常可看到一段文章的第一个字放大数倍，以引导阅读，这就是首字下沉的效果。

选中段落，或将光标定位于需要设置首字下沉效果的段落中，在功能区“插入”选项卡的“文本”选项组中，单击“首字下沉”按钮，在下拉列表中选择“下沉”或“悬挂”的样式。如果单击“首字下沉选项…”命令，可以打开“首字下沉”对话框，在这里可以进行具体设置，如图 3－35 所示。

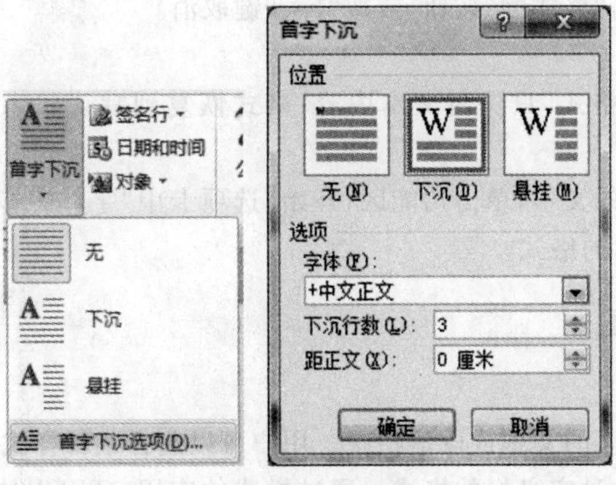

图 3－35　“首字下沉”按钮和“首字下沉”对话框

五、脚注、尾注和题注

1. 脚注与尾注

一般在文档或书籍中用脚注或尾注的方式显示引用资料的来源、补充性的信息或一些注释说明。

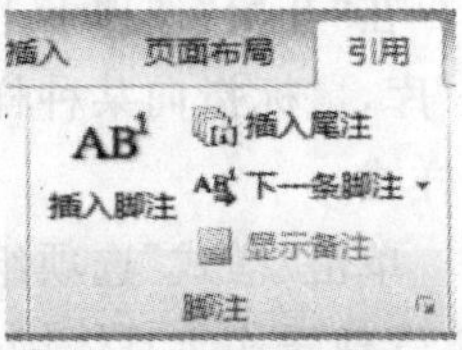

图 3－36　插入脚注

功能区的“引用”选项卡中有“脚注”选项组，点击“插入脚注”按钮，将在当前页面的底部或指定文字的下方添加脚注；点击“插入尾注”按钮，将在文档的结尾处或指定节的结尾处插入尾注，如图 3－36 所示。

用脚注和尾注添加的注释文本比正文文本字号略小以示区别。

2. 题注

长文档中的图片、表格、公式等对象需要用编号标识，可以通过插入题注的方式编辑。对题注进行添加、移动或删除等操作都能自动更新题注编号，不需单独调整。

功能区的“引用”选项卡中的“题注”选项组中，单击“插入题注”按钮，将打开“题注”对话框。在对话框中可以设置题注的标签等，设置完成后单击“确定”按钮，即可在相应位置添加题注，如图 3－37 所示。

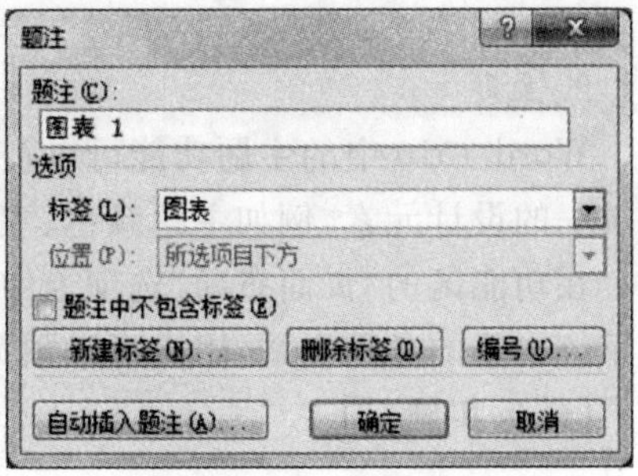

图 3－37　插入题注

六、复制和清除格式

1. 格式刷

有时需要对文本使用同一格式，利用“格式刷”可以快速的复制格式，提高效率。操作步骤是：

(1)选中已设置好格式的文本或段落。

(2)“开始”选项卡的“剪贴板”选项组中，单击“格式刷”按钮格式刷。

(3)鼠标拖选要应用此格式的文本或段落。

如果同一格式要多次复制，可在第(2)步操作时，双击“格式刷”按钮。若要退出多次复制格式的操作，可在此单击“格式刷”按钮，或按“Esc”键取消。

2. 清除格式

若要取消已设置的格式，只保留文本内容，格式恢复到默认状态，可以使用“清除格式”命令。

先选定要清除格式的文本，单击功能区“开始”选项卡中“字体”选项组里的“清除格式”按钮，即可清除选中文本的格式。

七、应用样式与主题

1. 样式

样式是一组已经命名的文本或段落格式。用户可以选择某种样式应用到文档中的文本或段落，使文档被设置为这种定义好的格式。通过样式的应用，还可以快速为文本设置格式，避免重复性的格式设置操作。

在“开始”选项卡上的“样式”选项组中，单击样式列表右边的下拉箭头，可以展开“快速样式”库，鼠标指向某种样式，选中的文本就会自动预览该样式效果，鼠标移开文本会恢复为原来的样式。

单击“样式”选项组右下角的“对话框启动器”按钮，打开“样式”对话框，可以进行新建样式、管理样式等具体操作，如图 3-38 所示。

图 3-38 “开始”选项卡的“样式”选项组

2. 主题

Word 2010 中的主题功能可以轻松快捷的设置协调一致、专业美观的文档。文档主题包含统一的设计元素，例如主题颜色、主题字体和主题效果等。

在功能区的“页面布局”选项卡中，单击“主题”选项组中的“主题”按钮，弹出的下拉列表中有系统内置的各种主题，用户可以预览并选择主题应用于文档，如图 3-39 所示。

[任务实施一]

步骤一 录入文本

如样图所示输入文本。

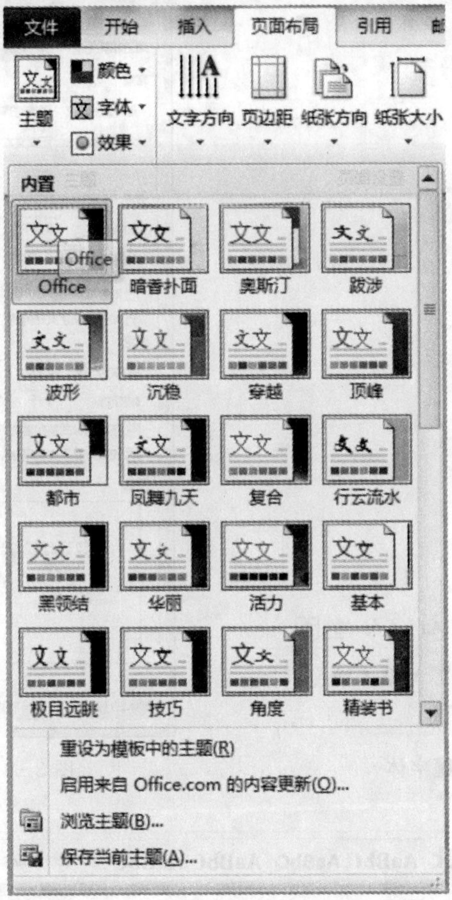

图 3-39　单击“主题按钮”展开列表

步骤二　基本设置与编辑

选中标题文本“产品宣传方案”，在“开始”选项卡的“字体”选项组进行设置，将标题设置为“黑体”“二号”“加粗”，如图 3-40 所示。

选中文中的第一段与第三段，在“开始”选项卡中，单击“段落”选项组右下角的小箭头，打开“段落”对话框，在对话框中设置段落为“首行缩进”2 字符，如图 3-41 所示。

步骤三　应用样式

选中样图所示的各标题项文本“总体目标”“具体目标”“活动主题”“宣传方式”“活动安排”和“活动地点”，设置它们的样式为“标题 2”。

在“开始”选项卡的“样式”选项组中，单击样式库里的“标题 2”样式即可应用样式，如图 3-42所示。

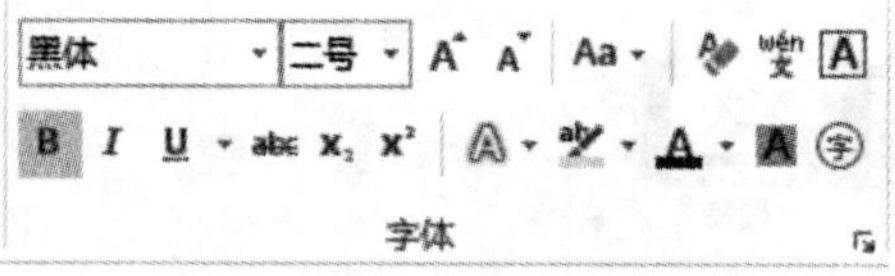

图 3-40　设置标题字体

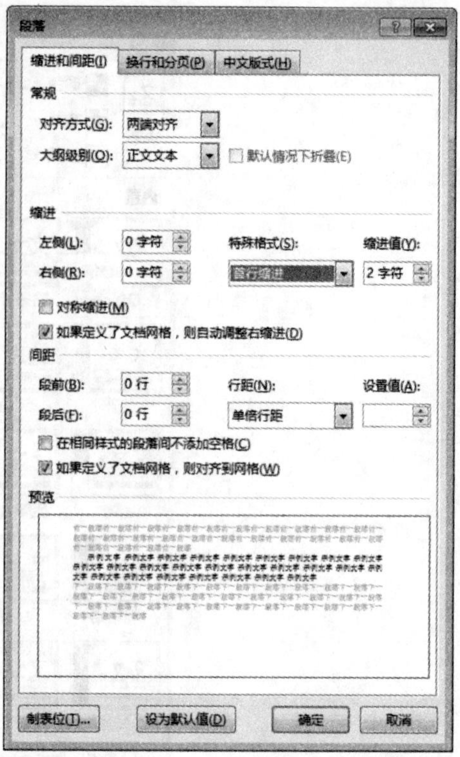

图 3-41　设置首行缩进

图 3-42　应用"标题 2"样式

这里对多个不连续文字设置了同一种样式格式，比较常用的方式有两种：

方法 1：先设置好第一项标题"总体目标"的格式，将其设置为"标题 2"样式。然后双击"格式刷"按钮，把这种已设置好的格式复制到其它标题项，可快速完成格式的应用。

方法 2：配合 Ctrl 键选择不连续文本，将所有要应用"标题 2"样式的文本都选中，设置它们的样式为"标题 2"。

步骤四　首字下沉

光标定位到正文第一段，在"插入"选项卡中的"文本"选项组，单击"首字下沉"命令，点击"首字下沉选项"，打开"首字下沉"对话框。设置位置为"下沉"，在选项中设置下沉行数为"2"，点击"确定"，如图 3-43 所示。

步骤五　添加编号

选中"具体目标"下 2 段文本，在"开始"选项卡中"段落"选项组中，单击"编号"按钮旁的下拉小箭头，在编号库中选择样图所示编号样式，如图 3-44 所示。

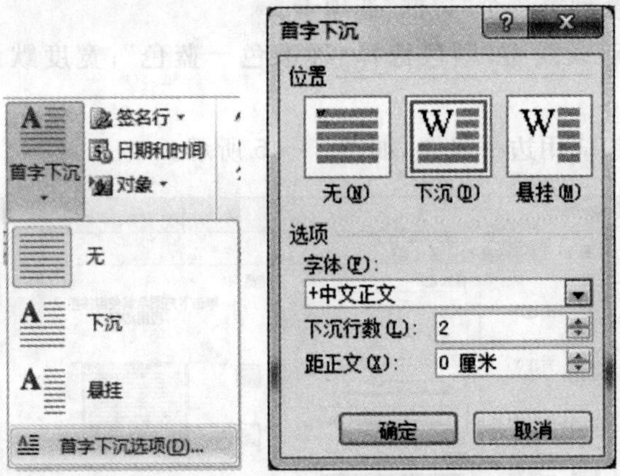

图 3-43　设置首字下沉 2 行

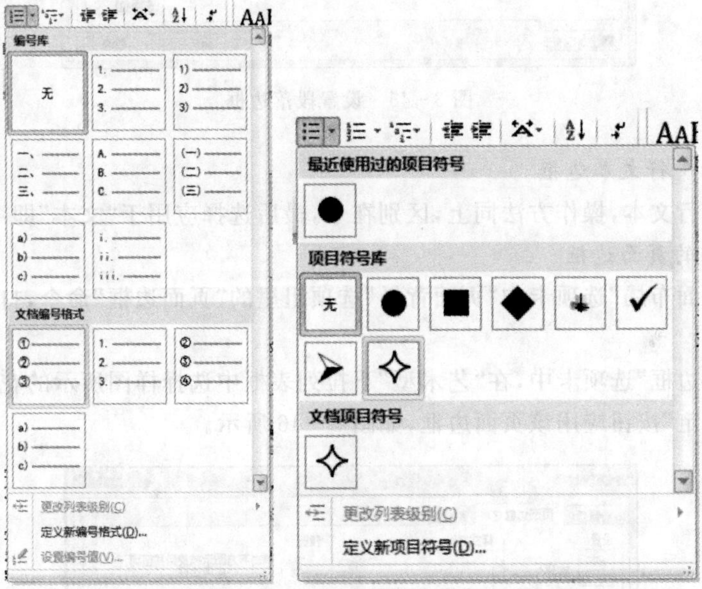

图 3-44　给段落添加样图所示的编号和项目符号

步骤六　项目符号

选中"宣传方式"下 3 段文本，在"开始"选项卡中"段落"选项组中，单击"项目符号"按钮旁的下拉箭头，在项目符号库中选择样图所示项目符号样式。

步骤七　设置边框

1. 设置"活动安排"段落的边框

(1)选定"活动安排"下的 2 段。

(2)选择"页面布局"选项卡中"页面背景"选项组里的"页面边框"命令，打开"边框和底纹"对话框。

(3)在对话框中切换到第一个“边框”选项卡。

(4)在样式中选择双线线型;颜色选择“标准色－蓝色”;宽度默认“0.5 磅”;应用于“段落”。

(5)点击“确定”按钮应用边框设置,如图 3-45 所示。

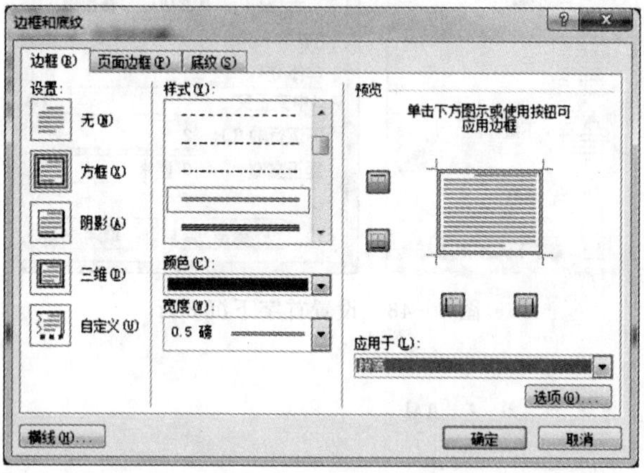

图 3-45 设置段落边框

2. 设置最后一行文本边框

选中最后一行文本,操作方法同上,区别在于,最后选择应用于“文本”即可。

3. 设置文档的页面边框

(1)选择“页面布局”选项卡中“页面背景”选项组里的“页面边框”命令,打开“边框和底纹”对话框。

(2)在“页面边框”选项卡中,在“艺术型”下拉列表框中选择样图所示的花型。

(3)单击“确定”按钮应用该页面边框,如图 3-46 所示。

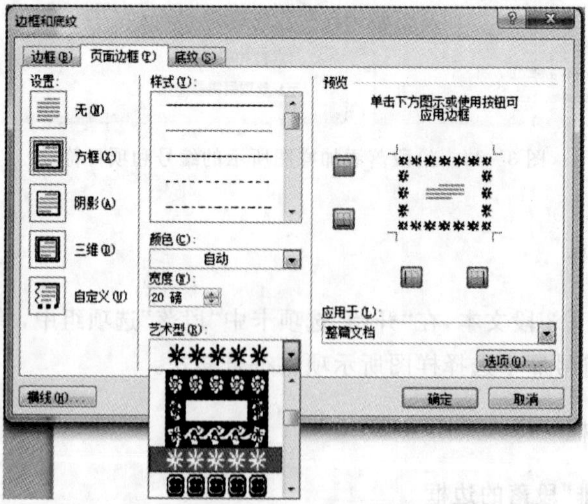

图 3-46 设置页面边框

步骤八　设置底纹

选中样图所示文本"清凉一夏，美丽人生"，选择"页面布局"选项卡中"页面背景"选项组里的"页面边框"命令，打开"边框和底纹"对话框。

切换到"底纹"选项卡。点击"填充"列表框的下拉箭头，在调色板中选择"标准色－浅绿"，确认底纹应用于"文字"后，点击"确定"按钮，如图 3－47 所示。

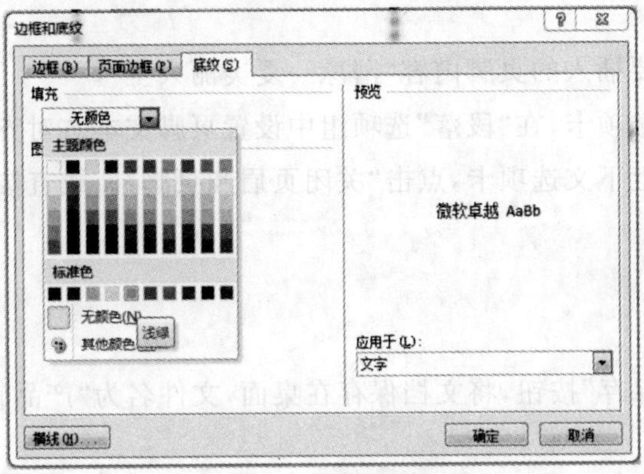

图 3－47　给文字设置底纹

步骤九　设置页脚

点击"插入"选项卡中"页眉和页脚"选项组的"页脚"按钮，在列表框中选择"空白"页脚插入。此时文档的编辑状态进入页脚区域。

或用鼠标直接双击文档页面底部空白处，文档也会自动进入页脚编辑区域，如图 3－48 所示。

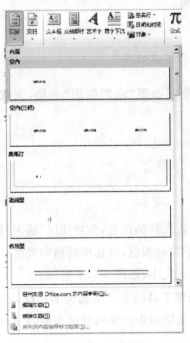

图 3－48　添加页脚

此时功能区增加并切换到“设计”上下文选项卡，如图 3 - 49 所示。

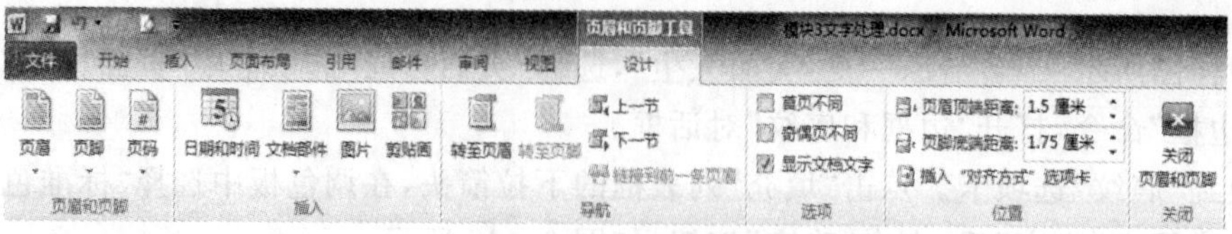

图 3 - 49　页眉和页脚的“设计”上下文选项卡

(1)在光标处输入要插入的页脚内容“清凉一夏美丽人生”。

(2)切换至“开始”选项卡，在“段落”选项组中设置页脚文本右对齐。

(3)切换回“设计”上下文选项卡，点击“关闭页眉和页脚”。或直接在文档正文处双击鼠标退出页脚编辑。

步骤十　检查文档

单击标题栏上的“保存”按钮，将文档保存在桌面，文件名为“产品宣传方案.docx”。

任务 4　表格的创建、编辑与修饰
——制作“求职简历”表格

[学习目标]

■Word 表格的创建与编辑。

■Word 表格的内容与结构。

■设置表格格式。

■使用快速表格。

[任务描述]

在桌面创建 Word 文档，绘制如图“求职简历”表格，完成相应设置，保存为“求职简历.docx”，效果如图 3 - 50 所示。

[相关知识]

一、Word 表格的创建

1. 即时预览创建表格

将光标定位在文档中要插入表格的位置，在功能区“插入”选项卡的“表格”选项组中，单击“表格”按钮，弹出插入表格的下拉列表框，鼠标滑动指向表格，滑出需要的行和列数，单击鼠标即可将指定行列数目的表格插入文中，如图 3 - 51 所示。

此时，Word 功能区出现表格工具的上下文选项卡：“设计”和“布局”。用户可以在“设计”上下文选项卡中的“表格样式”选项组中选择满意的表格样式应用，能快速完成表格格式化操作，如图 3 - 52 所示。

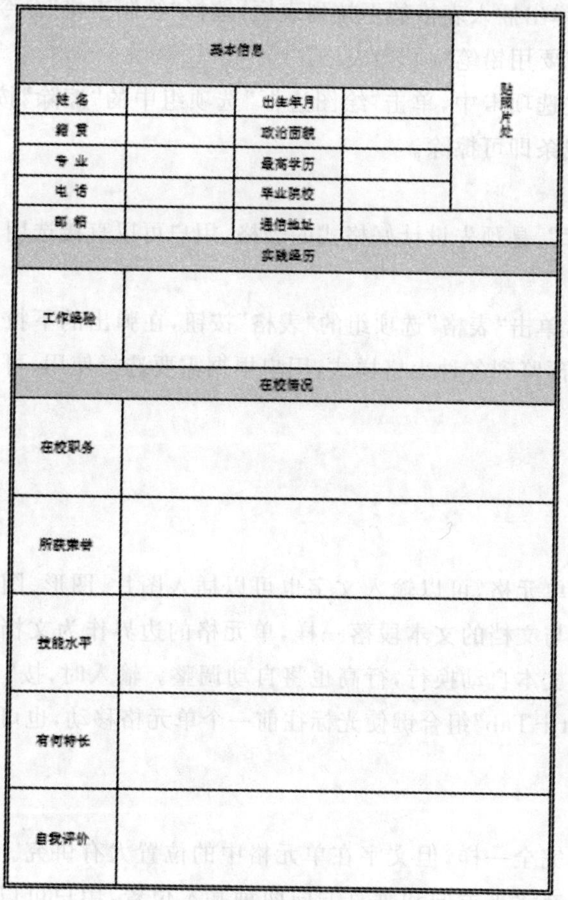
基本信息
姓名
出生年月
贴照片处
籍贯
政治面貌
专业
最高学历
电话
毕业院校
邮箱
通信地址
实践经历
工作经验
在校情况
在校职务
所获荣誉
技能水平
有何特长
自我评价

图 3－50　“求职简历”样图

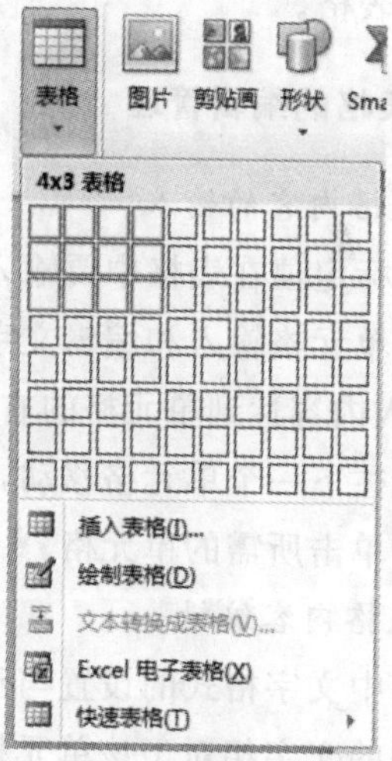

图 3－51　即时预览的方式创建表格

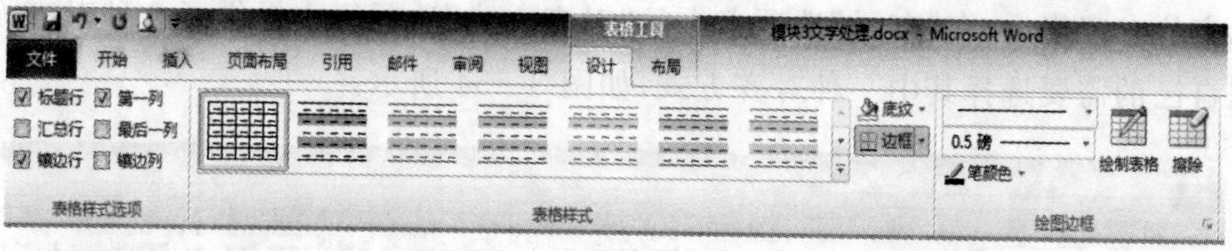

图 3－52　表格工具——“设计”和“布局”上下文选项卡

2.“插入表格”命令创建表格

在“插入”选项卡中的“表格”选项组中，单击“表格”按钮，在弹出的下拉列表中选择“插入表格…”命令，就会打开“插入表格”对话框。在对话框中填写列数与行数，在“自动调整”操作中根据需要选择调整，最后点击“确定”按钮，即可插入需要的表格，如图 3－53 所示。

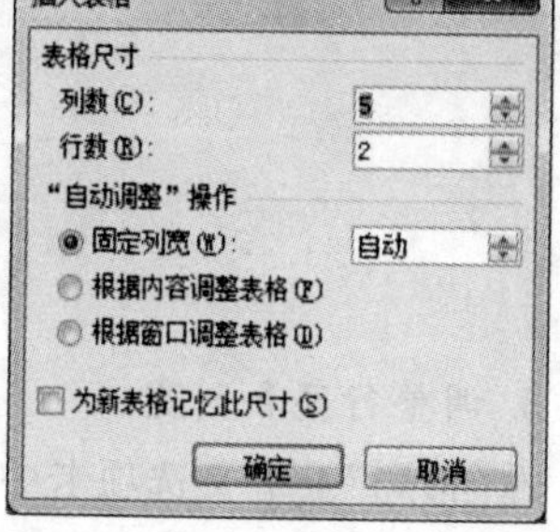

图 3－53　“插入表格”命令创建表格

3. 绘制表格

如要创建更复杂的表格，可用手动绘制的方式。将光标定位在文档中要插入表格的位置，在功能区“插入”选项卡的"表格"选项组中，单击"表格"按钮，弹出插入表格的下拉列表框，选择"绘制表格"命令，鼠标指针就会变为铅笔状，用户可以根据需要用铅笔"画"出表格。

如要擦除某条边，可在"设计"上下文选项卡中，单击"绘图边框"选项组中的"擦除"按钮，鼠标指针会变成橡皮状，单击要擦除的线条即可擦除。

4. 快速表格

Word 2010 提供了一个"快速表格库"，是预先设计好格式的表格，用户可以直接选用以快速创建表格，减少工作量。

在 Word 功能区中的"插入"选项卡，单击"表格"选项组的"表格"按钮，在弹出的下拉列表中，选择"快速表格"命令，子菜单中可以预览到各种表格样式，用户根据需要选择使用，可以快速地创建表格。

二、表格的编辑管理

1. 表格内容的输入

将光标定位在表格中要输入内容的单元格，可以输入文字也可以插入图片、图形、图表等内容。在单元格输入和编辑文字的操作与文档的文本段落一样，单元格的边界作为文档的边界，当输入内容达到单元格的右边界时，文本自动换行，行高也将自动调整。输入时，按"Tab"键使光标往下一个单元格移动，"按 Shift＋Tab"组合键使光标往前一个单元格移动，也可以用鼠标直接单击所需的单元格。

2. 表格内容编辑

表格中文字格式的设置与正文中的完全一样，但文字在单元格中的位置大有讲究。每个单元格中的文字相对于该单元格的边框有水平方向和垂直方向两种基本位置，用户可以根据 Word 2010 提供的功能将其设置成满意的效果。

光标定位在表格后，在"布局"选项卡中的"对齐方式"选项组中提供了 9 种对齐方式，用户可以根据自己的需要选择其中一种对齐方式，如图 3－54 所示。

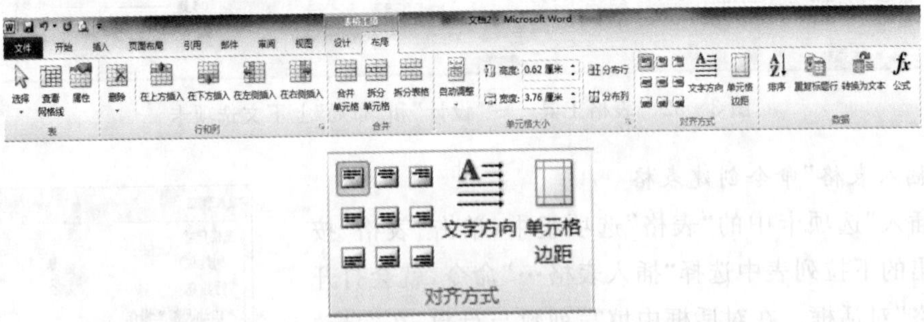

图 3－54 "布局"上下文选项卡

3. 调整行高和列宽

在"布局"上下文选项卡中的"单元格大小"选项组，可以设置单元格的行高和列宽。输入需要的高度和宽度，将改变光标所在单元格的行高和列宽。也可选择"分布行"和"分布列"将表格内的各行和各列平均分布，如图 3－55 所示。

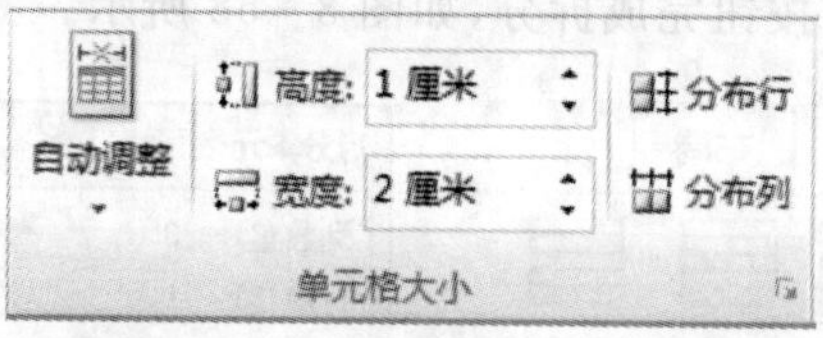

图 3－55　在“单元格大小”选项组中设置行高和列宽

4. 插入行或列

用户可以随时在表格插入新的行、列。光标定位在某单元格，在“布局”上下文选项卡的“行和列”选项组里单击相应命令，可以在光标所在位置单元格的上、下、左或右插入新的行或列，如图 3－56 所示。

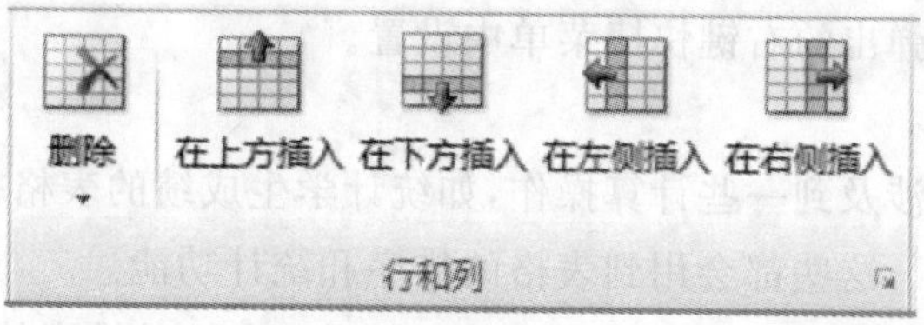

图 3－56　插入行或列

5. 删除行、列或单元格

有时也需要将不需要的行、列和单元格删除。在“布局”上下文选项卡的“行和列”选项组中，单击“删除”命令，在展开的下拉列表中选择相应的选项进行删除。

删除单元格的时候，会弹出“删除单元格”对话框，所选单元格删除后其余单元格如何调整，可在这个对话框中进行选择，如图 3－57 所示。

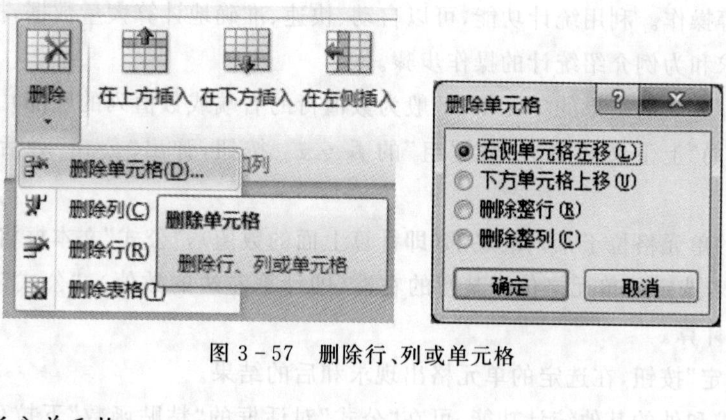

图 3－57　删除行、列或单元格

6. 合并和拆分单元格

Word 表格中很实用的功能，可将表格中相邻的单个单元格合并为一个单元格。同时选中要合并的相邻单元格，在“布局”上下文选项卡的“合并”选项组中，单击“合并单元格”，即可完成这几个单元格的合并。

若某单元格要拆分为多行多列，可以将光标定位在要拆分的单元格中，在“布局”上下文选项卡的“合并”选项组中，单击“拆分单元格”，将弹出“拆分单元格”对话框。在对话框中填写要拆分为几行几列，点击"确定"按钮完成拆分，如图 3-58 所示。

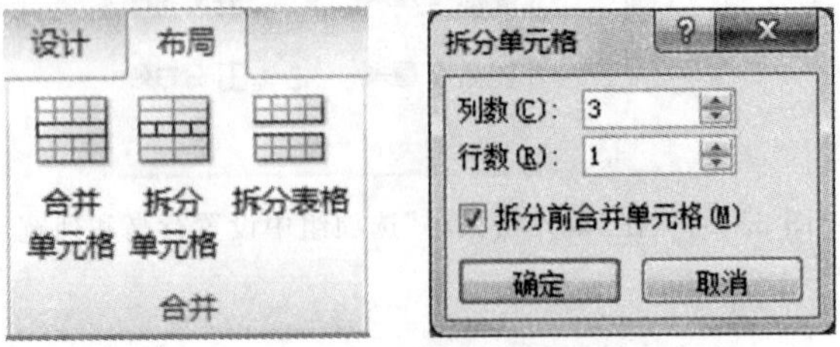

图 3-58　合并或拆分单元格

在 Word 表格中还有许多功能，与格式设计相关的设置一般在"设计"上下文选项卡中，与表格结构和布局相关的设置一般在"布局"上下文选项卡中。某些功能也可以在选中单元格对象后，单击鼠标右键，在弹出的右键快捷菜单中设置。

7. 表格的其他功能

在表格中有时也会涉及到一些计算操作，如统计学生成绩的表格按总分排序，财务报表中统计当月的收支情况等。这些都会用到表格的排序和统计功能。

(1)排序功能。利用 Word 表格的排序功能，得到一个经过排序的表格。操作步骤为：

方法 1：选中要排序的列，依次单击 "开始"选项卡的"段落"组的中"排序"按钮 ，打开"排序文字"对话框。

方法 2：选中文档中的表格，选中要排序的列，单击"布局"上下文选项卡"数据组"的 按钮，打开"排序"对话框，如图 3-59 所示；分别确定排序的关键字、关键字类型、排序方式；单击"确定"按钮，也可以实现对列中的数据排序。

(2)统计功能。Word 表格的统计功能使用"公式"，可对指定的行或列实现求和、求平均值、计数、取整等操作。利用统计功能，可以自动、快速、准确地计算大量数据，提高用户的工作效率。现在以求和为例介绍统计的操作步骤。

1)选定要存放求和结果的单元格(一般为数值行的右端或数值列的底部)。

2)单击"布局"上下文选项卡"数据组"的 fx公式 按钮，弹出"公式"对话框，如图 3-60 所示。

3)若选定的单元格位于某列的底部(即计算上面的数值)，"公式"文本框将按"=SUM(ABOVE)"计算；若选定的单元格位于某行的右端(即计算左边的数值)，"公式"文本框将按"=SUM(LEFT)"计算。

4)单击"确定"按钮，在选定的单元格出现求和后的结果。

若需进行求和外的其他统计功能，可在"公式"对话框的"粘贴函数"下拉列表框中选择所需的统计函数，此时函数在"公式"文本框显示；在公式的括号中输入"LEFT"或"ABOVE"，确定要计算的是左边行的数值还是上面列的数值；在"数字格式"下拉列表框中选择数字的格式；最后单击"确定"按钮进行统计。

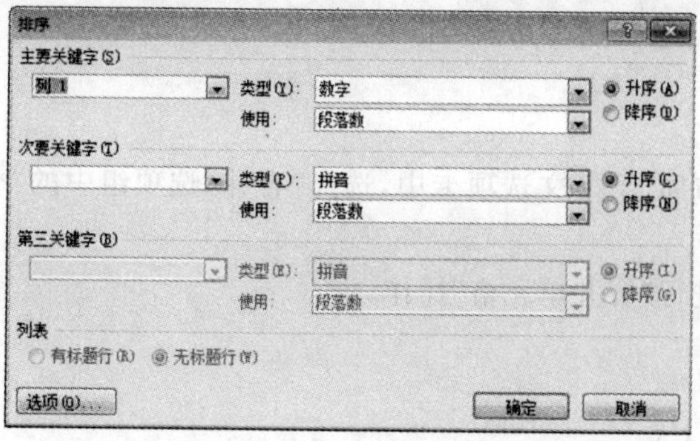

图 3-59　“排序”对话框

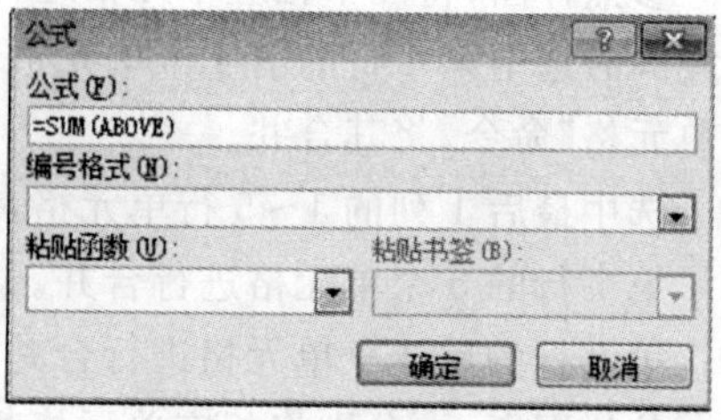

图 3-60　“公式”对话框

[任务实施]

步骤一　创建如图表格

创建表格后，用合并单元格的方式处理。所以需数出该表格最多的行数与最多的列数，创建一个 14 行 5 列的表格。

在“插入”选项卡的“表格”选项组，单击“表格”按钮，选择“插入表格…”命令，在打开的“插入表格”对话框中，输入列数为“5”，行数为“14”的表格尺寸，点击“确定”按钮。会在文档中创建一个 14 行 5 列的表格，如图 3-61 所示。

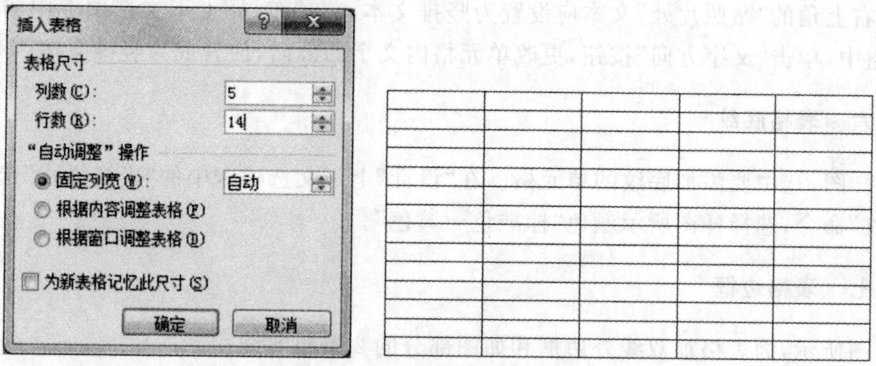

图 3-61　创建 5 列 14 行的表格

步骤二　调整行高与列宽

为了使表格工整统一，先设置表格所有行高为 0.8 cm，列宽为平均分布，再修改特殊的行高。

(1)鼠标滑向表格左上角，会出现“全选表格”按钮⊞，点击该按钮，整个表格被选中，在“布局”上下文选项卡中的“单元格大小”选项组，输入行高度为“0.8 cm”，如图 3-62 所示。

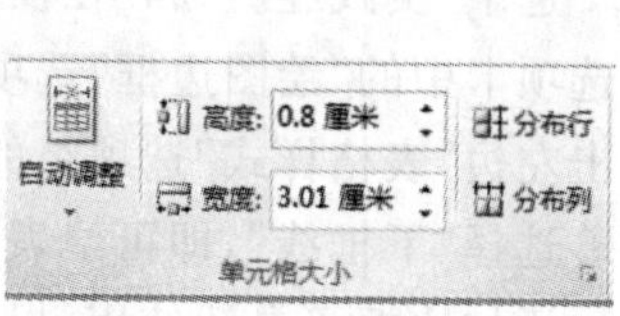

图 3-62　定义表格的行高

(2)点击“分布列”按钮，平均分布各列。

(3)鼠标的光标定位在第 8 行，设置该行高度为“2.6 cm”。

(4)同时选中第 10 行到第 14 行单元格，也设置行的高度为“2.6 cm”。

步骤三　合并单元格

参照样图，将图中相应单元格进行合并。

同时选中第 1 行的前 4 个单元格，在“布局”上下文选项卡中，选择“合并”选项组中的“合并单元格”命令，将其合并。

选中最后 1 列的 1～5 行单元格，同样进行“合并单元格”操作。

第 7 行的 5 个单元格进行合并。

第 8 行的后 4 个单元格进行合并。

依样图所示，分别将相应单元格都进行合并。

步骤四　输入文本

根据样图提示，在相应单元格录入文字。

步骤五　对齐方式

设置表格内所有单元格的文本都是水平和垂直方向均居中。

点击表格左上角的“全选表格”按钮，在“布局”上下文选项卡中的“对齐方式”选项组中，选择所有文本在单元格中的对齐方式为“水平居中”，如图 3－63 所示。

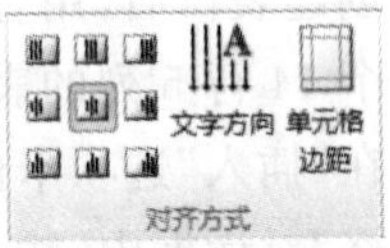

图 3－63　设置文字方向

表格右上角的“贴照片处”文本应设置为竖排文本。在“布局”上下文选项卡中的“对齐方式”选项组中，单击“文字方向”按钮，更改单元格内文字的方向，使其成为竖排文本。

步骤六　表格底纹

参照样图，选中要添加底纹的单元格。在“设计”上下文选项卡中的“表格样式”选项组中，点击“底纹”命令，选择样图所示颜色“标准色－黄色”。

步骤七　表格边框

如样图所示，为表格加双线外边框和如图部分的 2 条粗实线。

点击表格左上角“全选表格”按钮选中整个表格，在“设计”上下文选项卡中的“绘图边框”选项组进行边框样式设置。选择“笔样式”为双线，“笔划粗细”为 0.5 lb，笔颜色为默认，设置好的线条要应用在整个表格外边框，所以点击左边“表格样式”选项组中的“边框”旁的下拉箭头，在展开的边框列表中选择“外侧框线”，这样就给表格添加了双线的外侧框线，如图 3－64 所示。

选中“实践经历”和“在校情况”单元格所在的 2 行，设置如图的粗实线框线，在“设计”上下文选项卡中的“绘图边框”选项组，设置“笔样式”为单线，“笔划粗细”为 1.5 lb，笔颜色为默认，点击左边“表格样式”选项组的“边框”按钮旁的下拉箭头，在展开的边框列表中选择“上框线”，接着选择“下框线”，即可给表格相应位置设置两条较粗单线，如图 3－65 所示。

添加边框可灵活使用，根据选中单元格的不同，再选择不同位置的框线，能最终实现需要的效果即可。

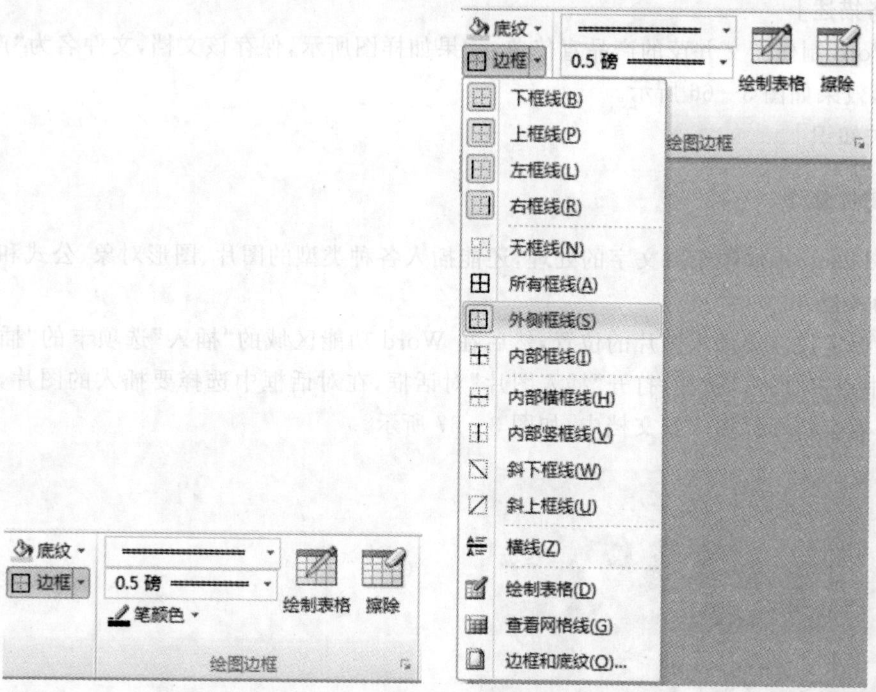

图 3-64　给表格添加外侧框线

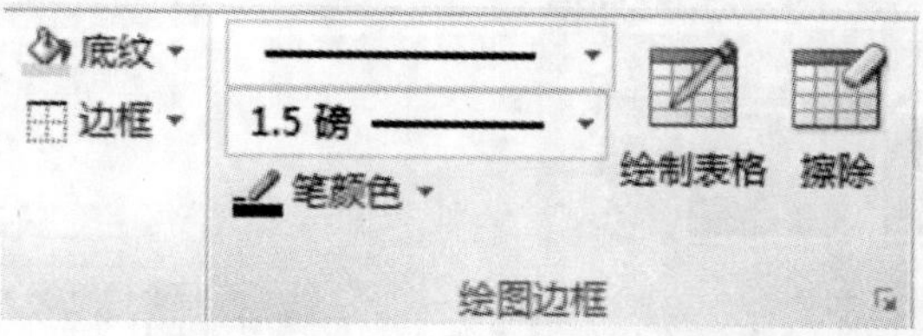

图 3-65　给选中单元格添加上边框

步骤八　保存

将文档保存在桌面，文件名为“求职简历.docx”。

任务 5　图文混排——制作“产品宣传单”文档

[学习目标]

■学会使用插入、编辑图片、剪贴画。

■掌握绘制基本图形的方法。

■学会使用文本框。

■学会制作艺术字。

■学会绘制图表。

■学习公式编辑。

［任务描述］

用 Word 制作图文并茂的产品宣传单，效果如样图所示，保存该文档，文件名为“产品宣传单.docx”，效果如图 3－66 所示。

［相关知识］

一、图片处理

Word 2010 不局限于对文字的处理，还能插入各种类型的图片、图形对象、公式和图表等。

1. 插入图片

将光标定位在要插入图片的位置，然后在 Word 功能区域的“插入”选项卡的“插图”选项组，在其中点击“图片”按钮，打开“插入图片”对话框，在对话框中选择要插入的图片，单击“插入”按钮，就会将图片插入到文档中，如图 3－67 所示。

图 3－66 “产品宣传单”样图

图 3－67 插入图片

2. 图片编辑

插入图片后，在 Word 功能区将出现图片工具——“格式”上下文选项卡，在这里可以对图片进行编辑。

(1)图片样式。Word 2010 提供了许多设计好的图片样式，选中图片，在“格式”上下文选项卡中的“图片样式”选项组，点击“图片样式”旁的下拉箭头展开样式列表库，可以选择满意的图片样式，如图 3－68 所示。

图 3－68 选择图片样式

此外在“图片样式”选项组中，还有“图片边框”“图片效果”和“图片版式”命令按钮，可以根据需要对图片进行设置。

(2))在“格式”上下文选项卡中有个“排列”选项组，在这里可以对图片的排列方式进行设置，如图 3-69 所示。

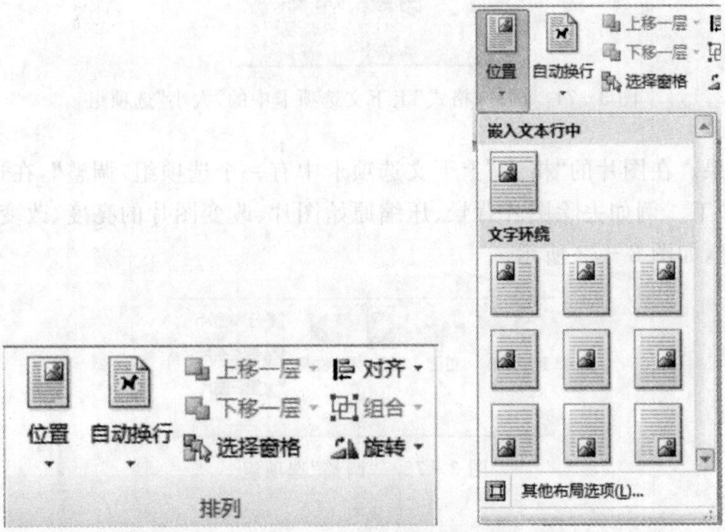

图 3-69　设置图片位置

设置图片在页面上的位置，用户可以根据文档的布局，设定图片在页面中的位置。在“排列”选项组中，点击“位置”按钮，将展开下拉列表，可以选择图片在页面中的不同位置。

环绕方式决定了图片和文字之间的关系，还可以在“排列”选项组中点击“自动换行”按钮，展开的下拉列表中可以选择图片与周围文字的环绕方式，如图 3-70 所示。

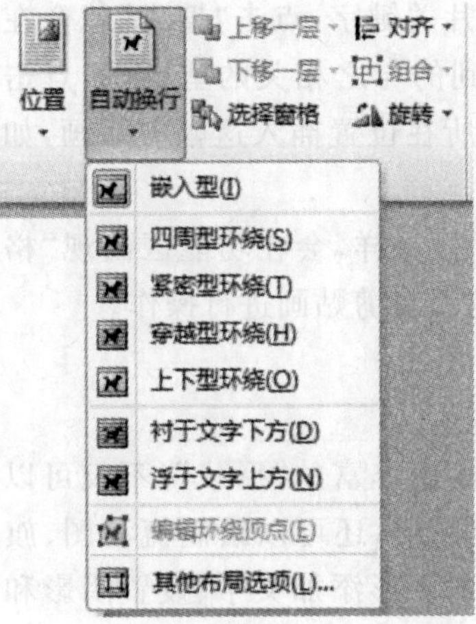

图 3-70　设置图片自动换行方式

在“排列”选项组中，还可以设置图片的旋转角度，多张图片的叠放次序，进行组合等操作。

(3)图片大小。插入的图片，可以根据需要调整大小。在“格式”上下文选项卡中的“大小”选项组中，可以输入图片的宽度和高度来定义图片大小。

如要对图片进行剪裁，选择“裁剪”按钮，图片的周围就会出现控制柄，拖动控制柄可以选择剪裁范围，如图 3－71 所示。

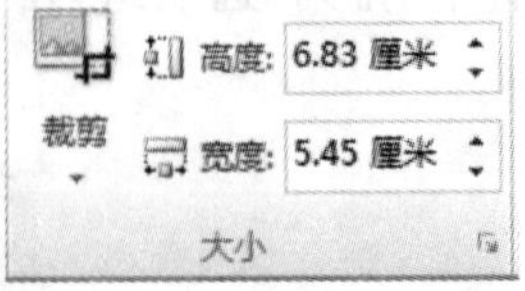

图 3－71　图片“格式”上下文选项卡中的“大小”选项组

(4)其他效果。在图片的“格式”上下文选项卡中有一个选项组“调整”，在这里可以对图片进行许多效果加工。例如去除图片背景、压缩原始图片、改变图片的亮度、改变图片颜色、处理为艺术效果等等，如图 3－72 所示。

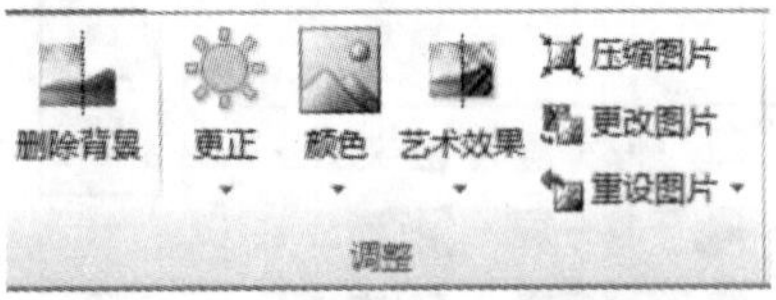

图 3－72　“调整”选项组

二、剪贴画

Word 2010 提供了大量的剪贴画，用户可以直接选取并插入到文档中使用。连接到 Internet 时，可以搜索到更多的免费提供的剪贴画资源。

在功能区域的“插入”选项卡的“插图”选项组中，单击“剪贴画”按钮，在文档右侧出现“剪贴画”任务窗格，在“搜索文字”的文本框中输入想搜索的图片关键字，点击“搜索”就会在下边的任务窗格中显示出搜索到的与之相关的剪贴画，点击需要的剪贴画图片，就会在光标所在位置插入这幅剪贴画，如图 3－73 所示。

图 3－73　搜索“人物”剪贴画

插入剪贴画后，也和插入图片一样，会在功能区出现“格式”上下文选项卡，同样可以在这里对剪贴画进行操作。

三、绘制图形

利用 Word 2010，用户可以绘制丰富的“形状”，不仅可以绘制箭头、圆、矩形、线条等简单图形，还可以绘制流程图、旗帜等较复杂的图形，并能对绘制的图形添加文字、设置阴影和三维等效果。

在“插入”选项卡的“插图”选项组中，点击“形状”按钮，下拉列表中有丰富的形状，如图 3－74 所示，在这里点击需要的图形，鼠标形状会变为黑色的十字，在文档中按下鼠标拖动，即可绘制出选择的形状。此时，选项卡区域出现绘图工具——“格式”上下文选项卡。与图片的“格式”上下文选项卡类似，在这里对插入的形状进行设置，如图 3－75 所示。

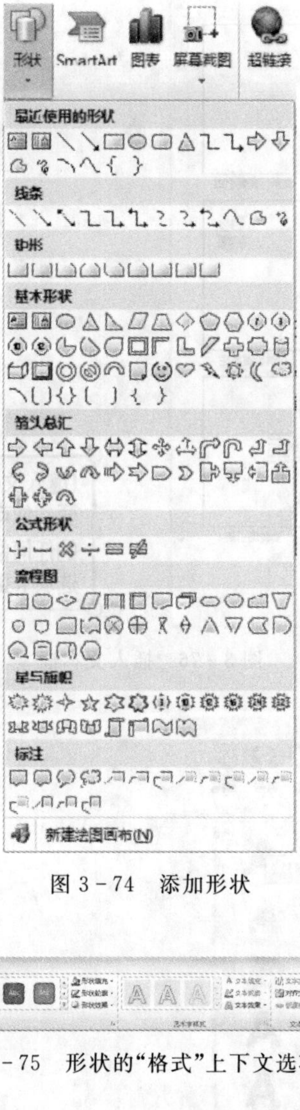

图 3－74　添加形状

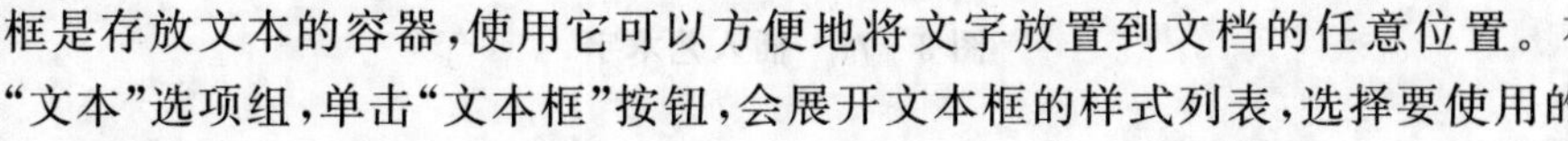

图 3－75　形状的“格式”上下文选项卡

四、插入文本框

文本框是存放文本的容器，使用它可以方便地将文字放置到文档的任意位置。在“插入”选项卡的“文本”选项组，单击“文本框”按钮，会展开文本框的样式列表，选择要使用的样式，文档中即插入了文本框，键入文本，可在“格式”上下文选项卡中进行设置，如图 3－76 所示。

五、插入艺术字

在“插入”选项卡的“文本”选项组中，单击“艺术字”按钮，会展开艺术字列表，选择满意的艺术字效果插入文档。文档中出现艺术字框，键入文字，可在“格式”上下文选项卡中进一步设置，如图 3－77 所示。

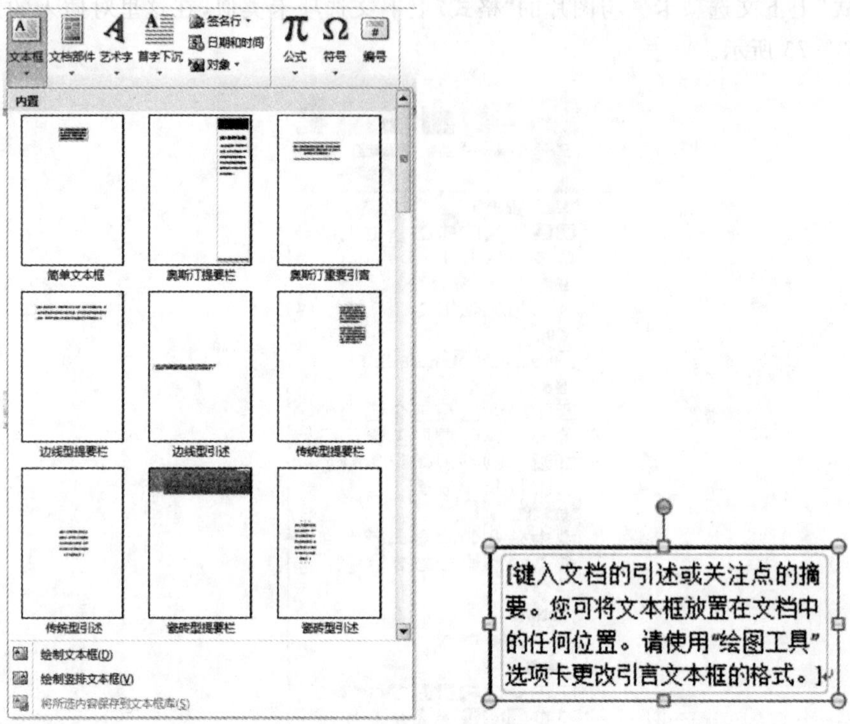

图 3－76　插入文本框

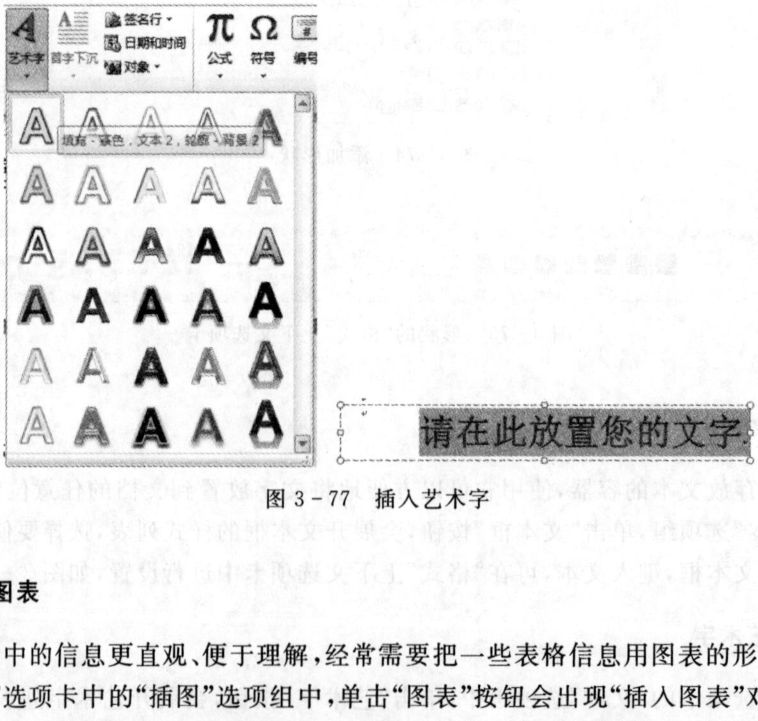

图 3－77　插入艺术字

六、插入图表

为使文档中的信息更直观、便于理解，经常需要把一些表格信息用图表的形式呈现出来。在"插入"选项卡中的"插图"选项组中，单击"图表"按钮会出现"插入图表"对话框，这里有丰富的图表类型，包括柱形图、折线图、饼图、条形图等等。选择需要的图表类型，单击"确定"按钮。此时文档中出现图表，并且调出 Excel 用于输入图表数据，如图 3－78 所示。

在功能区出现图表工具的“设计”“布局”和“格式”上下文选项卡。通过这 3 个选项卡，可以对图表进行详细设置。

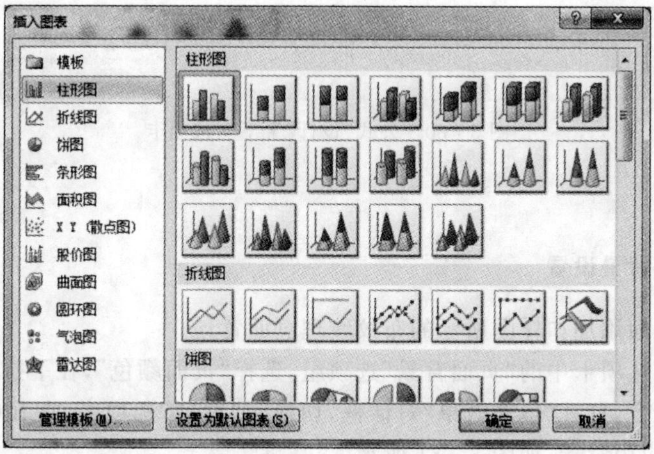

图 3-78 插入图表

七、创建公式

在 Word 中有时还需要处理数学公式。在 Word 2010 中插入公式，可以方便地制作具有专业水准的数学公式，产生的公式可以编辑操作，如图 3-79 所示。

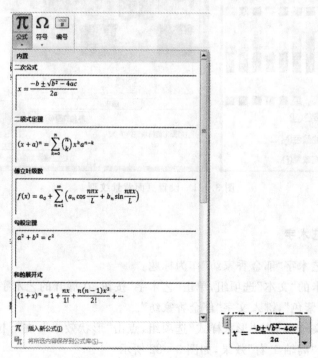

图 3-79 Word 公式编辑

在“插入”选项卡的“符号”选项组中，点击“公式”按钮下的下拉箭头，选择要输入的公式类型，文档光标处就会出现公式编辑框，键入公式内容。在 Word 2010 的功能区出现公式工具——“设计”上下文选项卡，通过此选项卡可对公式进行结构编辑，输入各种公式用的数学符号等，如图 3－80 所示。

图 3－80　公式“设计”上下文选项卡

［任务实施］

步骤一　页面背景设置

为整个文档页面添加如样图所示的布纹纹理页面背景。

在“页面布局”选项卡中的“页面背景”选项组，选择“页面颜色”，在下拉的颜色列表框中选择“填充效果…”命令，打开“填充效果”对话框，切换到“纹理”选项卡，在其中选择如图的布纹纹理，点击“确定”应用背景，如图 3－81 所示。

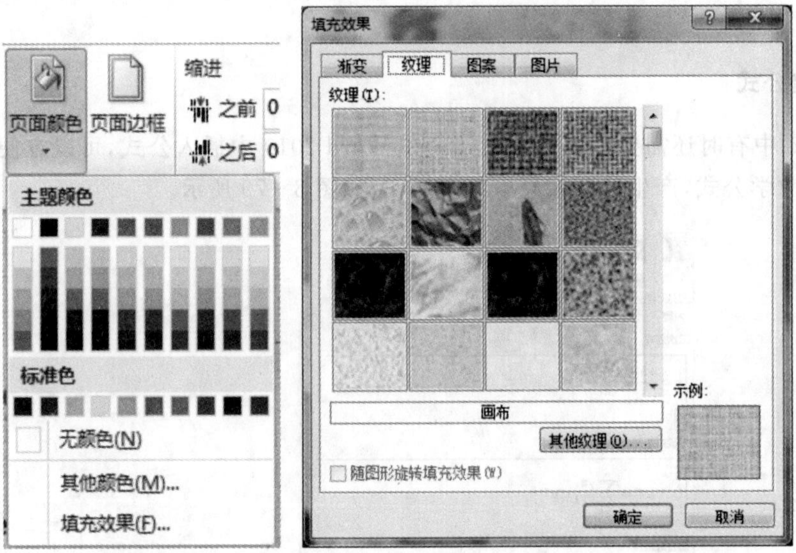

图 3－81　设置页面背景纹理

步骤二　插入艺术字

在文档中插入艺术字“郁金香家纺”作为标题。

在“插入”选项卡的“文本”选项组，单击“艺术字”按钮，在展开的艺术字列表中选择第 4 行第 5 个“渐变填充－紫色”，键入文字“郁金香家纺”。

在“格式”上下文选项卡中“形状样式”选项组，点击“形状效果”，在下拉列表中选择“三维旋转”下的“平行”→“离轴 1 右”效果，如图 3－82 所示。

切换到“开始”选项卡，在“字体”选项组中，设置艺术字字体为“华文行楷”，字号为“72”。

在“格式”上下文选项卡中的“排列”选项组中，设置艺术字的“位置”为“顶端居左”。

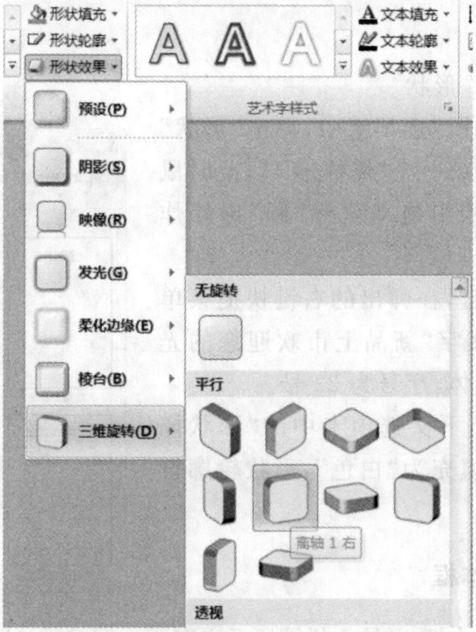

图 3-82　设置艺术字的形状效果

步骤三　插入文本框

在艺术字标题下方插入一个文本框，输入英文标题。

在“插入”选项卡中的“文本”选项组，单击“文本框”下“绘制文本框”，鼠标在文档相应位置单击，键入英文“Tulips　home　textile”。

在“开始”选项卡中设置文本框的文字字号为“26”，颜色为“紫色”。

在“格式”上下文选项卡中的“形状样式”选项组中，单击“形状填充”旁的下拉箭头，在列表中选择“无填充颜色”；单击“形状轮廓”旁的下拉箭头，在列表中选择“无轮廓”，如图 3-83 所示。

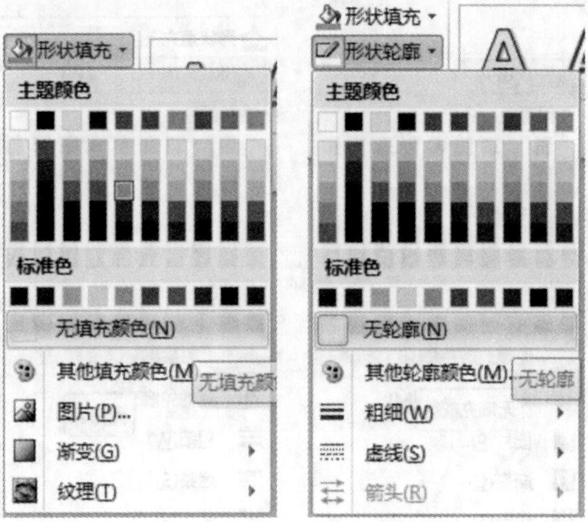

图 3-83　形状填充和形状轮廓

步骤四　插入形状

在文档中插入一个爆炸形状。

在“插入”选项卡的“插图”选项组中，单击“形状”按钮，选择“星与旗帜”里的第一个“爆炸形 1”，此时鼠标变为黑色十字形，在文档中拖动鼠标“画”出爆炸形状。

在图形上单击鼠标右键，在弹出的右键快捷菜单中选择“添加文字”，输入文字“新品上市欢迎您的光临！”，设置文字的字体为黑体，字号为 22 号。

选中图形，在“格式”上下文选项卡中的“形状样式”选项组进行设置，形状填充为“白色”，形状轮廓设置为“标准色-紫色”。

步骤五　插入竖排文本框

在文档右侧插入竖排文本框，并输入样图所示文字。

在“插入”选项卡的“文本”选项组中，单击“文本框”按钮，在弹出的列表框中选择“绘制竖排文本框”，如图 3－84 所示。

在文档中拖出一个竖排文本框，并键入内容“选家纺，就选郁金香家纺！”

在“开始”选项卡中设置文本格式，设置字体为华文行楷、字号为 48 号、字体颜色为白色。

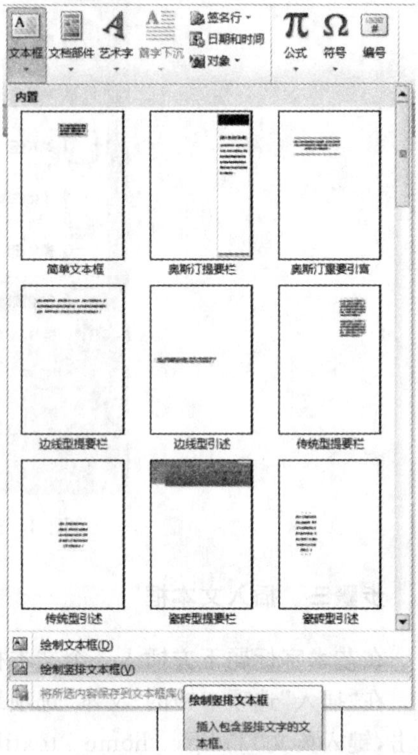

图 3－84　插入竖排文本框

在“格式”上下文选项卡中设置竖排文本框的效果，在“形状样式”选项组中设置形状填充为“无填充颜色”，形状轮廓为“无轮廓”，如图 3－85 所示。

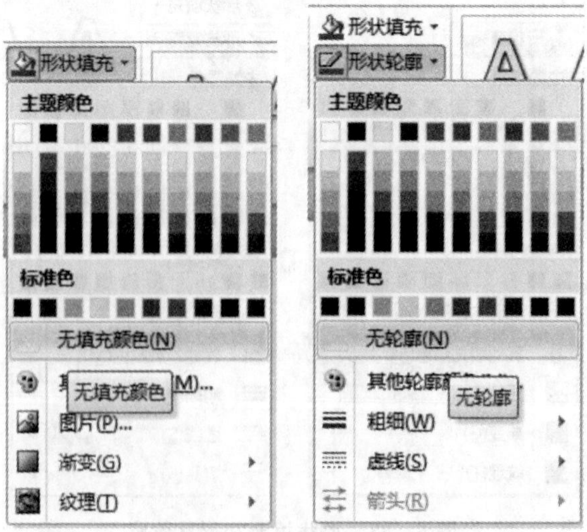

图 3－85　设置竖排文本框无填充颜色和无轮廓

在“艺术字样式”选项组中设置“文本效果”为“阴影”→“外部”→“右下斜偏移”，如图3-86所示。

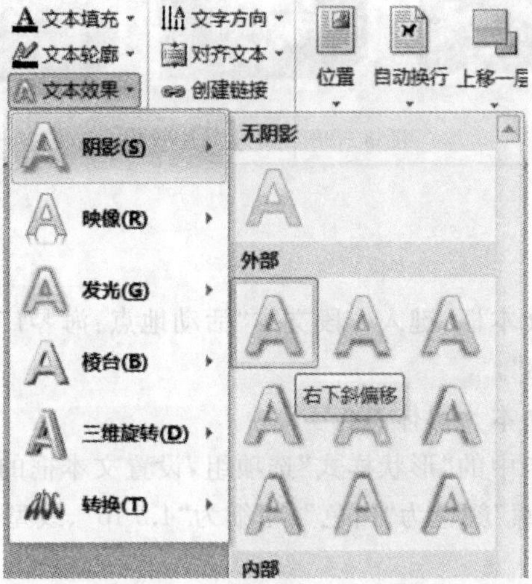

图 3-86　设置竖排文本的阴影效果

步骤六　图片编辑

在文档中插入样图所示的 3 幅图片。

在“插入”选项卡的“插图”选项组中，单击“图片”按钮，打开“插入图片”对话框，选择“库\图片\示例图片”路径下的图片“菊花.jpg”，如图 3-87 所示。

图 3-87　在文档中插入图片

根据样图，拖动图片周围的控制柄调整图片大小，并将其拖放在适当位置。

在“格式”上下文选项卡的“图片样式”选项组中，选择图片样式库里的“剪裁对角线白色”效果，同样的方法插入另两幅图片“八仙花.jpg”和“郁金香.jpg”，将它们拖动到适当的位置，效果如图 3-88 所示。

图 3－88　插入图片效果

步骤七　插入文本框

在文档底部插入一个文本框，键入 2 段文本“活动地点：海琴广场”“活动时间：4 月 1 日至 4 日联系电话：13266668888”。

在“开始”选项卡设置文本为黑体、14 号。

在“格式”上下文选项卡中的“形状样式”选项组，设置文本框的“形状填充”为“橄榄色强调文字颜色 3”；设置“形状轮廓”颜色为“白色”、粗细为“4.5 lb”、线型为“虚线-圆点”，如图 3－89 所示。

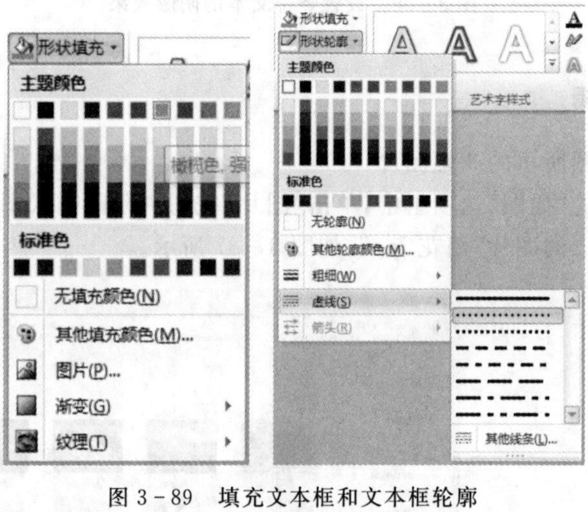

图 3－89　填充文本框和文本框轮廓

将文本框调整为合适的大小，拖动到适当位置。

整个文档检查无误后，将其保存为“产品宣传单.docx”。

任务 6　“产品简介”的打印输出——页面设置与打印

［学习目标］

■掌握 Word 2010 页面设置方法。

■学习 Word 2010 打印预览与打印设置。

［任务描述］

将任务 2 中创建的“产品简介.docx”文档进行页面设置，通过打印机打印出 2 份。

［相关知识］

一、设置页边距

页边距用于设置文档内容与纸张四边的距离，决定在文本的边缘应保留多少空白区域。通常正文显示在页边距以内，包括脚注和尾注，而页眉和页脚显示在页边距上。页边距包括上边距、下边距、左边距和右边距。在设置页边距的同时，还可以设置装订线的位置或选择打印方向等。

在功能区域的“页面布局”选项卡的“页面设置”选项组，单击“页边距”，在弹出的下拉列表中可以选择 Word 2010 已经定义好的普通、窄、适中、宽、镜像等几种页边距。也可以选择“自定义边距”，打开“页面设置”对话框，在对话框的“页边距”选项卡中设置页边距的上、下、左、右 4 个页边距和装订线距离，如图 3－90 所示。

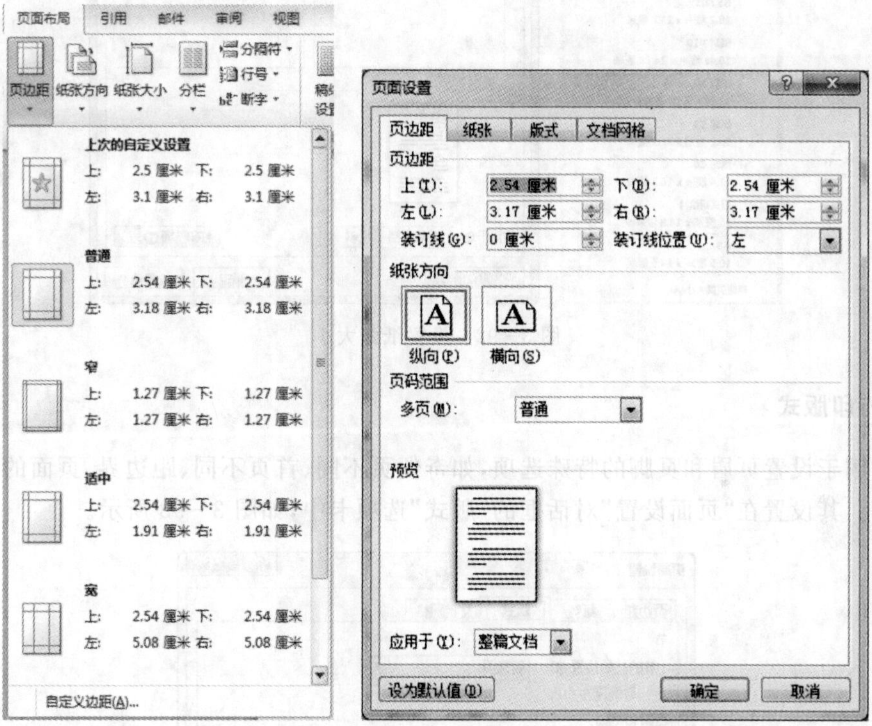

图 3－90　设置页边距

二、纸张方向

Word 2010 中，文档的纸张方向有两种：纵向和横向。在“页面布局”选项卡的“页面设置”选项组，点击“纸张方向”，在下拉列表中可以选择纸张方向为“纵向”或“横向”，如图 3－91 所示。

图 3－91　设置纸张方向

三、纸张大小

纸张大小是用来选择打印纸的大小，默认值为 A4 纸。

在“页面布局”选项卡的“页面设置”选项组，点击“纸张大小”按钮，展开的列表框中有各种规格的纸张大小，可根据要求选择使用。

如果当前使用的纸张为特殊规格，可选择“其他页面大小”，会打开“页面设置”对话框，在

“纸张”选项卡中可以选择纸张大小，也可自己定义宽度和高度。点击“确定”按钮使纸张大小应用，如图 3－92 所示。

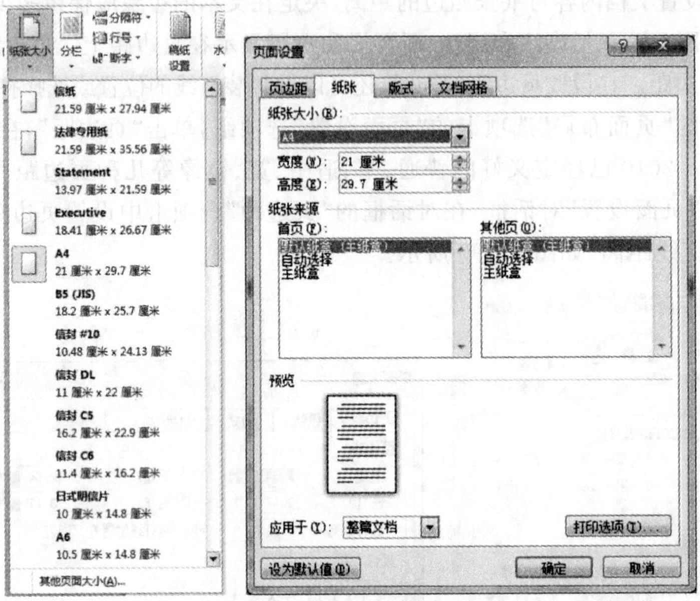

图 3－92　设置纸张大小

四、打印版式

版式用于设置页眉和页脚的特殊选项，如奇偶页不同、首页不同、距边界、页面的垂直对齐方式等等。其设置在“页面设置”对话框的“版式”选项卡中，如图 3－93 所示。

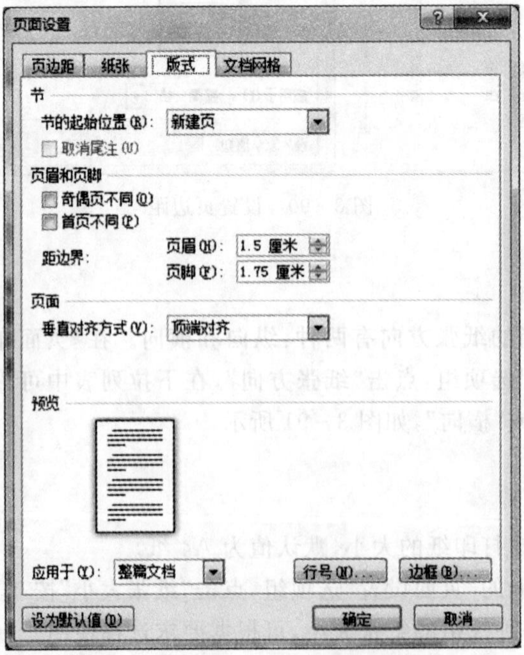

图 3－93　版式设置

五、稿纸设置

Word 文档创建中，默认文档是空白没有网格线的。如果需要像稿纸一样添加网格线，可以在“页面布局”选项卡的“稿纸”选项组中设置，单击“稿纸设置”，打开“稿纸设置”对话框。选择网格的“格式”，例如“方格式稿纸”，就会使文档成为如图的方格稿纸，如图 3－94 所示。

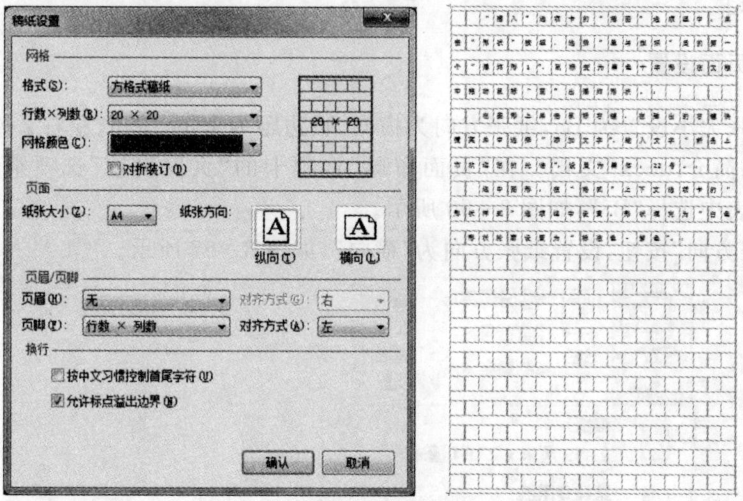

图 3－94　稿纸设置与效果

六、打印预览和打印

对文本编辑排版后，有时需要打印出来。为了使打印一次成功，在打印前要进行打印预览操作，满意后再用打印机打印。

在“文件”选项卡，选择“打印”命令，会在窗口显示打印设置和预览效果，在窗口右侧的预览效果就是文档打印在纸张上的效果，如图 3－95 所示。

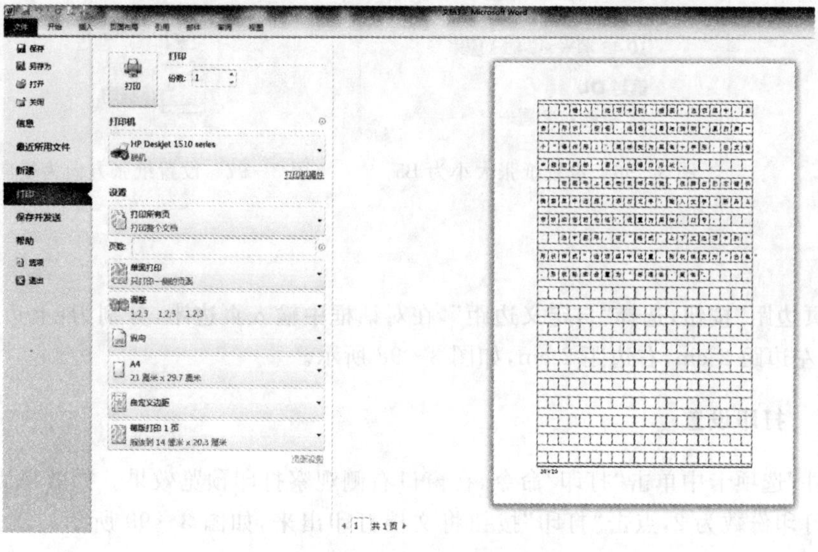

图 3－95　打印设置和打印预览

如果预览效果满意，就可以存盘或进行打印了；如果不满意，就要对版面再进行设置，调整后再次预览，直到满意为止。

预览满意后，如果将文稿打印在纸上，在窗口左侧的打印设置区域来确认打印信息。在这里可以设置打印相关的信息，例如打印份数、打印机的选择、设置打印页数等等信息。设置完成后点击“打印”按钮，即可从打印机输出文档。

［任务实施］

步骤一　页面设置

将文档纸张大小设置为 B5，纸张方向为横向，页边距为上下 3 cm、左右 2 cm。

打开“产品简介.docx”文档。在“页面布局”选项卡的“页面设置”选项组，单击“纸张大小”，在下拉列表中选择“B5”，如图 3－96 所示。

单击“纸张方向”按钮，设置纸张方向为“横向”，如图 3－97 所示。

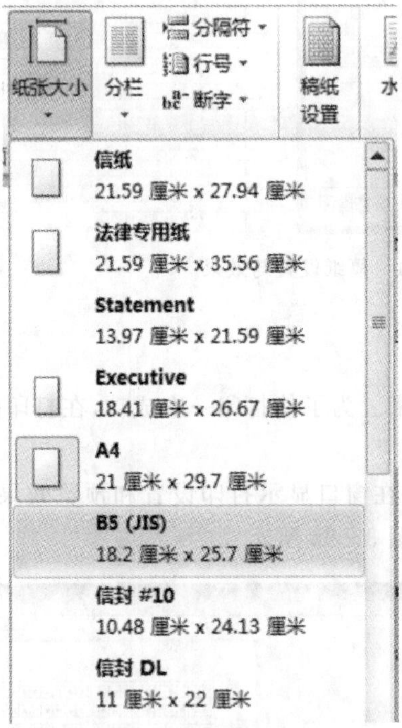

图 3－96　设置纸张大小为 B5

图 3－97　设置纸张方向为横向

单击“页边距”按钮，选择“自定义边距”，在对话框中输入页边距，分别为：上边距 3 cm，下边距 3 cm，左边距 2 cm，右边距 2 cm，如图 3－98 所示。

步骤二　打印设置

在“文件”选项卡中单击“打印”命令，在窗口右侧观察打印预览效果。如效果满意，在窗口中部，设置打印份数为 2，点击“打印”按钮将文档打印出来，如图 3－99 所示。注意及时保存文档。

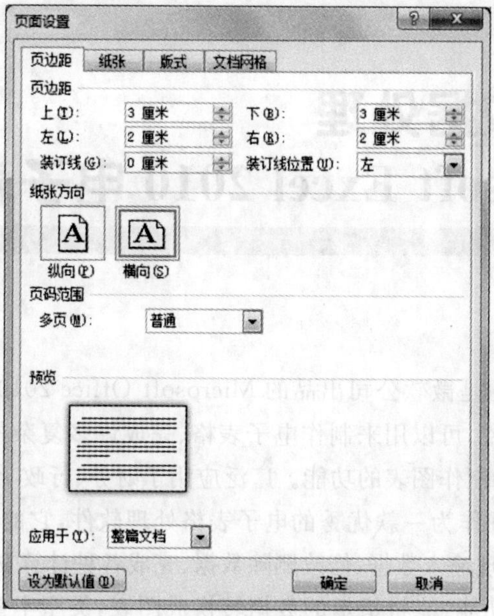

图 3-98　按要求设置文档的页边距

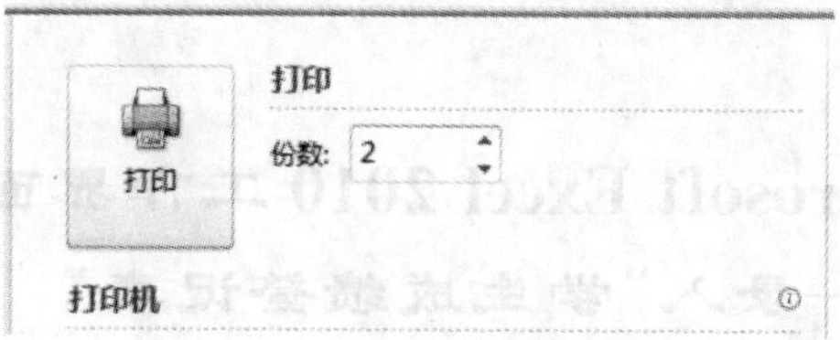

图 3-99　设置打印份数为 2 份

项目四　数据处理
——Microsoft Excel 2010 电子表格的应用

Microsoft Excel 2010 是微软公司出品的 Microsoft Office 2010 系列办公软的组件之一，它是一个电子表格处理软件，可以用来制作电子表格、完成许多复杂的数据运算，进行数据的分析和预测，并且具有强大的制作图表的功能。广泛应用于财务、行政、金融、统计等众多领域。

Microsoft Excel 2010 作为一款优秀的电子表格处理软件，它的功能主要有以下几种。

(1)表格处理功能：实现输入数据、修改删除数据、完成各种计算、格式化表格、打印表格等。

(2)丰富的图表处理功能：能将指定的数据转换成图表，类型丰富，表现直观。

(3)数据管理与数据分析功能：可对数据进行增删、查询、排序、筛选、分类汇总等管理。

(4)丰富的宏命令和函数等。

任务1　Microsoft Excel 2010 工作界面与基本操作
——录入“学生成绩登记表”

[学习目标]

■熟悉 Microsoft Excel 2010 的启动与退出的方法及界面组成。

■熟练掌握 Microsoft Excel 2010 的各种操作及数据录入方法。

[任务描述]

利用 Excel 2010 录入如图 4－1 所示内容，并将文件保存到桌面上，文件名为“学生成绩登记表”。

	A	B	C	D	E	F	G	H	I	J	K	L
1	航海专业学生成绩登记表											
2												
3	序号	班级	学号	姓名	语文	数学	英语	计算机	德育	总分	平均分	名次
4	1	1601	0001	丁敏靓	77	82.5	81	77	88			
5	2	1603	0002	黄鹏飞	89.6	71	69.5	74.5	82			
6	3	1602	0003	姜雨乾	92	51.5	79.5	71.5	94			
7	4	1601	0004	姜云	95.6	72	78.5	79	91.5			
8	5	1603	0005	兰筱鹏	88.4	64.5	81.5	74.5	73.5			
9	6	1604	0006	李春灿	89.6	78	81.5	71.5	73.5			
10	7	1601	0007	李浩	87.8	71.5	68	79.5	90			
11	8	1602	0008	李越	72.6	78.5	66	74	90			
12	9	1604	0009	刘世强	52	81.5	79.5	81.5	84.5			
13	10	1604	0010	刘维浩	96.6	50.5	55	60.5	76.5			
14	11	1602	0011	刘毅斐	82.4	60	61.5	76.5	87			
15	12	1604	0012	马墉	94.8	71	75	63.5	82.5			
16	13	1602	0013	宋海澎	90.2	90	85	91	92			
17	14	1603	0014	孙晓慧	93.6	68.5	77	79.5	91.5			
18	15	1604	0015	孙鑫海	78.8	62.5	77	58	76.5			
19	16	1601	0016	谭京千	86.2	78.5	82.5	74	91.5			
20	17	1603	0017	王雅鹏	77	63.5	79.5	73.5	87			
21	18	1603	0018	徐道容	86	75	67	80	81			
22	19	1601	0019	张相奥	89.6	97.5	82	88	89.5			
23	20	1602	0020	张志翔	61.6	80.5	82.5	78.5	86			
24				平均成绩:								
25				优秀率:								
26				不及人数:								
27				不及格率:								

图 4－1　Excel 2010 工作界面

[相关知识]

一、Excel 2010 工作界面

启动 Microsoft Excel 2010 后，打开 Microsoft Excel 2010 的工作界面，如图 4－2 所示。

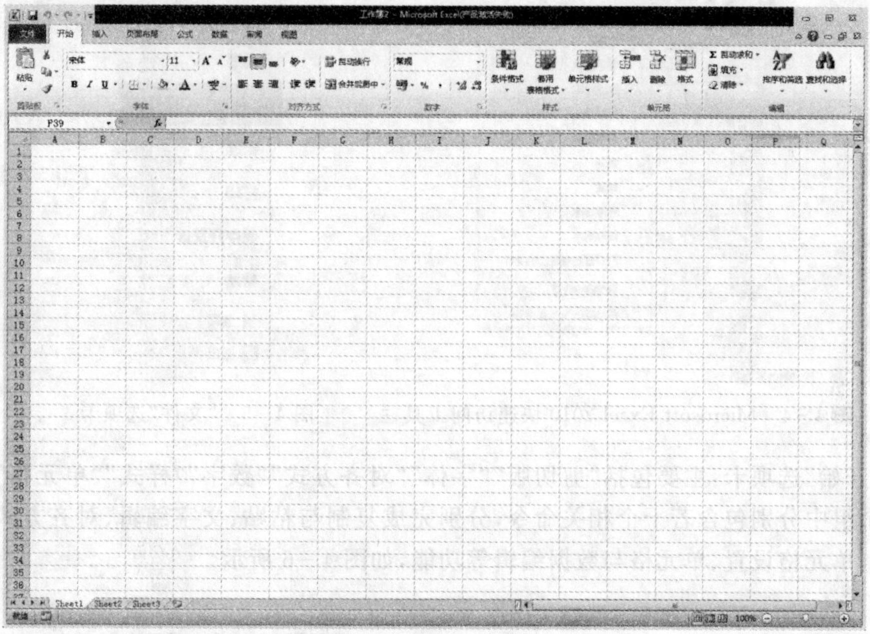

图 4－2　Excel 2010 工作界面

1. 标题栏

Microsoft Excel 2010 的“标题栏”位于界面的最顶部，“标题栏”上包含软件图标，快速访问工具栏、当前工作簿的文件名称和软件名称。

(1)软件图标。单击“软件图标”会弹出一个用于控制 Microsoft Excel 2010 窗口的下拉菜单。在标题栏的其他位置右击同样会弹出这个菜单，它主要包括 Microsoft Excel 2010 窗口的“还原”“移动”“大小”“最小化”“最大化”和“关闭”6 个常用命令，如图 4－3 所示。

(2)快速访问工具栏。“快速访问工具栏”主要集中用户在 Microsoft Excel 2010 中的常用命令，方便用户快速编辑工作簿，包括“新建”“打开”“保存”“电子邮件”“快速打印”“打印预览和打印”“拼写检查”“撤销”“恢复”“升序排序”“降序排序”“打开最近使用过的文件”“其他命令”“在功能区下方显示”，如图 4－4 所示。

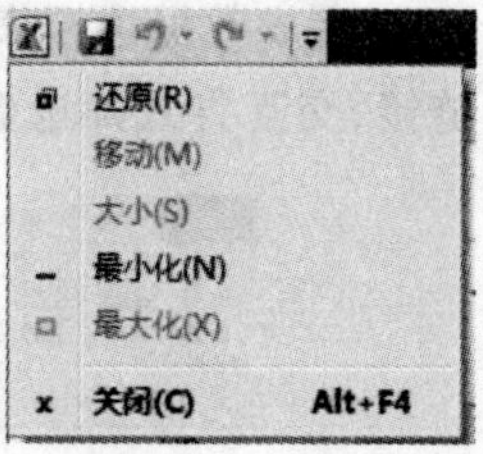

图 4－3　窗口的控制菜单

2. 功能区

“功能区”位于标题栏下方，包含“文件”“开始”“插入”“页面设置”“公式”“数据”“审阅”“视图”7 个主选项卡。

(1)“文件”选项卡：与 Microsoft Excel 2007 版本的“文件”选项卡类似，主要包括“保存”“另存为”“打开”“关闭”“信息”“最近所用文件”“新建”“打印”“保存并发送”“帮助”“选项”“退

出"12 个常用命令，如图 4 - 5 所示。

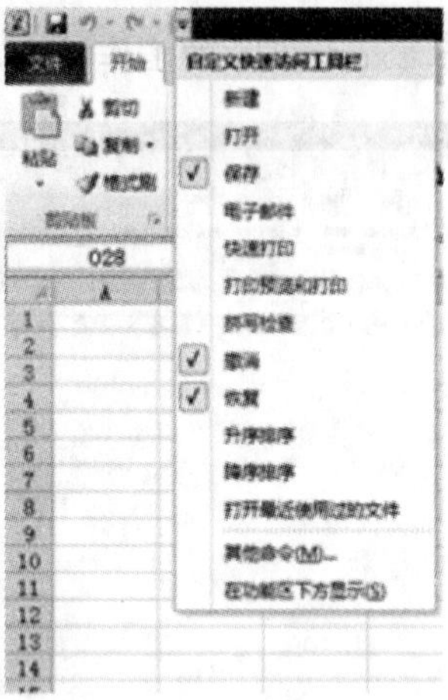

图 4 - 4　Microsoft Excel 2010 快速访问工具栏　　　　图 4 - 5　"文件"选项卡

(2)"开始"选项卡：主要包括"剪切版""字体""对齐方式""数字""样式""单元格""编辑"7 个组，每个组中分别包含若干个相关命令，分别完成复制与粘贴、文字编辑、对齐方式、样式应用与设置、单元格设置、单元格与数据编辑等功能，如图 4 - 6 所示。

图 4 - 6　"开始"选项卡

(3)"插入"选项卡：主要包括"表格""插图""图表""迷你图""筛选器""链接""文本""符号"8 个组，完成数据透视表、插入各种图片对象、创建不同类型的图表、插入迷你图、创建各种对象链接、交互方式筛选数据、页眉和页脚、使用特殊文本、符号的功能，如图 4 - 7 所示。

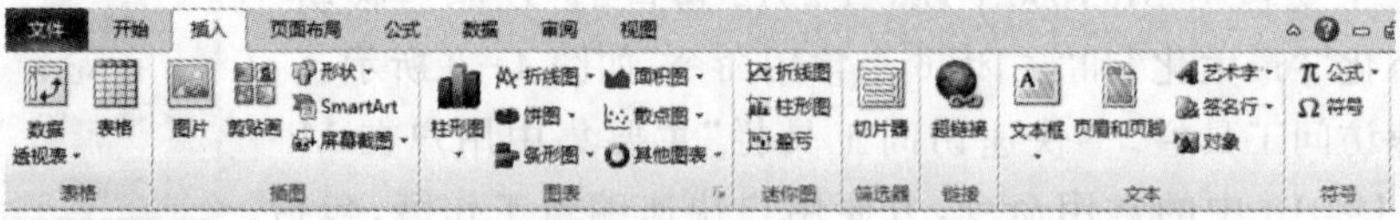

图 4 - 7　"插入"选项卡

(4)"页面布局"选项卡：主要包括"主题""页面设置""调整为合适大小""工作表选项""排序"5 个组，主要完成 Excel 表格的总体设计，设置表格主题、页面效果、打印缩放、各种对象的排列效果等功能，如图 4 - 8 所示。

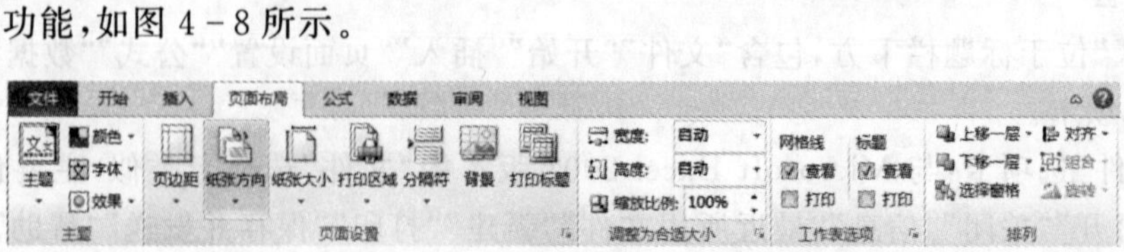

图 4 - 8　"页面布局"选项卡

(5)“公式”选项卡：主要包括“数据库”“定义的名称”“公式审核”“计算”4 个组，主要用于数据处理，实现数据公式的使用、定义单元格、公式审核、工作表的计算，如图 4－9 所示。

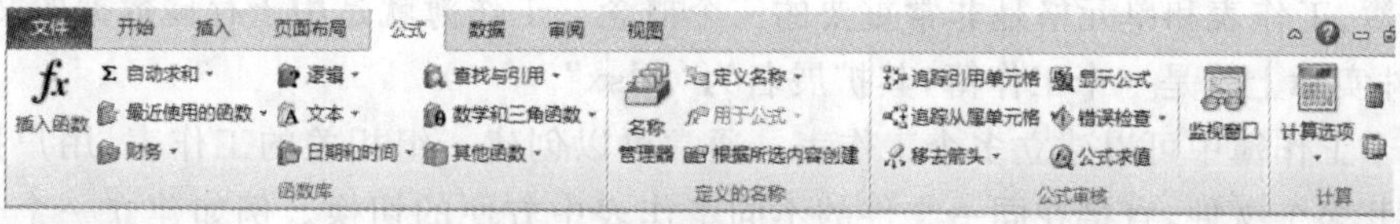

图 4－9 “公式”选项卡

(6)“数据”选项卡：主要包括“获取外部数据”“连接”“排序和筛选”“数据工具”“分级显示”“分析”5 个组，主要完成从外部数据获取数据来源，显示所有数据的连接、对数据排序或筛查、数据处理工具、分级显示各种汇总数据、财务和科学分析数据工具的功能，如图 4－10 所示。

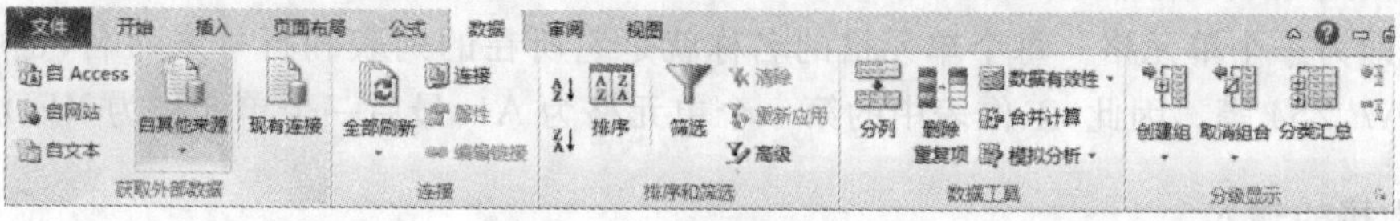

图 4－10 “数据”选项卡

(7)“审阅”选项卡：主要包括“校对”“中文简繁转换”“语音”“批注”“更改”5 个组，用于提供对文章的拼写检查、批注、翻译、保护工作簿等功能，如图 4－11 所示。

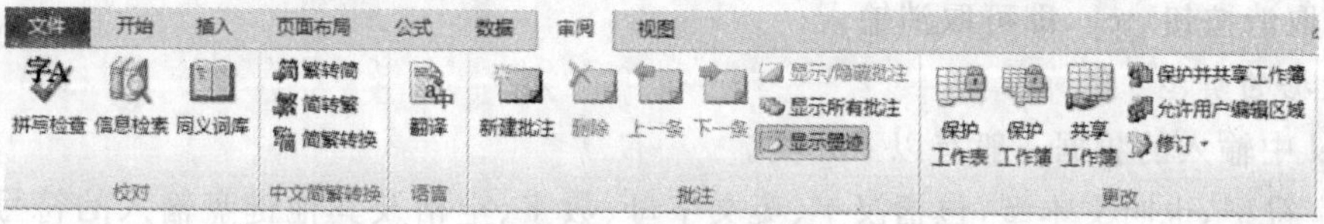

图 4－11 “审阅”选项卡

(8)“视图”选项卡：主要包括“工作簿视图”“显示”“显示比例”“窗口”“宏”5 个组，提供了各种 Excel 视图的浏览形式与设置，如图 4－12 所示。

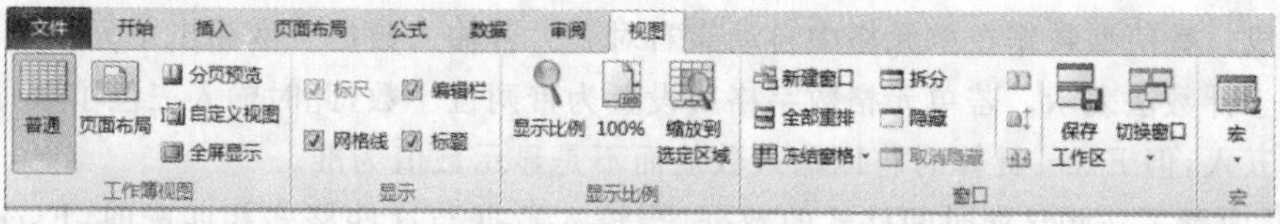

图 4－12 “视图”选项卡

(9)编辑栏：位于功能区下方，主要包括显示或编辑单元格名称框、插入函数两个功能，如图 4－13 所示。

图 4－13 编辑栏

二、Excel 2010 常用名词术语

工作簿、工作表和单元格是非常重要的三个概念。工作簿就是用于存储数据的文件，一个Excel 文件实际上就是一个工作簿，其扩展名为".xlsx"。

在一个工作簿中可以建立多个工作表。通常可以创建一组相关的工作表，用户操作时可以不必打开多个文件，直接在同一文件的不同工作表中方便的切换。例如建立一个全年的考勤表，可以在一个工作簿中创建 12 张每月的考勤工作表，只要打开这一个 excel 文件，就可以方便的切换查看每个月的考勤情况。

默认情况下，Excel 2010 的工作簿中有 3 张工作表 

，工作表名为 Sheet1，Sheet2，Sheet3，用户可以增加、删除工作表。

单元格是组成工作表的最小单位，Excel 的工作表是由 1047586 行、XFD 列组成。每一行列交叉处即为一个单元格。每个单元格的名称就是它所在的列表和行号来命名，也叫单元格地址，如 A7，Z54 等。因此，工作表中的第一个单元格为 A1，最后一个单元格为 XFD1047586。

三、数据的输入

要向单元格输入数据，首先要激活单元格。在任何时候，工作表中仅有一个单元格是激活的，用鼠标单击单元格即可激活，此时被激活的单元格边框为黑粗线，成为活动单元格。输入结束后按回车键、Tab 键或用鼠标单击编辑栏的输入按钮  都可确认输入。按 Esc 键或单击编辑栏的取消按钮  ，即可取消输入。

1. 数据的类型

Excel 中输入的数据一般有以下几类。

（1）字符型，也叫文本型，包括汉字、英文字母、数字、空格及其他键盘输入的符号，输入文本型的数据自动在单元格左对齐。如果输入字符的长度超出单元格宽度，若右边单元格无内容，则扩展到右边列，否则截断显示。如果输入的数字要按字符处理，在输入时须在输入数字的前面加上一个单引号 '，Excel 就把它当作字符处理，在单元格左对齐。

（2）数值型，也叫数字型，由 0～9 十个数字，＋，－，E，e，S，％及小数点和千分位符号等特殊字符组成。数值型数据在单元格中自动靠右对齐。若输入数据长度超出单元格宽度，Excel 自动以科学计数法表示。若单元格数字格式设置为带两位小数，此时输入三位小数，则末尾将进行四舍五入，但 Excel 计算时将以输入数值而不是显示数值为准。

Excel 内置了一些日期时间格式的数据，当输入数据与这些格式相匹配时，Excel 将识别它们。Excel 常见的日期时间格式为"mm'dd'yy'""dd - mm - yy""hh：mm am"等。输入当天的日期按组合键"ctrl＋；"；输入当时的时间按组合键"ctrl＋shift＋；"。

（3）公式数据。Excel 的公式数据是由等号（＝）开头，由单元格地址、函数、常数及运算符组成，在单元格中自动靠右对齐。若某个单元格的值为公式数据，则选择该单元格时，它的公式将在编辑框中显示，而单元格中显示公式的值，也就是公式的计算结果。

2. 数据的填充

Excel 的数据不仅可以从键盘直接输入，还可以使用 Excel 的自动输入功能来输入有规律的数据。

（1）自动填充。自动填充是根据初始值决定以后的填充项，鼠标选中初始值所在的单元格

并放在单元格右下角，鼠标指针变为实心十字形，这就是自动填充柄，拖动填充柄至要填充的最后一个单元格，即可完成自动填充。填充分为以下几种情况。

1)初始值为纯字符或纯数字，填充相当于数据复制。

2)初始值为文字数字混合体，填充时文字不变，最右边的数字递增。如初始值为 A1，填充为 A2，A3，…。

3)初始值为 Excel 预设的自动填充序列中的一员，按预设序列填充。如果初始值为二月，自动填充三月，四月，……。

用户还可以自定义序列，保存后可以以后填充使用。

选择“文件”选项卡的“选项”命令见图 4－5。弹出“Excel 选项”对话框，选择“高级”命令，点击“编辑自定义序列”按钮，如图 4－14 所示。

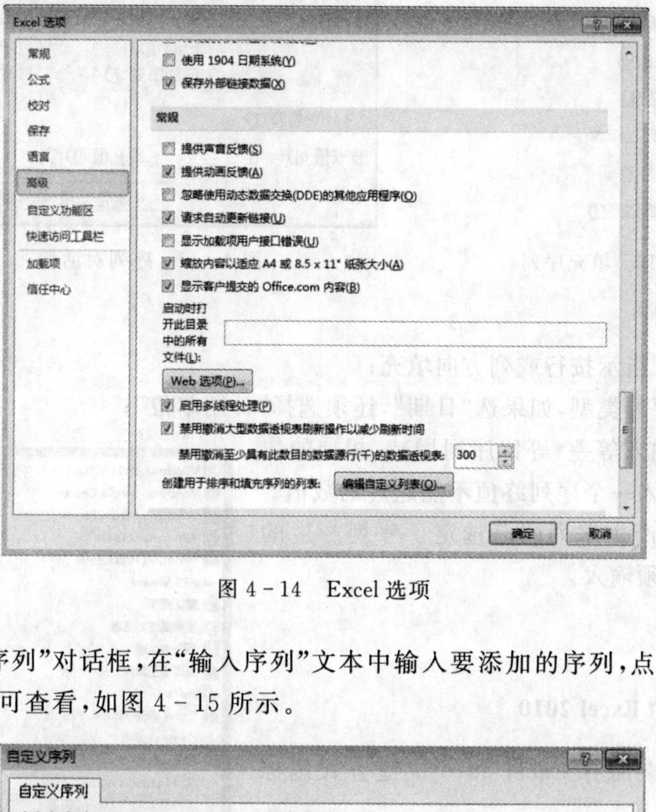

图 4－14　Excel 选项

弹出“自定义序列”对话框，在“输入序列”文本中输入要添加的序列，点击“添加”按钮，在“自定义的序列”中可查看，如图 4－15 所示。

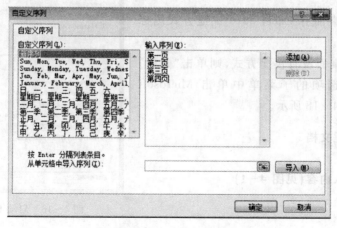

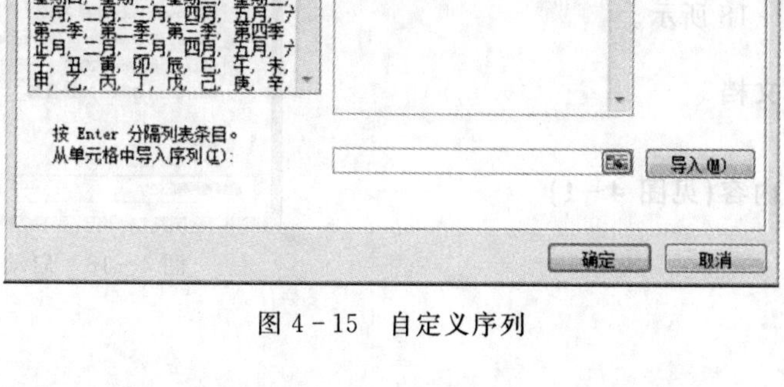

图 4－15　自定义序列

序列定义成功以后就可以使用它进行自动填充了。只要是经常出现的有序数据都可以定义为序列，如班级学生姓名，输入初始值后使用自动填充可节省许多输入工作量，尤其是多次出现时。

如果用户在工作表中输入的一系列数据项存储为自定义序列，只需鼠标选中这些数据，在“自定义序列”对话框单击“导入”按钮即可。省去重新定义输入的麻烦。

(2)产生一个序列。用菜单命令产生一个序列操作方法是：首先单元格中输入初始值并回车；然后鼠标单击选中该单元格，选择“开始”选项卡“填充”命令，下级菜单中选择“系列”命令，如图 4－16 所示，出现如图 4－17 所示“序列”对话框。

图 4－16　填充序列

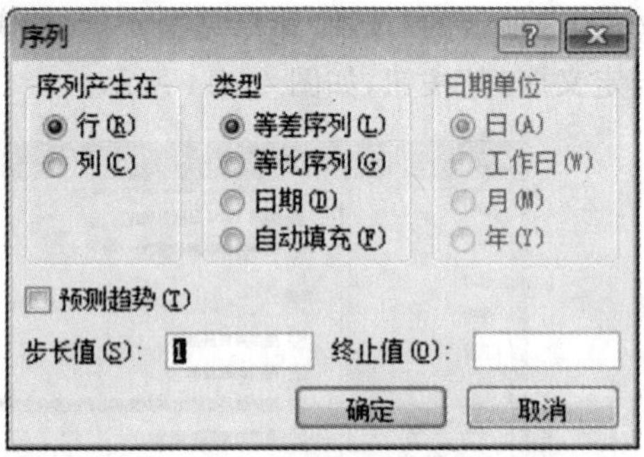

图 4－17　序列对话框

其中：

“序列产生在”指示按行或列方向填充；

“类型”选择序列类型，如果选“日期”，还须选择“日期单位”；

“步长值”可输入等差、等比序列增减、相乘的数值，“终止值”可输入一个序列终值不能超过的数值。

注意：除非在产生序列前已选定了序列产生的区域，否则终值必须输入。

[任务实施]

步骤一　启动 Excel 2010

方法 1：如果桌面有 Excel 2010 快捷方式图标，双击快捷图标。

方法 2：如果桌面没有快捷方式，则单击“开始”按钮，在“程序”选项的子菜单中单击 Microsoft Excel 选项，如图 4－18 所示。

步骤二　新建文档

步骤三　录入内容(见图 4－1)

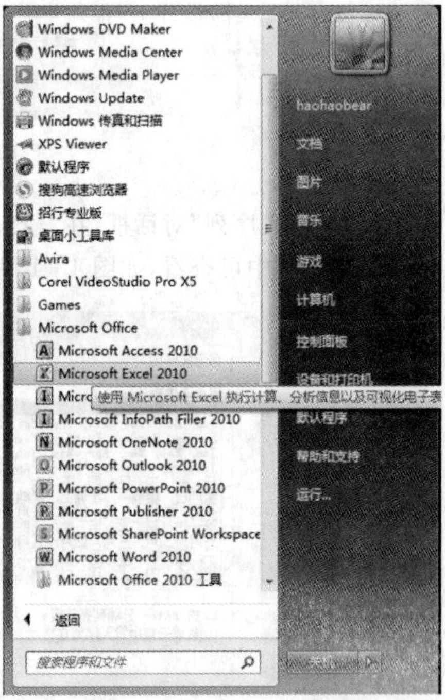

图 4－18　启动 Excel 2010

步骤四 保存文档

单击“保存”按钮，打开“另存为”对话框，在文件名中输入“学生成绩登记表”，如图 4－19 所示。

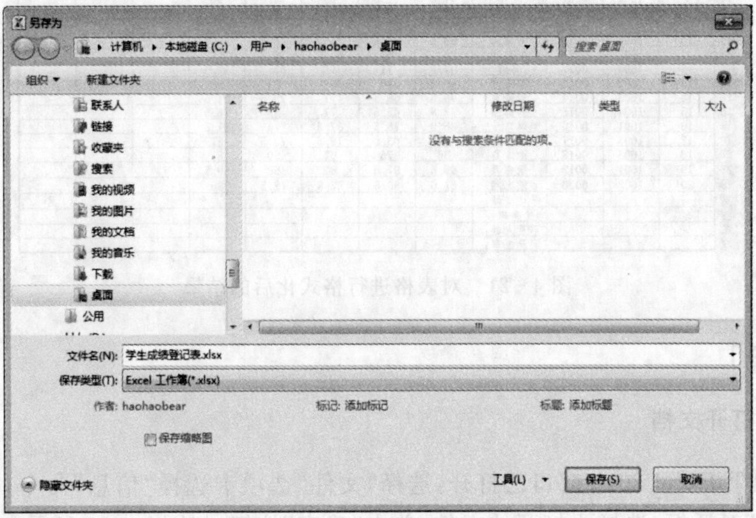

图 4－19　打开“另存为”对话框

步骤五 退出 Excel 2010

方法 1：单击应用程序标题栏最右端的关闭按钮。

方法 2：单击“文件”选项卡，选择“关闭”命令，可关闭当前正在编辑的工作表。

方法 3：单击“文件”选项卡，选择“退出”命令，可关闭 Excel 2010 软件，如图 4－20 所示。

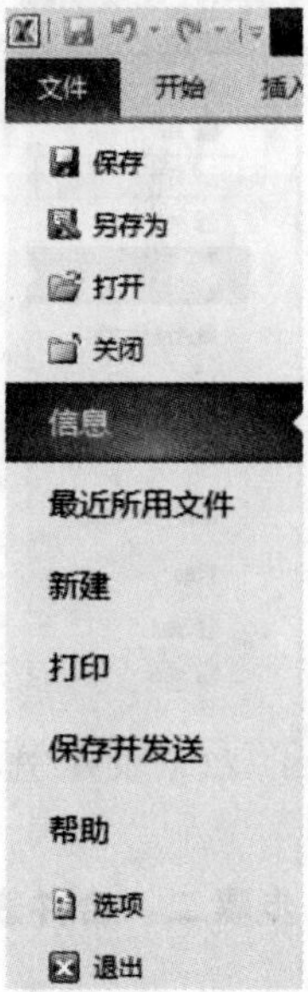

图 4－20　退出 Excel 2010

任务 2　工作表格式化

——“学生成绩登记表”的美化

[学习目标]

■熟悉字符的格式设置。

■熟练掌握单元格的合并与拆分、加边框等操作方法。

■熟练掌握条件格式的设置方法。

[任务描述]

打开“学生成绩登记表”进行美化。通过对表格进行美化操作，掌握表格字符格式的设置，单元格的合并与拆分、加边框等操作。将表格内不及格的成绩用红色字体，黄色底纹表示，效果如图 4－21 所示。

序号	班级	学号	姓名	语文	数学	英语	计算机	德育	总分	平均分	名次
1	1601	0001	丁敏舰	77	82.5	81	77	88			
2	1603	0002	黄鹏飞	89.6	71	69.5	74.5	82			
3	1602	0003	娄雨乾	92	51.5	79.5	71.5	94			
4	1601	0004	姜云	95.6	72	78.5	79	91.5			
5	1603	0005	兰滨鹏	88.4	64.5	81.5	74.5	73.5			
6	1604	0006	李春灿	89.6	78	81.5	71.5	73.5			
7	1601	0007	李浩	87.8	71.5	68	79.5	90			
8	1602	0008	李越	72.6	78.5	66	74	90			
9	1604	0009	刘世强	52	81.5	79.5	81.5	84.5			
10	1604	0010	刘维浩	96.6	50.5	55	60.5	76.5			
11	1602	0011	刘毅斐	82.4	60	61.5	76.5	87			
12	1604	0012	马壤	94.8	71	75	63.5	82.5			
13	1602	0013	宋海澎	90.2	90	85	91	92			
14	1603	0014	孙晓慧	93.6	68.5	77	79.5	91.5			
15	1604	0015	孙鑫海	78.8	62.5	77	58	76.5			
16	1601	0016	谭京千	86.2	78.5	82.5	74	91.5			
17	1603	0017	王雅鹏	77	63.5	79.5	73.5	87			
18	1603	0018	徐道容	86	75	67	80	81			
19	1601	0019	张相奥	89.6	97.5	82	88	89.5			
20	1602	0020	张志翔	61.6	80.5	82.5	78.5	86			
			平均成绩:								
			优秀率:								
			不及人数:								
			不及格率:								

图 4-21　对表格进行格式化后的结果

[任务实施]

步骤一　打开文档

方法 1:如果 Excel 2010 窗口已打开,选择“文件”选项卡选择“信息”命令,如图 4-22 所示,弹出“打开”对话框,选择要打开的文件,单击“确定”按钮,如图 4-23 所示。

方法 2:可在文件存放位置双击。

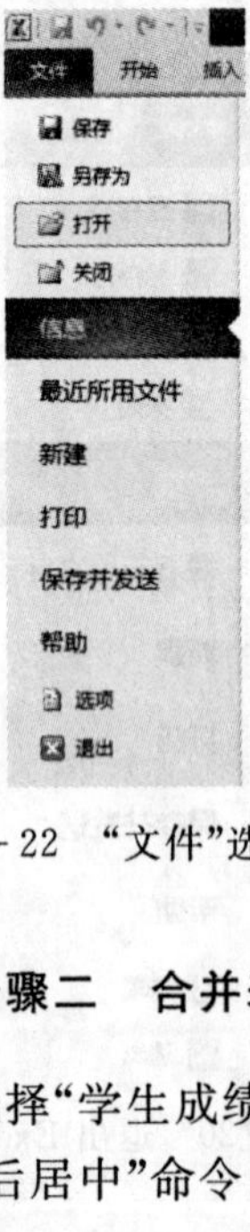

图 4-22　“文件”选项卡

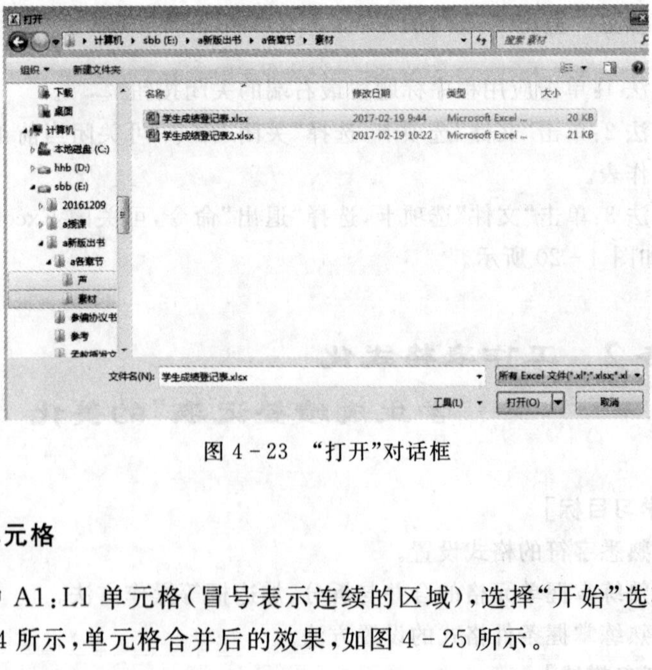

图 4-23　“打开”对话框

步骤二　合并表标题的单元格

选择“学生成绩登记表”中 A1:L1 单元格(冒号表示连续的区域),选择“开始”选项卡的“合并后居中”命令,如图 4-24 所示,单元格合并后的效果,如图 4-25 所示。

步骤三　设置文字格式

选择“航海专业学生成绩登记表”文字,单击“开始”选项卡,设置字体“微软雅黑”,字号为 18;选择 A3:L27 单元格,设置字体“仿宋”,字号为 12,如图 4-25 所示。

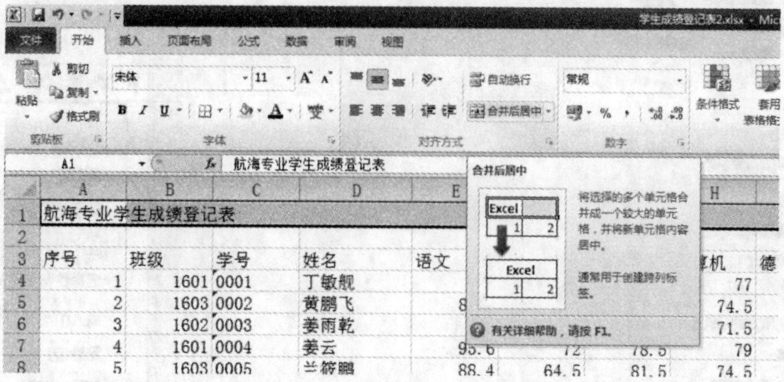

图 4-24　“合并后居中”命令

图 4-25　设置标题格式

步骤四　设置行高(列宽)

方法 1:在图中看出表格标题的行高不合适,第 1 行的高度需要增加。把鼠标放在第 1 行和第 2 行交界线上,当鼠标指针变为 ✛ 形状后,按住鼠标左键向下拖动至合适位置松开鼠标即可调整 1 行的高度。

方法 2:把鼠标放在第 1 行和第 2 行交界线上,当鼠标指针变为 ✛ 形状后,双击交界线可自动调整行高。

方法 3:选中第 1 行,单击鼠标右键,弹出快捷菜单,选择“行高”的命令,如图 4-26 所示,打开“行高”对话框,输入行高具体数据,如图 4-27 所示。

方法 4:选择“开始”选项卡“单元格”组,“格式”命令中选择“自动调整行”的命令 ,如图 4-28所示。

步骤五　设置表格边框

选择“开始”选项卡“字体”组,单击“边框”按钮,选择“其他边框”,如图 4-29 所示,在“设置单元格格式”对话框中选择“边框”选项卡,先选择“线条样式”,再选择“颜色”,最后在“预置”中选择“外边框”或“内部”, 如图 4-30 所示。

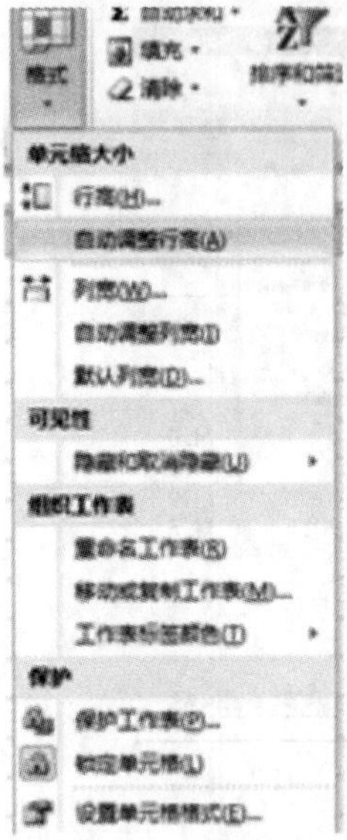

图 4-26 “快捷菜单”

图 4-27 “行高”对话框

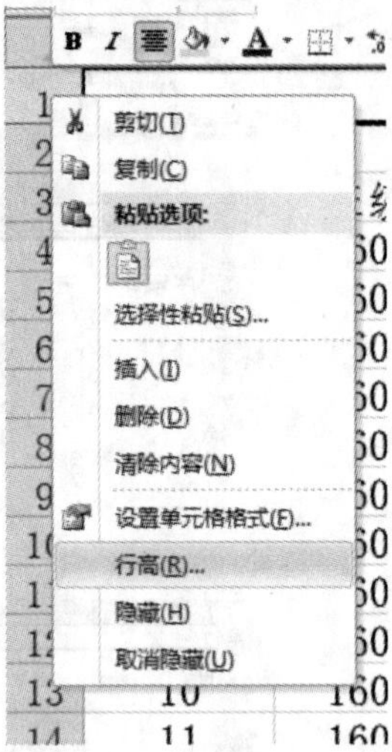

图 4-28 “自动调整行”命令

图 4-29 “边框”命令

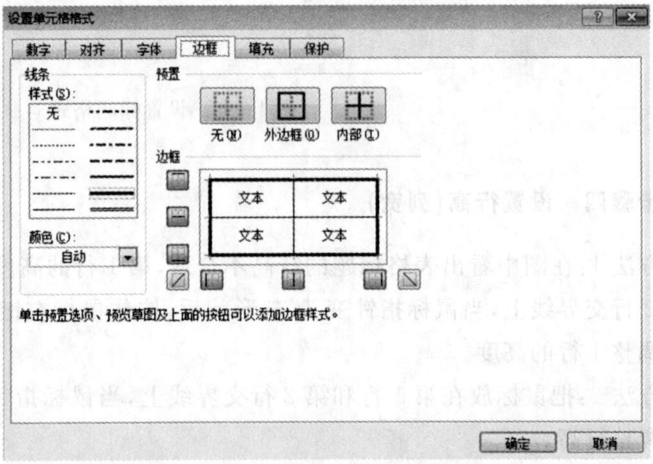

图 4-30 “设置单元格格式”对话框

步骤六 对齐方式

选择“开始”选项卡“对齐方式”组,可对单元格进行“居中”和“垂直居中”对齐方式的设置,如图 4-31 所示。

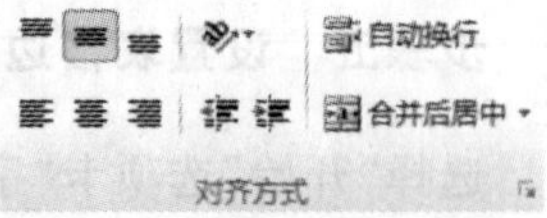

图 4-31 “对齐方式”组

步骤七 条件格式

(1)选中要设置条件的单元格区域 E4:I23,选择“开始”选项卡，单击“条件格式”命令→“突出显示单元格规则”→“小于”，如图 4 - 32 所示。

(2)打开“小于”对话框，文本框中输入条件“60”，设置为选择“自定义格式”，如图 4 - 33 所示。

(3)打开“设置单元格格式”对话框，在“字体”选项卡中，设置字体颜色为“红色”，如图 4 - 34所示。在“填充”选项卡中，设置底色为“黄色”，如图 4 - 35 所示。

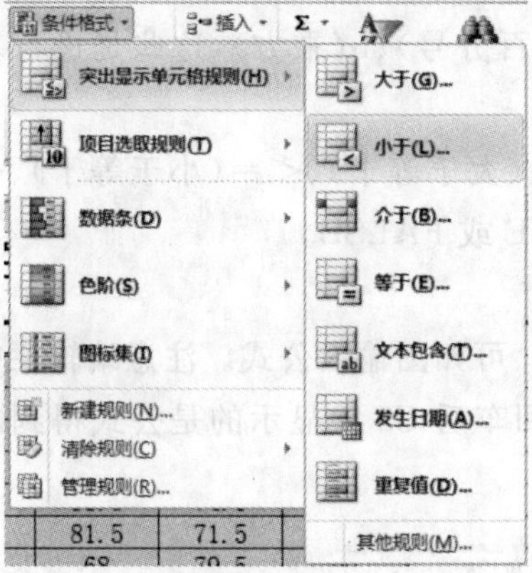

图 4 - 32　“条件格式”命令

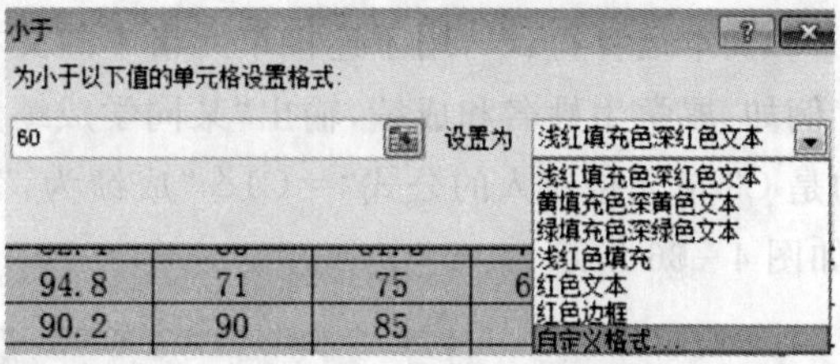

图 4 - 33　“小于”对话框

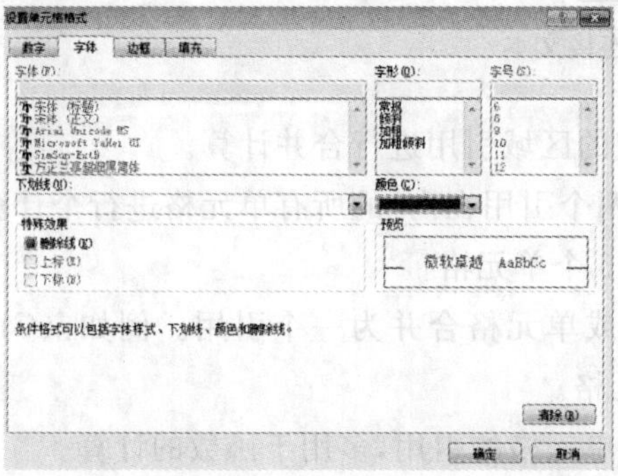

图 4 - 34　“字体”选项卡

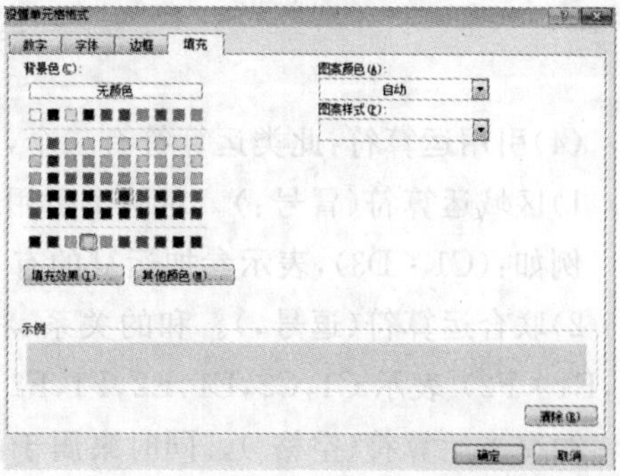

图 4 - 35　“填充”选项卡

步骤八　保存

保存为“学生成绩登记表 2.xlsx”。

任务 3　公式、函数——管理“学生成绩登记表”

[学习目标]

■掌握公式与函数的使用。

[任务描述]

打开“学生成绩登记表 2”，求出成绩表中的总分、平均分、名次，优秀率，不及格率，不及格人数。

[相关知识]

一、使用公式

Excel 2010 中,公式数据是以"="开头,由常量、单元格地址和运算符组成,此外还可以进行一些比较运算、文字连接运算等。

1. 运算符

(1)算术运算符:+(加)、-(减)、*(乘)、/(除)、%(百分号)、n(乘方),这些是进行基本的数学运算的算术运算符。

(2)比较运算符:=(等于)、>(大于)、<(小于)、>=(大于等于)、<=(小于等于)、<>(不等于),用于比较两个运算数,产生的值为逻辑值 TRUE 或 FALSE。

(3)文本运算符:&,用于连接单元格中的文本。

例如:取学生姓名和成绩,输出"某同学成绩为多少"。可如图输入公式。注意编辑栏中显示的是 C3 单元格输入的公式"=C1&"成绩为:"&C2",回车后 C3 中显示的是公式得到的结果,如图 4-36 所示。

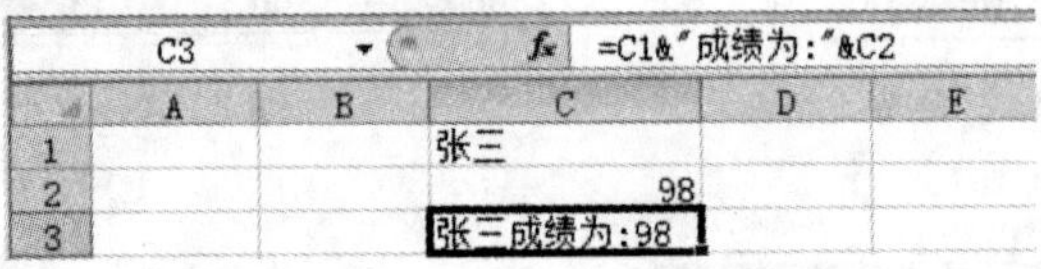

图 4-36 使用公式连接文本

(4)引用运算符:此类运算符有三个,用于对指定的区域引用进行合并计算。

1)区域运算符(冒号:)。对两个引用之间(包括两个引用在内)的所有单元格进行个计算。

例如:(C1:D3),表示参加运算的有 C1-D3 共 6 个单元格。

2)联合运算符(逗号,)。和的关系,将多个区域或单元格合并为一个引用。例如:(C1:C2,E1:F2) 表示 C1,C2,E1,E2,F1,F2 共 6 个单元格。

3)交叉运算符(空格)。同时隶属于两个区域的单元格的引用,多用于函数的计算。

例如:(A1:C3 C3:E4)是指两个单元格区域共同含有的 C3。如图 4-37 求和,编辑栏中显示输入的求和函数及区域,C6 中显示结果。

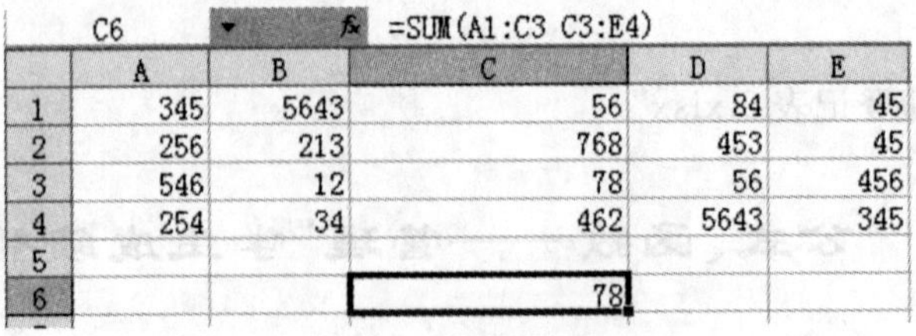

C6
=SUM(A1:C3 C3:E4)
A
B
C
D
E
1
2
3
4
5
6
345
5643
56
84
45
256
213
768
453
45
546
12
78
56
456
254
34
462
5643
345
78

图 4-37 求和函数的使用

2. 运算符的优先级

运算符的优先级见表 4-1,从上到下,优先级别从高到低。

表 4-1　运算符的优先级

运算符	符号名称
引用运算符	区域运算符(冒号:)
	交叉运算符(空格)
	联合运算符(逗号,)
算术运算符	%(百分号)
	n(乘方)
	*(乘)、/(除)
	+(加)、-(减)
文本运算符	&
比较	=(等于)、>(大于)、<(小于)、>=(大于等于)、<=(小于等于)、<>(不等于)

如果公式中包含了相同优先级的运算符,将按从左到右的顺序进行计算。使用圆括号可以改变计算的顺序。

3. 公式或函数的复制

可以利用自动填充柄实现公式或函数的复制。还可以利用“复制”和“粘贴”,同样能进行公式的复制。

4. 单元格引用

单元格的引用分为相对引用、绝对引用和混合引用三种。

(1)相对引用。相对引用是 Excel 默认的引用方式,也是最常用的一种引用。复制公式时,公式中的相对引用将被更新,并指向与当前公式位置相对应的其他单元格。

例如:将 B3 单元格中的公式“=SUM(A1:B2)”复制到 C6 单元格,C6 单元格中的公式会自动调整为“=SUM(B4:C5)”。注意:B3 到 C6,行增加了 3 行,列增加了 1 列,所以复制后的函数内相应的其他单元格也是如此变化。这种就是相对引用。

(2)绝对引用。绝对引用描述了特定单元格的实际地址,在行号和列标前都加上“$”符号,如:$A$1。在公式或函数复制时公式中的绝对引用不会随公式的变化而改变。

例如:将 B3 单元格中的公式“=SUM($A$1:$B$2)”进行复制,无论该函数复制到哪里,复制后的公式仍然是“=SUM($A$1:$B$2)”。

(3)混合引用。混合引用是指对单元格的引用,行或列的位置是相对与绝对混合的。其中绝对的引用部分不会发生变化,相对的引用部分会随位置变化。

例如:将 B3 单元格中的公式“=$A1+B$2”复制到 C6 单元格,C6 单元格中的公式会自动调整为“=$A4+C$2”。

在公式中选定要转换引用的单元格,反复按 F4 键可在三种引用间进行转换。

5. 常见的公式错误及错误代码

常见公式的错误及其代码见表 4-2。

表 4-2 常见的公式错误及错误代码

错误代码	原　因
＃＃＃＃＃!	单元格所含的数字、日期或时间比单元格宽，或者单元格的日期时间公式产生了一个负值。
＃VALUE!	当使用错误的参数或运算对象类型时，或者当公式自动更正功能不能更正公式时，将产生错误值＃VALUE!。
＃DIV/O!	当公式被零除时，将会产生错误值＃DIV/O!。
＃NAME?	在公式中使用了 Excel 不能识别的文本时将产生错误值＃NAME?
＃N/A	当在函数或公式中没有可用数值时，将产生错误值＃N/A。
＃REF!	当单元格引用无效时将产生错误值＃REF!。
＃NUM!	当公式或函数中某个数字有问题时将产生错误值＃NUM!。
＃NULL!	当试图为两个并不相交的区域指定交叉点时将产生错误值＃NULL!。

二、使用函数

为了方便用户对数据进行计算，Excel 提供了许多内置的的函数，除了求和、求平均值等常规计算的内置函数外，还提供了 300 多个涉及财务、时间与日期、统计、查找和引用、数据库、文本、逻辑等内置函数。为用户对数据进行运算和分析带来了极大方便。

1. 插入函数

函数的一般使用，有粘贴函数法和直接输入法。

由于 Excel 提供了数百个函数，用户很难全部记住，通常使用粘贴函数的方法。

(1)选择要输入函数的单元格。

(2)选择“公式”选项卡的“插入函数”命令，如图 4-38 所示，打开“粘贴函数”对话框如图 4-39 所示。

图 4-38 “公式”选项卡

(3)可以“搜索函数”或“选择类别”(如常用函数、财务等)，在下边“选择函数”中选择要使用的函数(如 SUM)，单击“确定”按钮，出现如图 4-40 所示函数参数对话框。

(4)在参数框中输入区域、单元格或常量。也可以用鼠标在工作表中选择区域或单元格，在选择时，可单击参数框右侧“折叠对话框”按钮，这样可以暂时折叠起对话框，先露出工作表，选定区域后再单击折叠后的输入框右侧按钮，恢复参数输入对话框。

常用的函数有很多，例如：

(1)SUM(参数表)：计算单元格区域中所有数值的和。

(2)AVERAGE(参数表):返回所有参数的平均值。

(3)IF(逻辑表达式,返回值1,返回值2):判断一个条件是否满足,满足返回一个值,否则返回另一个值。

(4)COUNT(参数表):计算包含数字的单元格以及参数列表中的数字的个数。

(5)MAX(参数表):返回一组数值中的最大值。

(6)MIN(参数表):返回一组数值中的最小值。

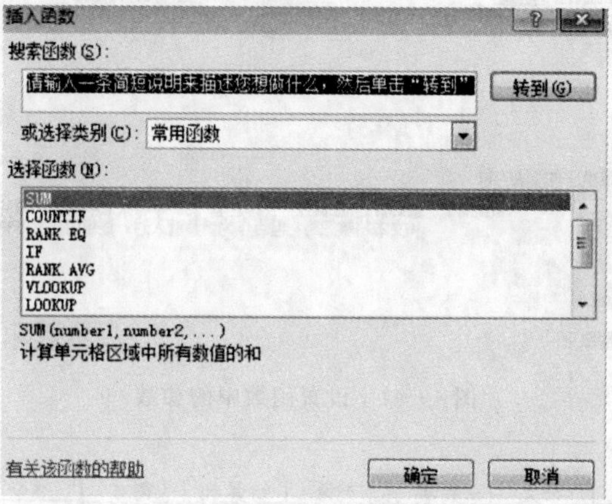

图 4-39　Excel 2010 中插入函数

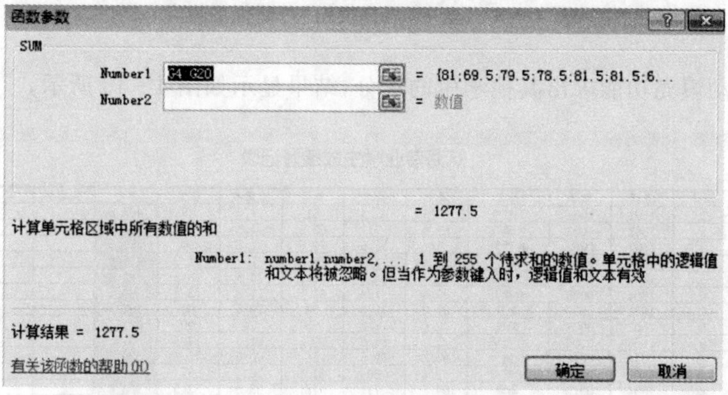

图 4-40　“函数参数”对话框

2. 自动求和

单击“开始”选项卡,“编辑”组的 Σ 自动求和 · 按钮。

[任务实施]

步骤一　利用函数求总分

(1)选择存放结果的单元格“J4”,单击“公式”选项卡,选择“插入函数”命令,打开“插入函数”对话框,或工具栏函数按钮 *fx* 。

(2)在对话框中,可以在“搜索函数”文本框中输入要做什么的文字内容后,单击“转到”按钮,就会出现相关函数。在“或选择类别”列表框中可选择函数类型,如常用函数,然后在“选择函数”

框中选择所要使用的函数“SUM”,单击“确定”按钮,打开“函数参数”对话框,如图 4-41 所示。

(3)在“Number1”或“Number2”文本框中输入求和的数据区域 E4:I4,如图 4-41 所示。或是单击文本框右边的“折叠对话框”按钮,这样可以暂时折叠起对话框,先露出工作表,选定区域后再单击折叠后的输入框右侧按钮,恢复参数输入对话框,如图 4-42 所示。

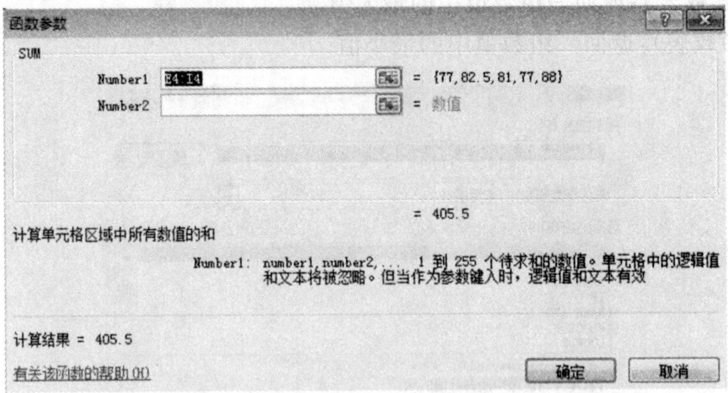

图 4-41 设置函数中的参数

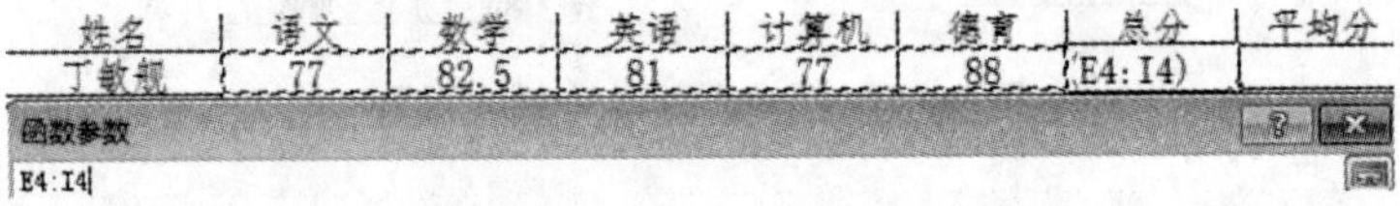

图 4-42 点击“折叠按钮”对话框的变化

(4)利用自动填充功能求出其他学生的总分,结果显示如图 4-43 所示。

航海专业学生成绩登记表

序号	班级	学号	姓名	语文	数学	英语	计算机	德育	总分	平均分	名次
1	1601	0001	丁敏靓	77	82.5	81	77	88	405.5		
2	1603	0002	黄鹏飞	89.6	71	69.5	74.5	82	386.6		
3	1602	0003	姜雨乾	92	51.5	79.5	71.5	94	388.5		
4	1601	0004	姜云	95.6	72	78.5	79	91.5	416.6		
5	1603	0005	兰薇鹏	88.4	64.5	81.5	74.5	73.5	382.4		
6	1604	0006	李春灿	89.6	78	81.5	71.5	73.5	394.1		
7	1601	0007	李涛	87.8	71.5	68	79.5	90	396.8		
8	1602	0008	李越	72.6	78.5	66	74	90	381.1		
9	1604	0009	刘世强	52	81.5	79.5	81.5	84.5	379		
10	1604	0010	刘维浩	96.6	50.5	55	60.5	76.5	339.1		
11	1602	0011	刘毅斐	82.4	60	61.5	76.5	87	367.4		
12	1604	0012	马塘	94.8	71	75	63.5	82.5	386.8		
13	1602	0013	宋海澎	90.2	90	85	91	92	448.2		
14	1603	0014	孙晓慧	93.6	68.5	77	79.5	91.5	410.1		
15	1604	0015	孙鑫海	78.8	62.5	77	58	76.5	352.8		
16	1601	0016	谭京千	86.2	78.5	82.5	74	91.5	412.7		
17	1603	0017	王雅鹏	77	63.5	79.5	73.5	87	380.5		
18	1603	0018	徐道蓉	86	75	67	80	81	389		
19	1601	0019	张相昊	89.6	97.5	82	88	89.5	446.6		
20	1602	0020	张志翔	61.6	80.5	82.5	78.5	86	389.1		
			平均成绩:								
			优秀率:								
			不及人数:								
			不及格率:								

图 4-43 计算学生总分结果

步骤二 求每个学生的平均分

(1)利用公式:选择存放结果的单元格“K4”,再输入公式“=J4/6”,按下回键。

(2)利用函数:选择存放结果的单元格“K4”,操作方法同求“总分”,在“插入函数”对话框的“选择函数”框中选择求平均分函数“AVERAGE”，打开“函数参数”对话框，在“Number1”文本框中输入求平均分的数据区域 E4:I4，单击“确定”按钮。

(3)利用自动填充功能求出其他学生的平均分，结果如图 4-44 所示。

航海专业学生成绩登记表

序号	班级	学号	姓名	语文	数学	英语	计算机	德育	总分	平均分	名次
1	1601	0001	丁敏舰	77	82.5	81	77	88	405.5	81.1	
2	1603	0002	黄鹏飞	89.6	71	69.5	74.5	82	386.6	77.32	
3	1602	0003	姜雨乾	92	51.5	79.5	71.5	94	388.5	77.7	
4	1601	0004	姜云	95.6	72	78.5	79	91.5	416.6	83.32	
5	1603	0005	兰侬鹏	88.4	64.5	81.5	74.5	73.5	382.4	76.48	
6	1604	0006	李春灿	89.6	78	81.5	71.5	73.5	394.1	78.82	
7	1601	0007	李滨	87.8	71.5	68	79.5	90	396.8	79.36	
8	1602	0008	李越	72.6	78.5	66	74	90	381.1	76.22	
9	1604	0009	刘世强	52	81.5	79.5	81.5	84.5	379	75.8	
10	1604	0010	刘维海	96.6	50.5	55	60.5	76.5	339.1	67.82	
11	1602	0011	刘毅斐	82.4	60	61.5	76.5	87	367.4	73.48	
12	1604	0012	马增	94.8	71	75	63.5	82.5	386.8	77.36	
13	1602	0013	宋海澎	90.2	90	85	91	92	448.2	89.64	
14	1603	0014	孙晓慧	93.6	68.5	77	79.5	91.5	410.1	82.02	
15	1604	0015	孙鑫海	78.8	62.5	77	58	76.5	352.8	70.56	
16	1601	0016	谭京千	86.2	78.5	82.5	74	91.5	412.7	82.54	
17	1603	0017	王雅鹏	77	63.5	79.5	73.5	87	380.5	76.1	
18	1603	0018	徐道客	86	75	67	80	81	389	77.8	
19	1601	0019	张相襄	89.6	97.5	82	88	89.5	446.6	89.32	
20	1602	0020	张志翔	61.6	80.5	82.5	78.5	86	389.1	77.82	
			平均成绩：								
			优秀率：								
			不及人数：								
			不及格率：								

图 4-44　计算学生平均分结果

步骤三　利用函数求名次

(1)选择存放结果的单元格“L4”，在“插入函数”对话框的“或选择类别”列表框中选择函数类型“统计”，然后在“选择函数”框中选择排名函数“RANK.EQ”，单击“确定”按钮，打开“函数参数”对话框，如图 4-45 所示。

(2)RANK.EQ 函数是求某一个数值在某一区域内的排名，K4 单元格数据在 K4：K23 区域的排名情况，在“Number”文本框中输入“K4”，“Ref”文本框中输入“K4：K23”，“Order”的作用是指定排名方式，从高到低排序不输入参数可默认值为 0，单击“确定”，得到排名“6”，利用自动填充功能求出其他学生的排名。但是我们发现 L5 单元的公式变成了＝RANK.EQ(K5，K5：K24)，我们要比较的数据的区域是 K4：K23，这是不能变化的，所以我们要使用“＄”符号锁定 K4:K23 这段公式，所以，K4 单元格的公式的参数“Ref”文本框中输入可用“F4 键”进行切换变为“＄K＄4：＄K＄23”，如图 4-46 所示。

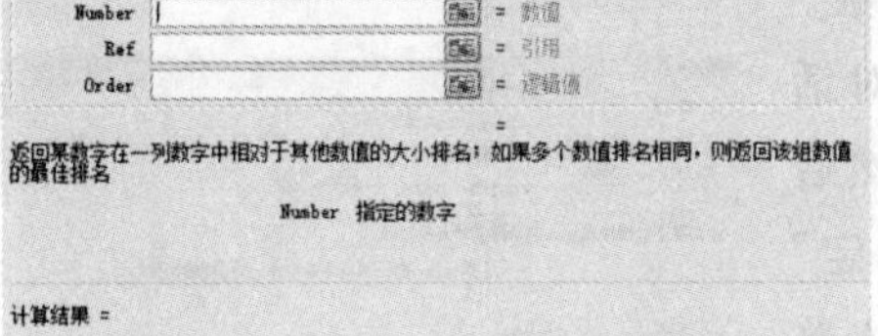

图 4-45　求排名函数对话框

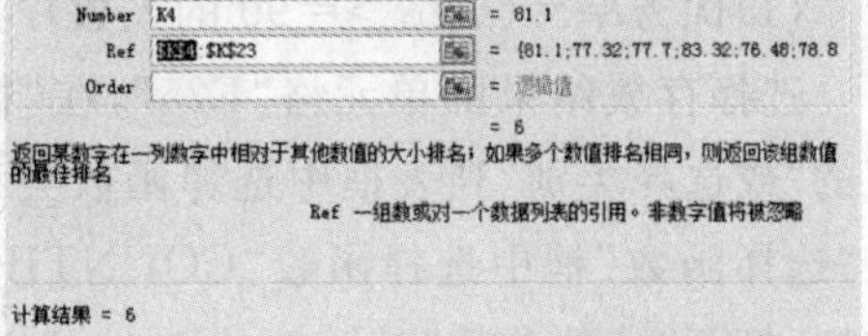

图 4-46　设置排名函数参数

(3)最后利用自动填充功能求出其他学生的名次，结果显示如图 4-47 所示。

航海专业学生成绩登记表

序号	班级	学号	姓名	语文	数学	英语	计算机	德育	总分	平均分	名次
1	1601	0001	丁敏颖	77	82.5	81	77	88	405.5	81.1	6
2	1603	0002	黄鹏飞	89.6	71	69.5	74.5	82	386.6	77.32	13
3	1602	0003	姜丽乾	92	51.5	79.5	71.5	94	388.5	77.7	11
4	1601	0004	姜云	95.6	72	78.5	79	91.5	416.6	83.32	3
5	1603	0005	兰筱鹏	88.4	64.5	81.5	74.5	73.5	382.4	76.48	14
6	1604	0006	李春灿	89.6	78	81.5	71.5	73.5	394.1	78.82	8
7	1601	0007	李浩	87.8	71.5	68	79.5	90	396.8	79.36	7
8	1602	0008	李越	72.6	78.5	66	74	90	381.1	76.22	15
9	1604	0009	刘世强	52	81.5	79.5	81.5	84.5	379	75.8	17
10	1604	0010	刘维浩	96.6	50.5	55	60.5	76.5	339.1	67.82	20
11	1602	0011	刘毅斐	82.4	60	61.5	76.5	87	367.4	73.48	18
12	1604	0012	马骥	94.8	71	75	63.5	82.5	386.8	77.36	12
13	1602	0013	宋海涛	90.2	90	85	91	92	448.2	89.64	1
14	1603	0014	孙晓慧	93.6	68.5	77	79.5	91.5	410.1	82.02	5
15	1604	0015	孙鑫海	78.8	62.5	77	58	76.5	352.8	70.56	19
16	1601	0016	谭京千	86.2	78.5	82.5	74	91.5	412.7	82.54	4
17	1603	0017	王雅鹏	77	63.5	79.5	73.5	87	380.5	76.1	16
18	1603	0018	徐建容	86	75	67	80	81	389	77.8	10
19	1601	0019	张相奥	89.6	97.5	82	88	89.5	446.6	89.32	2
20	1602	0020	张志翔	61.6	80.5	82.5	78.5	86	389.1	77.82	9
			平均成绩:								
			优秀率:								
			不及人数:								
			不及格率:								

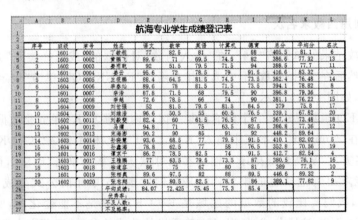

图 4-47　计算学生排名结果

步骤四　求各科的平均成绩

方法同步骤二，结果显示如图 4-48 所示。

航海专业学生成绩登记表

序号	班级	学号	姓名	语文	数学	英语	计算机	德育	总分	平均分	名次
1	1601	0001	丁敏颖	77	82.5	81	77	88	405.5	81.1	6
2	1603	0002	黄鹏飞	89.6	71	69.5	74.5	82	386.6	77.32	13
3	1602	0003	姜丽乾	92	51.5	79.5	71.5	94	388.5	77.7	11
4	1601	0004	姜云	95.6	72	78.5	79	91.5	416.6	83.32	3
5	1603	0005	兰筱鹏	88.4	64.5	81.5	74.5	73.5	382.4	76.48	14
6	1604	0006	李春灿	89.6	78	81.5	71.5	73.5	394.1	78.82	8
7	1601	0007	李浩	87.8	71.5	68	79.5	90	396.8	79.36	7
8	1602	0008	李越	72.6	78.5	66	74	90	381.1	76.22	15
9	1604	0009	刘世强	52	81.5	79.5	81.5	84.5	379	75.8	17
10	1604	0010	刘维浩	96.6	50.5	55	60.5	76.5	339.1	67.82	20
11	1602	0011	刘毅斐	82.4	60	61.5	76.5	87	367.4	73.48	18
12	1604	0012	马骥	94.8	71	75	63.5	82.5	386.8	77.36	12
13	1602	0013	宋海涛	90.2	90	85	91	92	448.2	89.64	1
14	1603	0014	孙晓慧	93.6	68.5	77	79.5	91.5	410.1	82.02	5
15	1604	0015	孙鑫海	78.8	62.5	77	58	76.5	352.8	70.56	19
16	1601	0016	谭京千	86.2	78.5	82.5	74	91.5	412.7	82.54	4
17	1603	0017	王雅鹏	77	63.5	79.5	73.5	87	380.5	76.1	16
18	1603	0018	徐建容	86	75	67	80	81	389	77.8	10
19	1601	0019	张相奥	89.6	97.5	82	88	89.5	446.6	89.32	2
20	1602	0020	张志翔	61.6	80.5	82.5	78.5	86	389.1	77.82	9
			平均成绩:	84.07	72.425	75.45	75.3	85.4			
			优秀率:								
			不及人数:								
			不及格率:								

图 4-48　计算各科平均分结果

步骤五　利用函数求各科优秀率

(1)优秀率＝(成绩＞＝90 的人数)/参加考试人数。

选择存放结果的单元格“E25”，在“插入函数”对话框的“或选择类别”列表框中选择函数类型“逻辑”，然后在“选择函数”框中选择函数“COUNTIF”，单击“确定”按钮，打开“函数参数”对话框，“Range”文本框中输入单元格数据 E4：E23，“Criteria”文本框中输入满足语文成绩大于等于 90 条件，“＞＝90”，单击确定，如图 4-49 所示。

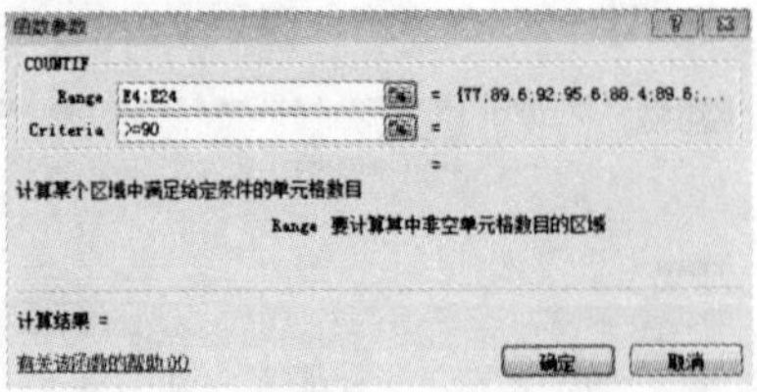

图 4-49　设置 COUNTIF 函数参数

(2)在编辑栏函数公式后输入“/20”，`=COUNTIF(E4:E24,">=90")/20` 按下回车，结果为 0.3。优秀率用百分比表示，需要更改数字的表示形式，选中 E25 单元格，单击右键打开快捷菜单，选择“设置单元格格式”命令，如图 4－50 所示，打开“设置单元格格式”对话框，在“数字”选项卡的“分类”中选择“百分比”，“小数位数”为“0”，如图 4－51 所示。

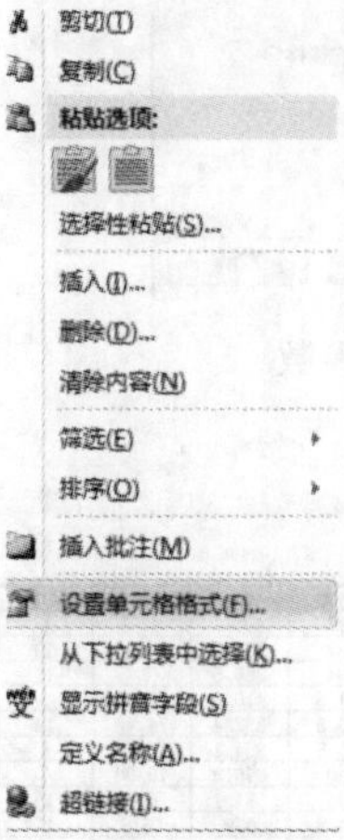

图 4－50　快捷菜单

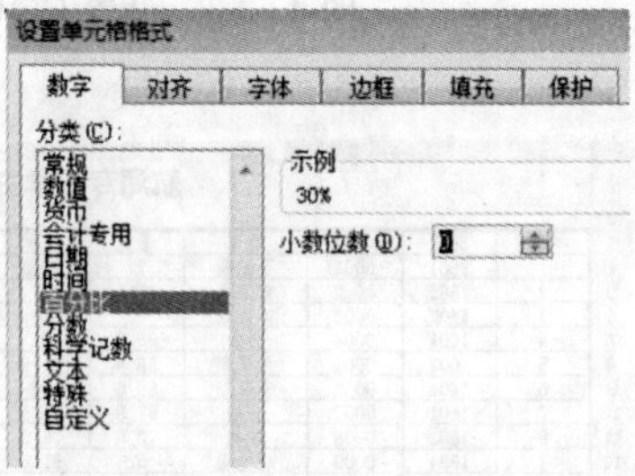

图 4－51　“数字”选项卡

(3)利用自动填充功能求出其他科目的优秀率，结果显示如图 4－52 所示。

航海专业学生成绩登记表

序号	班级	学号	姓名	语文	数学	英语	计算机	德育	总分	平均分	名次
1	1601	0001	丁敏颖	77	82.5	81	77	88	405.5	81.1	6
2	1603	0002	黄鹏飞	89.6	71	69.5	74.5	82	386.6	77.32	13
3	1602	0003	姜雨乾	92	51.5	79.5	71.5	94	388.5	77.7	11
4	1601	0004	姜云	95.6	72	78.5	79	91.5	416.6	83.32	3
5	1603	0005	兰振鹏	88.4	64.5	81.5	74.5	73.5	382.4	76.48	14
6	1604	0006	李春灿	89.6	78	81.5	71.5	73.5	394.1	78.82	8
7	1601	0007	李浩	87.8	71.5	68	79.5	90	396.8	79.36	7
8	1602	0008	李越	72.6	78.5	66	74	90	381.1	76.22	15
9	1604	0009	刘世强	52	81.5	79.5	81.5	84.5	379	75.8	17
10	1604	0010	刘维涛	96.6	50.5	55	60.5	76.5	339.1	67.82	20
11	1602	0011	刘毅斐	82.4	60	61.5	76.5	87	367.4	73.48	18
12	1604	0012	马骥	94.8	71	75	63.5	82.5	386.8	77.36	12
13	1602	0013	宋海澎	90.2	90	85	91	92	448.2	89.64	1
14	1603	0014	孙晓慧	93.6	68.5	77	79.5	91.5	410.1	82.02	5
15	1604	0015	孙鑫海	78.8	62.5	77	58	76.5	352.8	70.56	19
16	1601	0016	谭京千	86.2	78.5	82.5	74	91.5	412.7	82.54	4
17	1603	0017	王雅鹏	77	63.5	79.5	73.5	87	380.5	76.1	16
18	1603	0018	徐道彦	86	75	67	80	81	389	77.8	10
19	1601	0019	张旭兴	89.6	97.5	82	88	89.5	446.6	89.32	2
20	1602	0020	张志翔	61.6	80.5	82.5	78.5	86	389.1	77.82	9
			平均成绩:	84.07	72.425	75.45	75.3	85.4			
			优秀率:	30%	10%	0%	5%	35%			
			不及人数:								
			不及格率:								

图 4－52　计算优秀率结果

步骤六　利用函数求各科不及格人数

(1)选择存放结果的单元格“E26”，在“插入函数”对话框的“或选择类别”列表框中选择函数类型“逻辑”，然后在“选择函数”框中选择函数“COUNTIF”，单击“确定”按钮，打开“函数参数”对话框，“Range”文本框中输入单元格数据 E4∶E23，“Criteria” 文本框中输入满足语文成绩小于 60 条件，“＜60”，单击确定，如图 4－53 所示。

(2)利用自动填充功能求出其他科目的不及格人数，结果显示如图 4－54 所示。

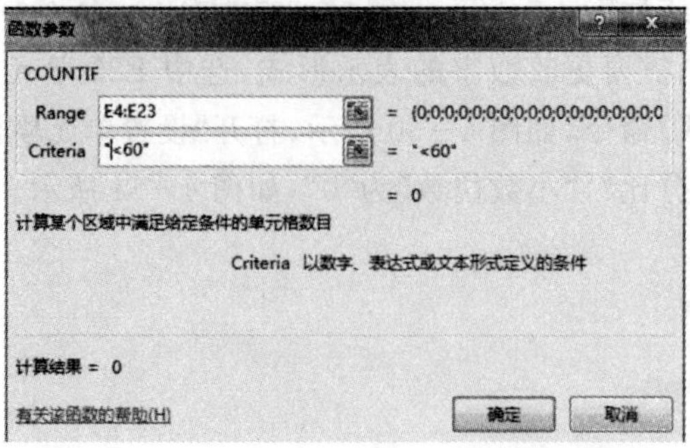

图 4－53　设置 COUNTIF 函数参数

	A	B	C	D	E	F	G	H	I	J	K	L
1	航海专业学生成绩登记表											
2												
3	序号	班级	学号	姓名	语文	数学	英语	计算机	德育	总分	平均分	名次
4	1	1601	0001	丁敏舰	77	82.5	81	77	88	405.5	81.1	6
5	2	1603	0002	黄鹏飞	89.6	71	69.5	74.5	82	386.6	77.32	13
6	3	1602	0003	姜雨乾	92	51.5	79.5	71.5	94	388.5	77.7	11
7	4	1601	0004	姜云	95.6	72	78.5	79	91.5	416.6	83.32	3
8	5	1603	0005	兰筱鹏	88.4	64.5	81.5	74.5	73.5	382.4	76.48	14
9	6	1604	0006	李春灿	89.6	78	81.5	71.5	73.5	394.1	78.82	8
10	7	1601	0007	李浩	87.8	71.5	68	79.5	90	396.8	79.36	7
11	8	1602	0008	李越	72.6	78.5	66	74	90	381.1	76.22	15
12	9	1604	0009	刘世强	52	81.5	79.5	81.5	84.5	379	75.8	17
13	10	1604	0010	刘维浩	96.6	50.5	55	60.5	76.5	339.1	67.82	20
14	11	1602	0011	刘毅斐	82.4	60	61.5	76.5	87	367.4	73.48	18
15	12	1604	0012	马樯	94.8	71	75	63.5	82.5	386.8	77.36	12
16	13	1602	0013	宋海澎	90.2	90	85	91	92	448.2	89.64	1
17	14	1603	0014	孙晓慧	93.6	68.5	77	79.5	91.5	410.1	82.02	5
18	15	1604	0015	孙鑫海	78.8	62.5	77	58	76.5	352.8	70.56	19
19	16	1601	0016	谭京千	86.2	78.5	82.5	74	91.5	412.7	82.54	4
20	17	1603	0017	王雅鹏	77	63.5	79.5	73.5	87	380.5	76.1	16
21	18	1603	0018	徐道睿	86	75	67	80	81	389	77.8	10
22	19	1601	0019	张柏奥	89.6	97.5	82	88	89.5	446.6	89.32	2
23	20	1602	0020	张志翔	61.6	80.5	82.5	78.5	86	389.1	77.82	9
24				平均成绩：	84.07	72.425	75.45	75.3	85.4			
25				优秀率：	30%	10%	0%	5%	35%			
26				不及人数：	1	2	1	1	0			
27				不及格率：								

图 4－54　计算不及格人数结果

步骤七　利用函数求各科不及格率

方法同步骤五,结果显示如图 4－55 所示。

	A	B	C	D	E	F	G	H	I	J	K	L
1	航海专业学生成绩登记表											
2												
3	序号	班级	学号	姓名	语文	数学	英语	计算机	德育	总分	平均分	名次
4	1	1601	0001	丁敏舰	77	82.5	81	77	88	405.5	81.1	6
5	2	1603	0002	黄鹏飞	89.6	71	69.5	74.5	82	386.6	77.32	13
6	3	1602	0003	姜雨乾	92	51.5	79.5	71.5	94	388.5	77.7	11
7	4	1601	0004	姜云	95.6	72	78.5	79	91.5	416.6	83.32	3
8	5	1603	0005	兰筱鹏	88.4	64.5	81.5	74.5	73.5	382.4	76.48	14
9	6	1604	0006	李春灿	89.6	78	81.5	71.5	73.5	394.1	78.82	8
10	7	1601	0007	李浩	87.8	71.5	68	79.5	90	396.8	79.36	7
11	8	1602	0008	李越	72.6	78.5	66	74	90	381.1	76.22	15
12	9	1604	0009	刘世强	52	81.5	79.5	81.5	84.5	379	75.8	17
13	10	1604	0010	刘维浩	96.6	50.5	55	60.5	76.5	339.1	67.82	20
14	11	1602	0011	刘毅斐	82.4	60	61.5	76.5	87	367.4	73.48	18
15	12	1604	0012	马樯	94.8	71	75	63.5	82.5	386.8	77.36	12
16	13	1602	0013	宋海澎	90.2	90	85	91	92	448.2	89.64	1
17	14	1603	0014	孙晓慧	93.6	68.5	77	79.5	91.5	410.1	82.02	5
18	15	1604	0015	孙鑫海	78.8	62.5	77	58	76.5	352.8	70.56	19
19	16	1601	0016	谭京千	86.2	78.5	82.5	74	91.5	412.7	82.54	4
20	17	1603	0017	王雅鹏	77	63.5	79.5	73.5	87	380.5	76.1	16
21	18	1603	0018	徐道睿	86	75	67	80	81	389	77.8	10
22	19	1601	0019	张柏奥	89.6	97.5	82	88	89.5	446.6	89.32	2
23	20	1602	0020	张志翔	61.6	80.5	82.5	78.5	86	389.1	77.82	9
24				平均成绩：	84.07	72.425	75.45	75.3	85.4			
25				优秀率：	30%	10%	0%	5%	35%			
26				不及人数：	1	2	1	1	0			
27				不及格率：	5%	10%	5%	5%	0%			

图 4－55　计算不及格率结果

任务 4　工作表的管理——"学生成绩登记表"数据管理

[学习目标]

■熟悉表格排序方式,掌握表格排序的操作方法。

■了解筛选的作用,掌握自动筛选、高级筛选的方法。

■了解分类汇总的作用,掌握分类汇总的方法。

[任务描述]

(1)将"航海专业学生成绩登记表"中按语文升序排序、计算机降序排序。

(2)在"航海专业学生成绩登记表"中利用筛选功能求出:"语文"成绩大于 75 分(自动筛选);"数学"成绩大于 70 分,"计算机"成绩大于等于 80 的学生成绩(高级筛选)。

(3)在"航海专业学生成绩登记表"按照学生班级汇总各班各科的平均分。

[相关知识]

一、什么是数据清单

数据清单是工作表中若干列和至少两行的一个区域中的数据,是一个二维表。一般是指包含相关数据的一系列工作表数据行,如一个班级的成绩单,或一张月考勤表。其中行表示记录,列表示字段。数据清单的第一行每个单元格是字段名,一般该行称为标题行;下边各行的单元格中的内容都是字段值,它们的数据类型应当是一致的,一行就是一条记录,如图 4-56 所示。

	A	B	C	D	E	F	G	H	I
1	序号	班级	学号	姓名	语文	数学	英语	计算机	德育
2	1	1601	0001	丁敏舰	77	82.5	81	77	88
3	2	1603	0002	黄鹏飞	89.6	71	69.5	74.5	82
4	3	1602	0003	姜雨乾	92	51.5	79.5	71.5	94
5	4	1601	0004	姜云	95.6	72	78.5	79	91.5
6	5	1603	0005	兰筱鹏	88.4	64.5	81.5	74.5	73.5
7	6	1604	0006	李春灿	89.6	78	81.5	71.5	73.5
8	7	1601	0007	李浩	87.8	71.5	68	79.5	90
9	8	1602	0008	李越	72.6	78.5	66	74	90
10	9	1604	0009	刘世强	52	81.5	79.5	81.5	84.5
11	10	1604	0010	刘维浩	96.6	50.5	55	60.5	76.5
12	11	1602	0011	刘毅斐	82.4	60	61.5	76.5	87
13	12	1604	0012	马墉	94.8	71	75	63.5	82.5
14	13	1602	0013	宋海澎	90.2	90	85	91	92
15	14	1603	0014	孙晓慧	93.6	68.5	77	79.5	91.5
16	15	1604	0015	孙鑫海	78.8	62.5	77	58	76.5
17	16	1601	0016	谭京千	86.2	78.5	82.5	74	91.5
18	17	1603	0017	王雅鹏	77	63.5	79.5	73.5	87
19	18	1603	0018	徐道容	86	75	67	80	81
20	19	1601	0019	张相奥	89.6	97.5	82	88	89.5
21	20	1602	0020	张志翔	61.6	80.5	82.5	78.5	86

图 4-56　数据清单

二、使用数据清单的准则

(1)每张工作表只能使用一个数据清单。因为某些清单管理功能如排序、筛选、分类汇总等,一次只能在一个数据清单中使用。

(2)使清单独立:在工作表的数据清单与其他数据间至少应留有一个空列和一个空行。在执行排序、筛选或自动汇总等操作时,这将有利于 Excel 检测和选定数据清单。

(3)显示行和列:在修改数据清单之前,要确保隐藏的行或列已经被显示。如果清单中的行和列未被显示,那么数据有可能会被隐藏。

(4)数据清单的第一行是清单各字段名称:要在清单的第一行中创建字段名。这样有利于Excel查找和组织数据。对于字段名尽量使用与清单中数据不同的字体,一目了然。

(5)数据清单中避免出现空行和空列。

(6)不要在单元格中的数据前面或后面输入空格,影响数据的排序和搜索。可以通过单元格格式设置调整位置。

三、编辑数据

数据"记录单"是一种对话框,利用它可以很方便地在数据清单中一次输入或显示一行完整的信息或记录,也可以利用它查找和删除记录。

单击"文件"选项卡→"选项"打开"Excel选项"对话框,在左侧选中"快速工具栏",在右侧"从以下位置选择命令"项中找到"不在功能区的命令",在下面窗口中找到"记录单",如图4-57所示。

图4-57 Excel对话框

单击"添加"按钮,"确定"后会在Excel左上角出现快捷图标,以图4-56为例,选中数据清单中的任一单元格,单击"记录单"按钮,出现如图4-58所示的对话框。

图4-58 通过"记录单"对话框显示或编辑数据

对话框左侧显示第一条记录各字段的数据，右侧最上面显示当前数据清单中的总记录数和当前显示的是第几条记录。可以使用“上一条”和“下一条”按钮、垂直滚动条等来查看不同记录。当记录很多时，还可以利用“条件”按钮查找某些特定的记录。例如，要查找英语成绩大于 80 分的记录，方法是：单击“条件”按钮，在英语栏中输入“＞80”，单击“上一条”或“下一条”按钮，在对话框中就只显示符合条件的记录了。可以使用“删除”按钮来删除当前记录。也可以使用“新建”按钮来添加记录。对当前记录，可以直接修改；如果想恢复，则单击“还原”按钮。

[任务实施]

把“航海专业学生成绩登记表”中最后 4 行删除，如图 4－59 所示。

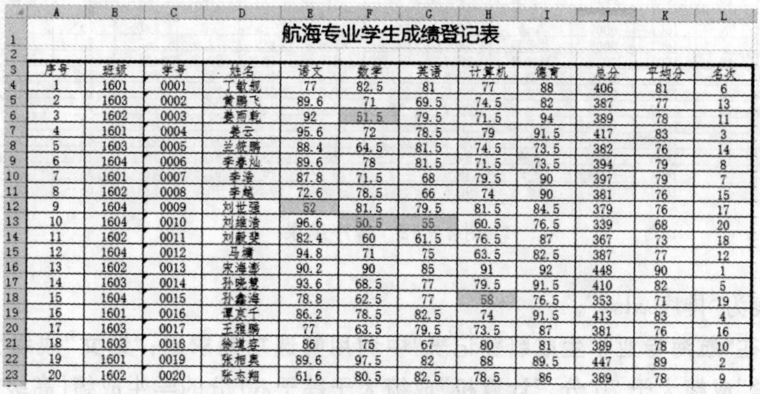

航海专业学生成绩登记表

序号	班级	学号	姓名	语文	数学	英语	计算机	德育	总分	平均分	名次
1	1601	0001	丁敏颖	77	82.5	81	77	88	406	81	6
2	1603	0002	黄鹏飞	89.6	71	69.5	74.5	82	387	77	13
3	1602	0003	姜雨乾	92	51.5	79.5	71.5	94	389	78	11
4	1601	0004	姜云	95.6	72	78.5	79	91.5	417	83	3
5	1603	0005	兰俊鹏	88.4	64.5	81.5	74.5	73.5	382	76	14
6	1604	0006	李春灿	89.6	78	81.5	71.5	73.5	394	79	8
7	1601	0007	李浩	87.8	71.5	68	79.5	90	397	79	7
8	1602	0008	李越	72.6	78.5	66	74	90	381	76	15
9	1604	0009	刘世强	52	81.5	79.5	81.5	84.5	379	76	17
10	1604	0010	刘维浩	96.6	50.5	55	60.5	76.5	339	68	20
11	1602	0011	刘毅斐	82.4	60	61.5	76.5	87	367	73	18
12	1604	0012	马博	94.8	71	75	63.5	82.5	387	77	12
13	1602	0013	宋海涛	90.2	90	85	91	92	448	90	1
14	1603	0014	孙晓慧	93.6	68.5	77	79.5	91.5	410	82	5
15	1604	0015	孙鑫海	78.8	62.5	77	58	76.5	353	71	19
16	1601	0016	谭京千	86.2	78.5	82.5	74	91.5	413	83	4
17	1603	0017	王雅鹏	77	63.5	79.5	73.5	87	381	76	16
18	1603	0018	徐建蓉	86	75	67	80	81	389	78	10
19	1601	0019	张柏燕	89.6	97.5	82	88	89.5	447	89	2
20	1602	0020	张志翔	61.6	80.5	82.5	78.5	86	389	78	9

图 4－59　“航海专业学生成绩登记表”记录单

步骤一　将“航海专业学生成绩登记表”中按语文升序排序、计算机降序排序

(1)单击“数据”选项卡“排序和筛选”组，选择“排序”命令，如图 4－60 所示，

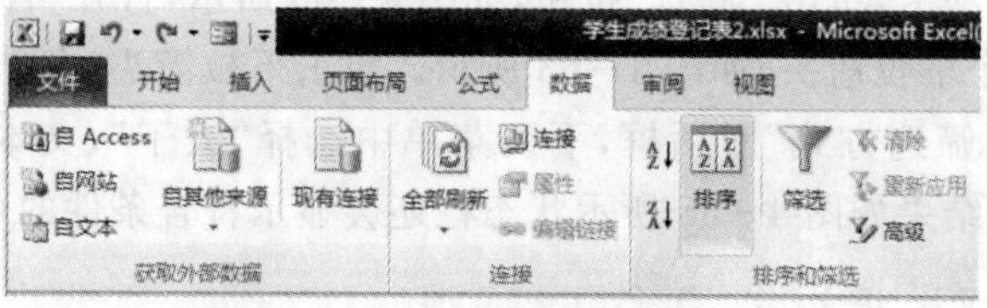

图 4－60　排序

(2)打开“排序”对话框，“主要关键字”下拉菜单中选择“语文”，“次序”下列菜单中选择“升序”，单击“添加条件”按钮，“次要关键字”下拉菜单中选择“计算机”，“次序”下列菜单中选择“降序”，如图 4－61 所示。

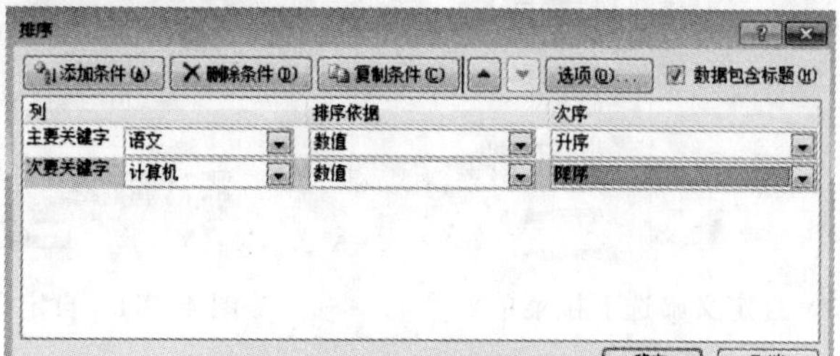

图 4－61　“排序”对话框

如果只按一个关键字进行排序，也可以直接通过单击“升序排序” A↓Z 或“降序排序” Z↓A 按钮来实现。

(3)结果如图 4－62 所示。

航海专业学生成绩登记表

序号	班级	学号	姓名	语文	数学	英语	计算机	德育	总分	平均分	名次
9	1604	0009	刘世强	52	81.5	79.5	81.5	84.5	379	76	17
20	1602	0020	张志翔	61.6	80.5	82.5	78.5	86	389	78	9
8	1602	0008	李越	72.6	78.5	66	74	90	381	76	15
1	1601	0001	丁敏舰	77	82.5	81	77	88	406	81	6
17	1603	0017	王雅鹏	77	63.5	79.5	73.5	87	381	76	16
15	1604	0015	孙鑫海	78.8	62.5	77	58	76.5	353	71	19
11	1602	0011	刘毅斐	82.4	60	61.5	76.5	87	367	73	18
18	1603	0018	徐道容	86	75	67	80	81	389	78	10
16	1601	0016	谭京千	86.2	78.5	82.5	74	91.5	413	83	4
7	1601	0007	李浩	87.8	71.5	68	79.5	90	397	79	7
5	1603	0005	兰筱鹏	88.4	64.5	81.5	74.5	73.5	382	76	14
19	1601	0019	张栢奥	89.6	97.5	82	88	89.5	447	89	2
2	1603	0002	黄鹏飞	89.6	71	69.5	74.5	82	387	77	13
6	1604	0006	李春灿	89.6	78	81.5	71.5	73.5	394	79	8
13	1602	0013	宋海澎	90.2	90	85	91	92	448	90	1
3	1602	0003	姜雨乾	92	51.5	79.5	71.5	94	389	78	11
14	1603	0014	孙晓慧	93.6	68.5	77	79.5	91.5	410	82	5
12	1604	0012	马塘	94.8	71	75	63.5	82.5	387	77	12
4	1601	0004	姜云	95.6	72	78.5	79	91.5	417	83	3
10	1604	0010	刘维浩	96.6	50.5	55	60.5	76.5	339	68	20

图 4－62　排序结果

(4)保存表为“排序.xlsx”。

步骤二　在“航海专业学生成绩登记表”中利用筛选功能求出：“语文”成绩大于 75 分(自动筛选)；“数学”成绩大于 70 分，“计算机”成绩大于等于 80 分的学生成绩(高级筛选)

筛选是查找和处理数据清单中数据的快捷方式。筛选清单仅显示满足条件的记录，该条件由用户针对某列指定。自动筛选(包括按选定内容筛选，使用于简单条件)和高级筛选(适用于复杂条件)。与排序不同，筛选并不重排清单，只是暂时隐藏不必显示的行。注意，一次只能对工作表中的一个数据清单使用筛选命令。

(1)单击“数据”选项卡，单击“筛选”按钮，如图 4－60 所示，打开“自动筛选”命令，在每个字段名右侧均出现一个下拉箭头，如图 4－63 所示。单击下拉箭头，在“数字筛选”中选择“大于”，打开“自定义自动筛选方式”对话框，下列菜单中选择“大于”，文本框中输入“75”，如图 4－64所示，单击确定，结果如图 4－65 所示状态栏还会显示符合条件的个数。

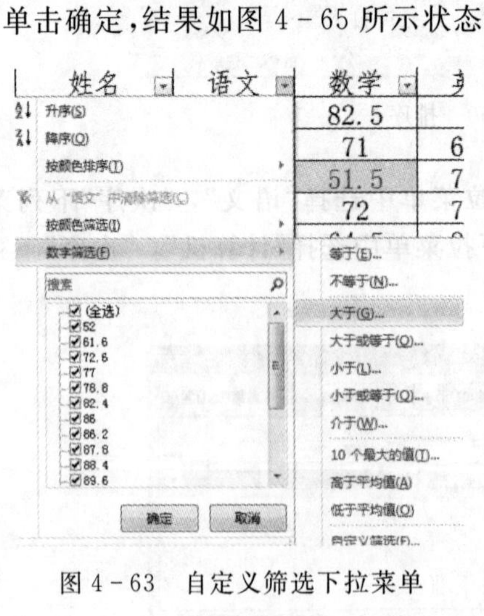

图 4－63　自定义筛选下拉菜单

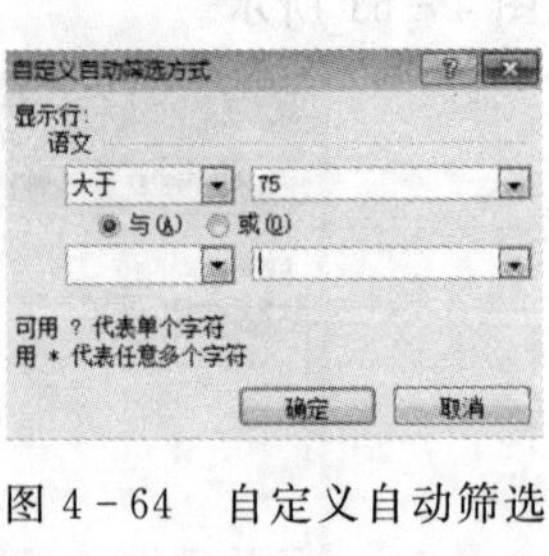

图 4－64　自定义自动筛选

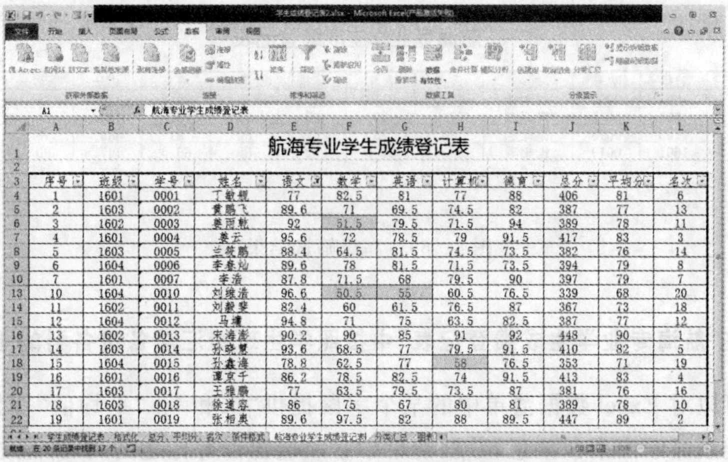

序号	班级	学号	姓名	语文	数学	英语	计算机	德育	总分	平均分	名次
1	1601	0001	丁敏岘	77	82.5	81	77	88	406	81	6
2	1603	0002	黄鹏飞	89.6	71	69.5	74.5	82	387	77	13
3	1602	0003	姜丽敏	92	51.5	79.5	71.5	94	389	78	11
4	1601	0004	姜云	95.6	72	78.5	79	91.5	417	83	3
5	1603	0005	兰筱鹏	88.4	64.5	81.5	74.5	73.5	382	76	14
6	1604	0006	李春灿	89.6	78	81.5	71.5	73.5	394	79	8
7	1601	0007	李浩	87.8	71.5	68	79.5	90	397	79	7
10	1604	0010	刘维浩	96.6	50.5	55	60.5	76.5	339	68	20
11	1602	0011	刘毅斐	82.4	60	61.5	76.5	87	367	73	18
12	1604	0012	马壤	94.8	71	75	63.5	82.5	387	77	12
13	1602	0013	宋海澎	90.2	90	85	91	92	448	90	1
14	1603	0014	孙晓慧	93.6	68.5	77	79.5	91.5	410	82	5
15	1604	0015	孙鑫海	78.8	62.5	77	58	76.5	353	71	19
16	1601	0016	谭京千	86.2	78.5	82.5	74	91.5	413	83	4
17	1603	0017	王雅晨	77	63.5	79.5	73.5	87	381	76	16
18	1603	0018	徐道客	86	75	67	80	81	389	78	10
19	1601	0019	张相典	89.6	97.5	82	88	89.5	447	89	2

图 4-65　自定义筛选结果

对筛选的表格进行统计分析后，要显示出全部数据表格，则可取消筛选操作，单击“语文”单元格右边筛选按钮，打开筛选命令，选择“从‘语文’中清除筛选即可”，如图 4-66 所示。

(2)单击数据清单中的任一单元格，单击“数据”选项卡，单击“高级”按钮，如前图 4-60 所示，打开“高级筛选”对话框，如图 4-67 所示。

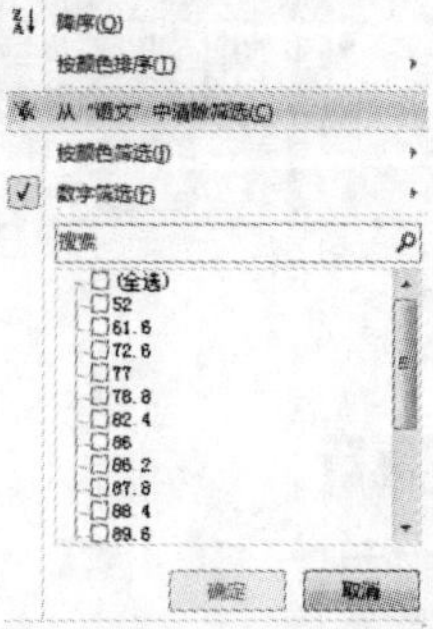

图 4-66　取消自定义筛选

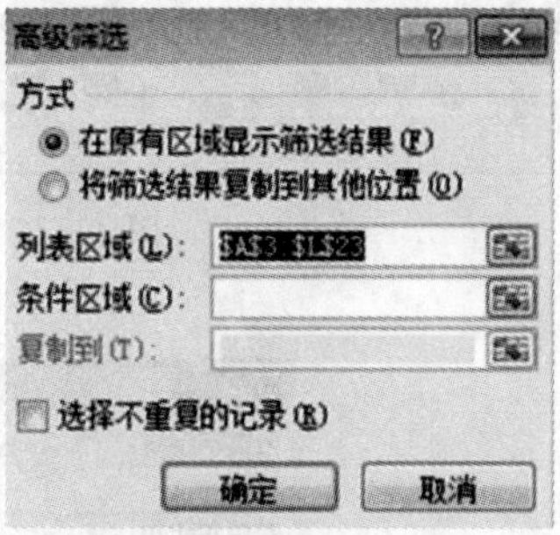

图 4-67　高级筛选

“条件区域”是工作表中用来存放筛选条件的特殊区域，通常，条件区域位于数据清单的外面，在条件区域与数据清单之间要留出空白一行。条件区域必须包含数据清单的字段名。列表区域是数据清单有数据的区域“A3：L23”，条件区域“A25：B26”是提前输入的：在 A25，B25 单元格分别输入字段名：“数学、计算机”，A26，B26 单元格分别输入条件“＞70，＞＝80”，如图 4-68 所示，单击“确定”按钮，结果如图 4-69 所示。单击 清除 可显示出全部数据表格。

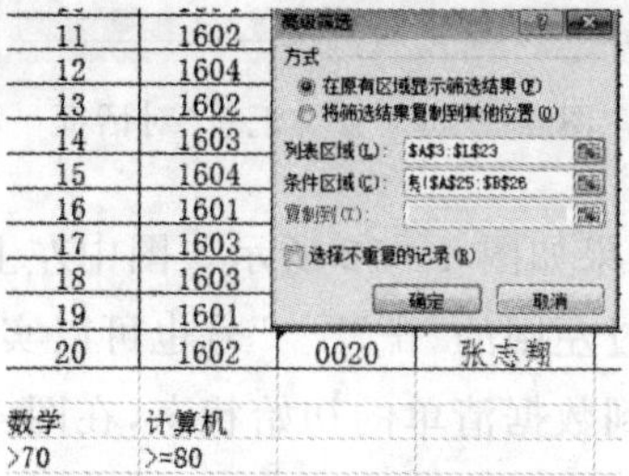

图 4-68　“高级筛选”对话框

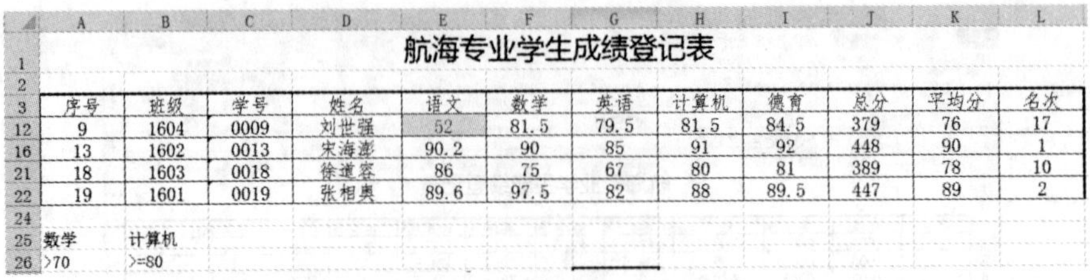

	A	B	C	D	E	F	G	H	I	J	K	L
1	航海专业学生成绩登记表											
2												
3	序号	班级	学号	姓名	语文	数学	英语	计算机	德育	总分	平均分	名次
12	9	1604	0009	刘世强	52	81.5	79.5	81.5	84.5	379	76	17
16	13	1602	0013	宋海澎	90.2	90	85	91	92	448	90	1
21	18	1603	0018	徐道密	86	75	67	80	81	389	78	10
22	19	1601	0019	张相奥	89.6	97.5	82	88	89.5	447	89	2
24												
25	数学	计算机										
26	>70	>=80										

图 4－69　高级筛选结果

步骤三　在“航海专业学生成绩登记表”中按照学生班级汇总各班各科的平均分

分类汇总可以对 Excel 数据清单中的某个字段提供“求和”和“平均值”等汇总计算，并能将计算结果分类别显示出来。注意，数据清单中必须包含带有标题的列，并且数据清单必须先对分类汇总的列进行排序。

(1)单击 A↓Z 升序按钮对“班级”一列进行“升序”排列。

(2)单击“数据”选项卡“分级显示”组，单击 “分类汇总”按钮，如图 4－70 所示。

(3)打开“分类汇总”对话框，在“分类字段”中选择“班级”，“汇总方式”中选择“平均值”，“选定汇总项”中选择“语文”“数学”“英语”“计算机”“德育”“平均分”，如图 4－71 所示。

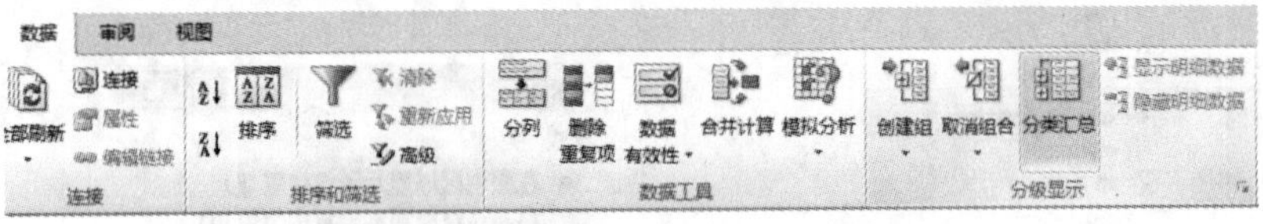

图 4－70　分类汇总

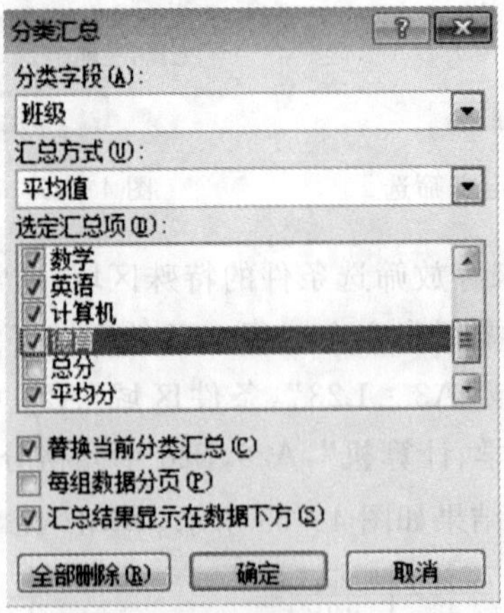

图 4－71　“分类汇总”对话框

(4)单击“确定”按钮，得到结果如图 4－72 所示。图中左上方的 1,2,3 按钮可以控制显示或隐藏某一级别的明细数据，通过左则的“＋”“－”号也可以实现这一功能。

(5)如果想清除分类汇总回到数据清单的初始状态，在图 4－71 单击“全部删除”按钮。

航海专业学生成绩登记表

序号	班级	学号	姓名	语文	数学	英语	计算机	德育	总分	平均分	名次
1	1601	0001	丁敏舰	77	82.5	81	77	88	406	81	7
4	1601	0004	姜云	95.6	72	78.5	79	91.5	417	83	3
7	1601	0007	李浩	87.8	71.5	68	79.5	90	397	79	8
16	1601	0016	谭京千	86.2	78.5	82.5	74	91.5	413	83	5
19	1601	0019	张相奥	89.6	97.5	82	88	89.5	447	89	2
1601 平均值				87.24	80.4	78.4	79.5	90.1		83	
3	1602	0003	娄雨乾	92	51.5	79.5	71.5	94	389	78	14
8	1602	0008	李越	72.6	78.5	66	74	90	381	76	18
11	1602	0011	刘毅斐	82.4	60	61.5	76.5	87	367	73	21
13	1602	0013	宋海澎	90.2	90	85	91	92	448	90	1
20	1602	0020	张志翔	61.6	80.5	82.5	78.5	86	389	78	12
1602 平均值				79.76	72.1	74.9	78.3	89.8		79	
2	1603	0002	黄鹏飞	89.6	71	69.5	74.5	82	387	77	16
5	1603	0005	兰俊鹏	88.4	64.5	81.5	74.5	73.5	382	76	17
14	1603	0014	孙晓慧	93.6	68.5	77	79.5	91.5	410	82	6
17	1603	0017	王雅鹏	77	63.5	79.5	73.5	87	381	76	19
18	1603	0018	徐建婷	86	75	67	80	81	389	78	13
1603 平均值				86.92	68.5	74.9	76.4	83		78	
6	1604	0006	李春灿	89.6	78	81.5	71.5	73.5	394	79	10
9	1604	0009	刘世强	52	81.5	79.5	81.5	84.5	379	76	20
10	1604	0010	刘维浩	96.6	50.5	55	60.5	76.5	339	68	23
12	1604	0012	马瀚	94.8	71	75	63.5	82.5	387	77	15
15	1604	0015	孙鑫海	78.8	62.5	77	58	76.5	353	71	22
1604 平均值				82.36	68.7	73.6	67	78.7		74	
总计平均值				84.07	72.425	75.45	75.3	85.4		79	

图 4 - 72　分类汇总结果

任务 5　图表的创建——创建成绩分析图表

[学习目标]

■了解图表的作用。

■掌握图表的创建、编辑修改等操作方法。

[任务描述]

将“航海专业学生成绩登记表”中第 1 名和第 20 名同学的各科成绩创建一个“簇状柱形图”，结果如图 4 - 73 所示。

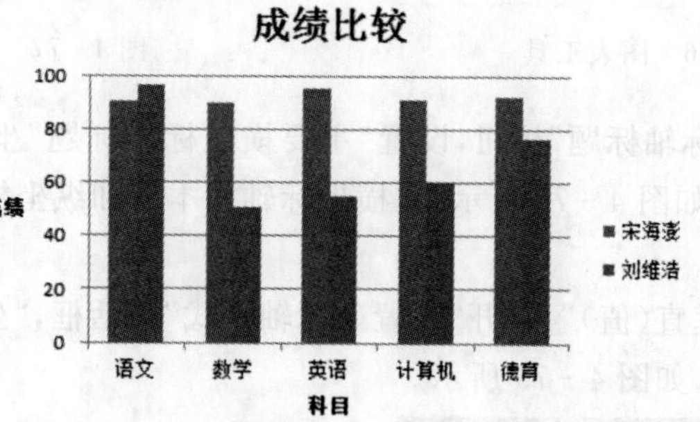

图 4 - 73　图表

[相关知识]

对数据进行图表处理，是指将单元格中的数据以各种统计图表的形式显示，使得数据能更加直观、更加形象、易懂。当工作表中的数据源发生变化时，图表中对应项的数据也会自动更新。除了将数据以各种统计图表显示外，图表还有其他功能，使工作表中的数据、文字、图形并存。

[任务实施]

步骤一　按住 Ctrl 键不松开，选中 D3:I3，D10:I10，D21:I21 单元格区域。

步骤二 单击“插入”选项卡，单击“柱形图”按钮，如图 4－74 所示，选中“二维柱形图”，即可创建图表，如图 4－75 所示。

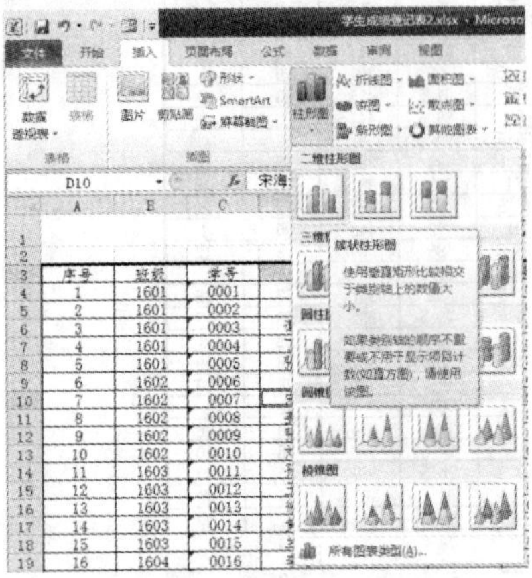

图 4－74　插入图形命令

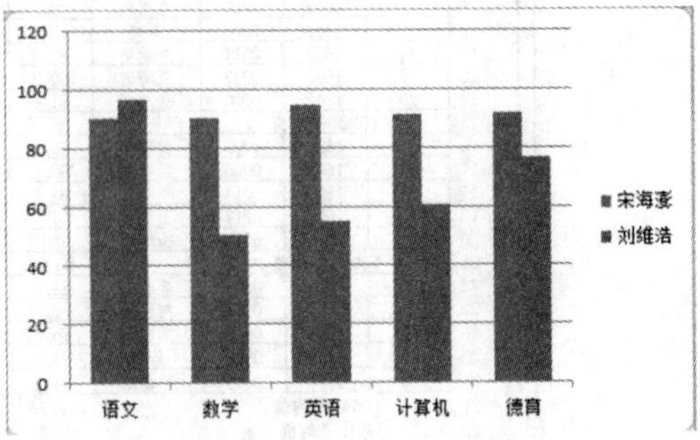

图 4－75　二维柱形图

步骤三 选定插入的图表，在“图表工具”功能区，出现“设计”“布局”“格式”功能组，单击“布局”选项卡，单击“图表标题”按钮，选择“图表上方”，如图 4－76 所示，在标题文本框中输入“成绩比较”，如图 4－77 所示。

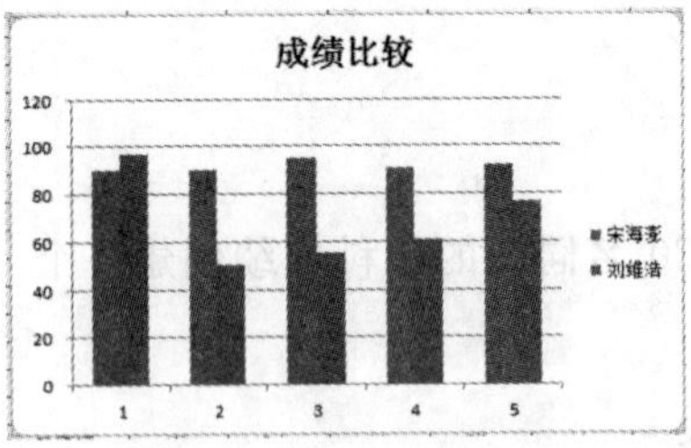

图 4－76　图表工具

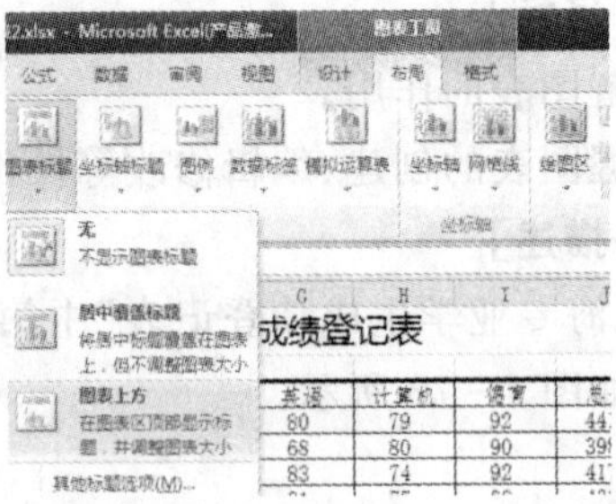

图 4－77　添加图表标题

步骤四 单击“坐标轴标题”按钮，设置“主要横坐标轴标题”坐标轴下方标题和“主要纵坐标轴标题”竖排标题，如图 4－78 所示，在横坐标轴文本框和纵坐标轴文本框中输入“科目”、“成绩”。

步骤五 双击轴“垂直(值)”，打开“设置坐标轴格式”对话框，“坐标轴选项”中将“最大值”改为“100”，单击“关闭”，如图 4－79 所示。

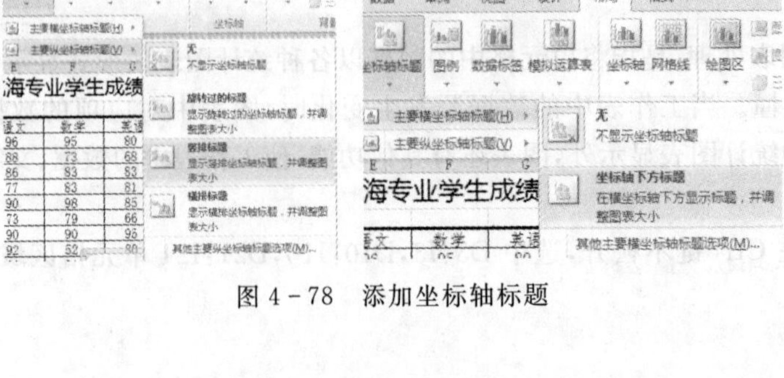

图 4－78　添加坐标轴标题

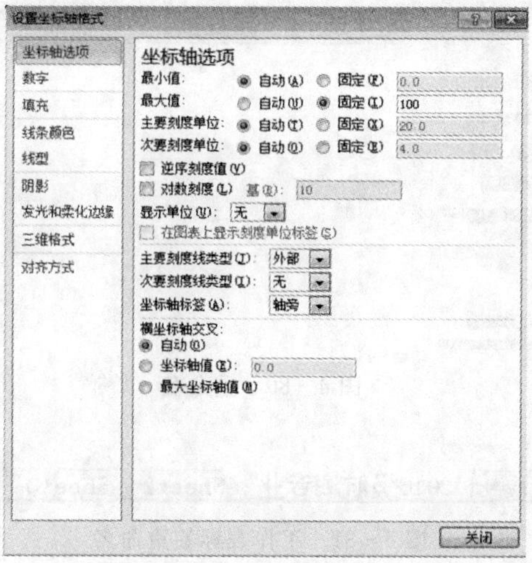

图 4－79　“设置坐标轴格式”对话框

步骤六　结果如前图 4－73 所示，将文件保存名为“图表.xlsx”。

任务 6　“学生成绩登记表”的打印输出

——工作表的基本操作与打印

[学习目标]

■掌握工作表的重命名、复制、删除等操作方法，工作表的加密操作。

■掌握工作表的页面设置及打印。

[任务描述]

(1)前面我们已经学会了如何制作一张航海专业学生成绩登记表，有时一所学校还会有不同年级、其他专业的学生，这时类似的工作表不需要多次制作，而是利用已创建的工作表进行复制、数据修改等操作就可以完成多张工作表的创建。通过本任务制作相似的学生成绩登记表，掌握工作表的重命名、复制、移动、插入、删除等操作方法，有时我们对制作的工作表数据进行保护，掌握对工作表加密的操作。

(2)对制作的工作表进行打印输出，打印前要设置工作表的纸张为 A4，横向，上下边距为 2.5，左右边距为 2.0；页眉输入“2016 级航海专业学生成绩登记表”，设置为楷体，12，加粗，左对齐，页脚输入“第一页”，设置为宋体，14，居中。

[任务实施]

步骤一　工作表重命名

方法 1：选择所要重新命名的工作表标签“Sheet1”，单击鼠标右键，在弹出的快捷菜单中选择“重命名”的命令，工作表标签“Sheet1”呈反色显示，如图 4－80 所示，输入“2016 级航海专业”，按回车表示确定，如图 4－81 所示。

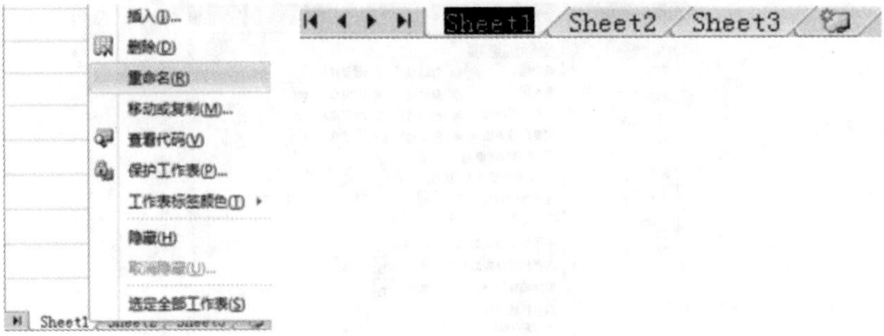

图 4-80　重命名

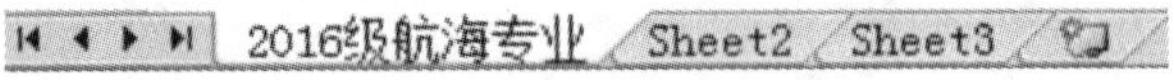

图 4-81　工作表标签重命名

方法 2:直接双击工作表标签“Sheet1”呈反色显示,再输入 “2016 级航海专业”,按回车表示确定。

步骤二　工作表的复制与移动

1. 工作表的复制

方法 1:选择“2016 级航海专业”工作表标签,单击鼠标右键,在弹出的快捷菜单中选择“移动或复制”的命令,如图 4-81 所示,打开“移动或复制工作表”对话框,如图 4-83 所示,在“下列选定工作表之前”列表框中选择复制在哪个工作表前,选中“建立副本”复选框,单击“确定”,效果如图 4-84 所示。按照同样的方法再复制四张相同的工作表,如图 4-85 所示,按年级和专业重命名,并将工作表中的数据修改成本年级本专业学生的姓名和各科成绩,就可生成多个班级的成绩表,效果如图 4-86 所示。

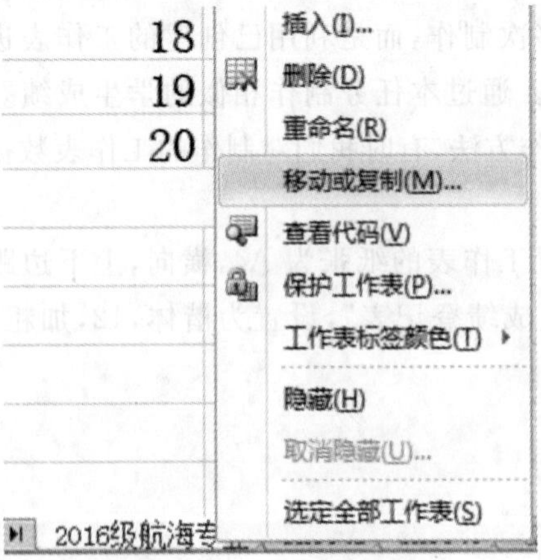

图 4-82　移动或复制

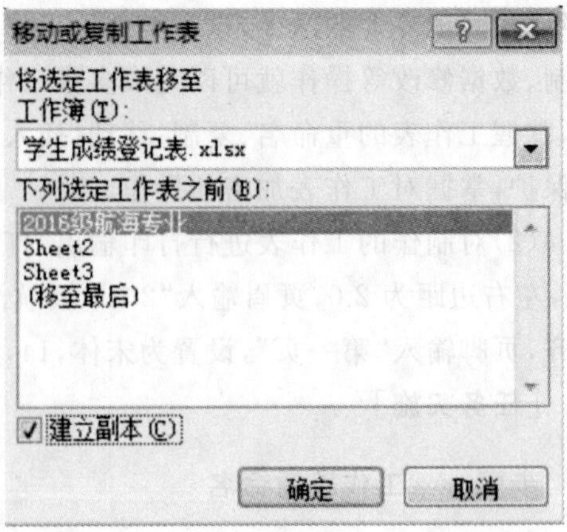

图 4-83　“移动或复制工作表”对话框

图 4-84　工作表标签重命名

图 4-85　工作表标签重命名

图 4-86　工作表标签重命名

方法 2:选择工作表标签,按住鼠标左键不放拖动工作表,这时鼠标箭头上有张小白纸,同时,按住 Ctrl 键小白纸上有个"+"也可实现复制工作表的目的,黑色三角代表工作表复制到的位置。

2. 工作表的移动

方法 1:方法同工作表复制操作,如图 4-87 所示,如果不选中"建立副本"复选框,单击"确定",就是移动工作表。

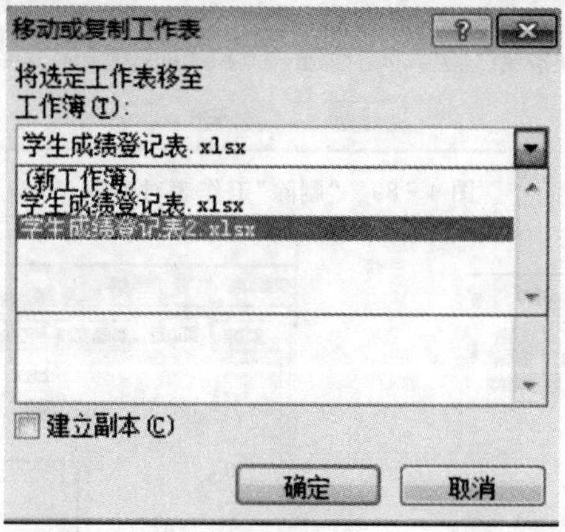

图 4-87　"移动或复制工作表"对话框

方法 2:选择工作表标签,按住鼠标左键不放拖动工作表,这时鼠标箭头上有张小白纸,也可实现移动工作表的目的,黑色三角代表工作表移动到的位置

步骤三　工作表的插入与删除

(1)要在"Sheet1"与"Sheet2"中间插入一张工作表。选择工作表"Sheet2"工作表标签,单击鼠标右键,在弹出的快捷菜单中选择"插入"的命令,如图 4-81 所示,打开"插入"对话框,在"常用"选项卡里选择"工作表"如图 4-88 所示,就会在选中的工作表标签前插入一张空白的工作表。

(2)选择要删除的工作表标签,单击鼠标右键,在弹出的快捷菜单中选择"删除"的命令,如果是空白表可直接删除,如果工作表中有数据,会出现删除确认对话框,如图 4-89 所示。

步骤四　打印"2016 级航海专业"工作表的内容

(1)选中要打印的工作表标签"2016 级航海专业",选择"页面布局"选项卡,单击"页边距"按钮,如图 4-90 所示。选择"自定义页边距",打开"页眉设置"对话框,将上下边距改为 2.5,左右边距改为 2.0,居中方式为水平、垂直,如图 4-91 所示。

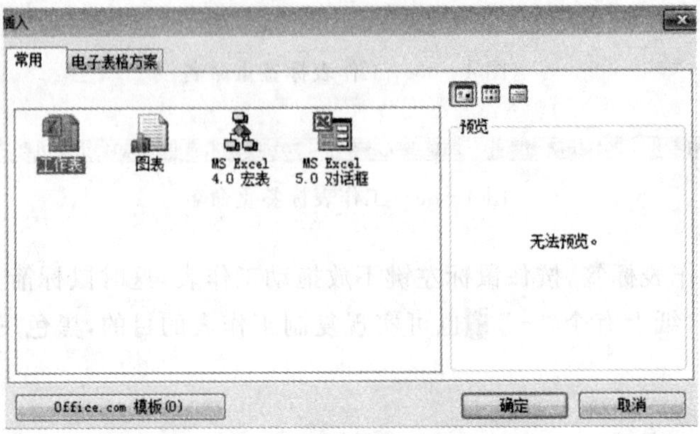

图 4－88 “插入”对话框

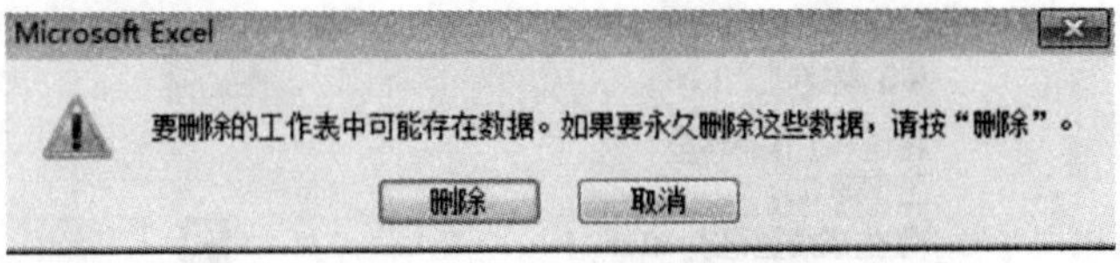

图 4－89 “删除”工作表对话框

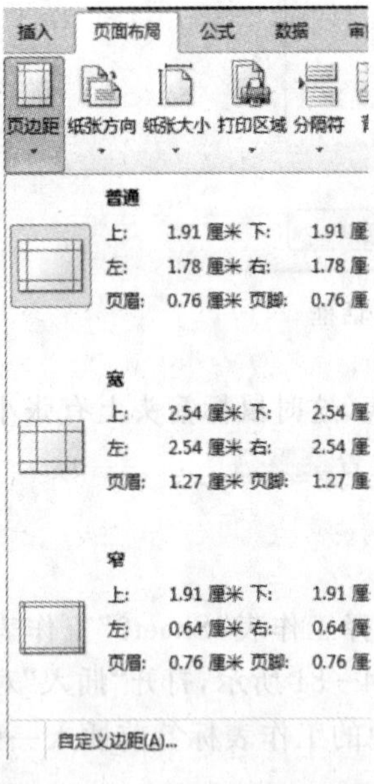

图 4－90 “页面布局”选项卡

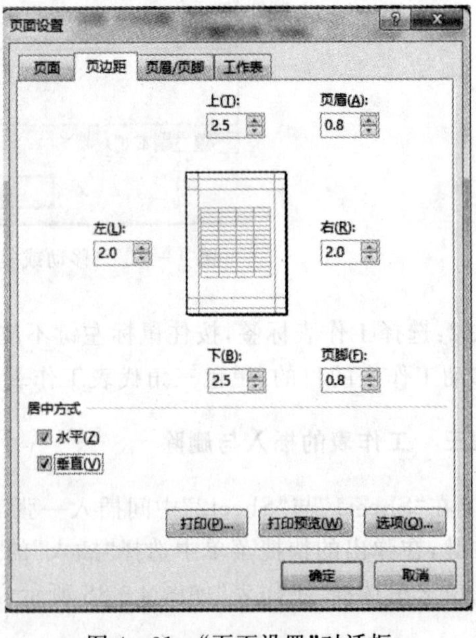

图 4－91 “页面设置”对话框

(2)单击“页面布局”选项，单击“纸张方向”按钮，选择“横向”，如图 4－92 所示也可在“页面设置”对话框，“页面”选项卡中选择，如图 4－93 所示。

图 4-92 纸张方向

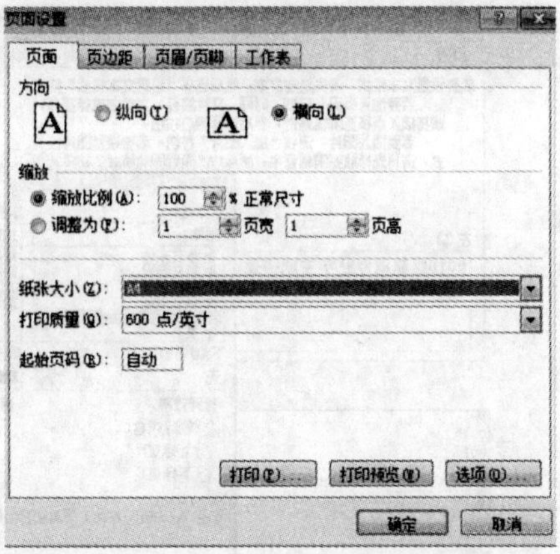

图 4-93 “页面设置”对话框

(3)在“页面设置”对话框，“页眉/页脚”选项卡中，分别单击“自定义页眉”按钮、“自定义页脚”按钮，如图 4-94 所示。

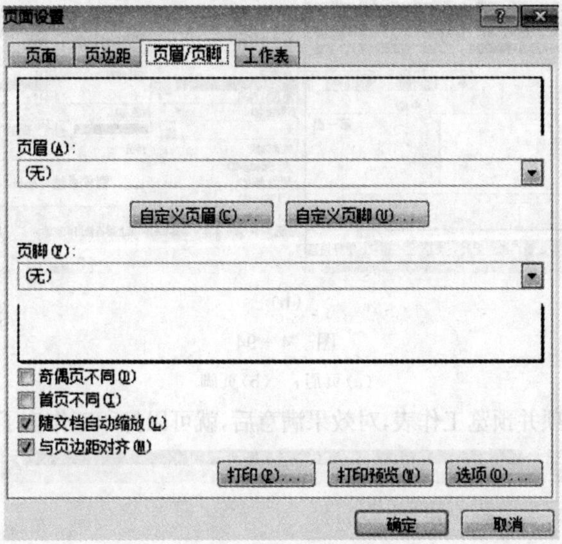

图 4-94 页面页脚

(4)分别打开“页眉”对话框左文本框中输入“2016 级航海专业学生成绩登记表”、设置字体为楷体、12、加粗，“页脚”对话框居中文本框输入“第一页”，设置字体为宋体，14、居中，如图 4-95(a)(b)所示。

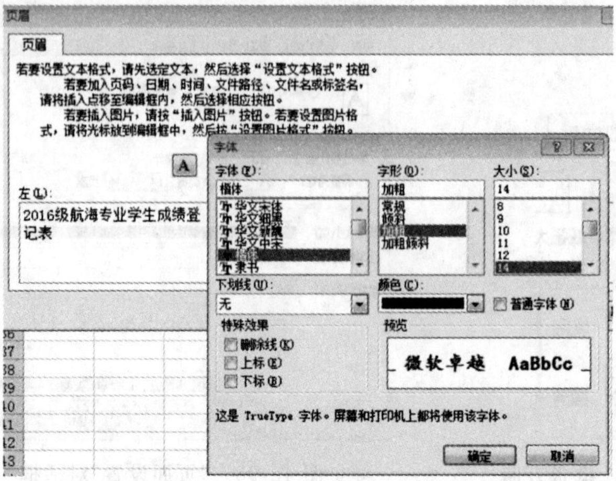

(a)

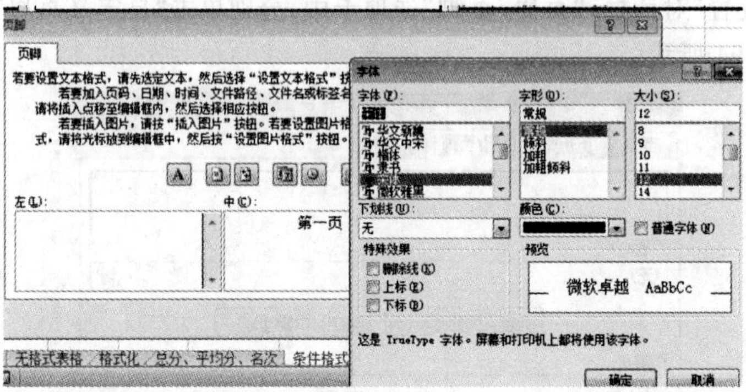

(b)

图 4-94

(a)页眉；(b)页脚

(5)在设置了有关选项并预览工作表，对效果满意后，就可以打印工作表了，结果如图 4-96 所示。

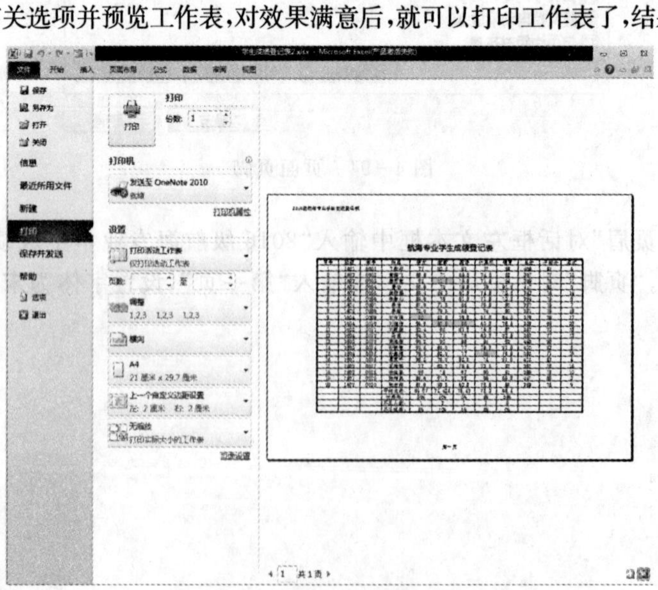

图 4-96　打印预览

项目五　演示文稿制作
——Microsoft PowerPoint 2010 的应用

PowerPoint 2010 是 Microsoft Office 2010 组件之一，是制作幻灯片演示文稿的软件，它可以帮助人们利用各种素材（文字、图形、图像、声音、动画、视频剪辑等）制作专业水准的幻灯片。从多媒体角度看 PowerPoint 是一种基于页的多媒体作品创作软件。PowerPoint 对文档的编写操作与 Word 基本相同，只是面对的文档类型不同而已。幻灯片演示文稿对文字的要求是：提纲挈领，简单扼要，说明透彻；对图形的要求是：形象生动，色彩鲜明。另外，PowerPoint 中具有幻灯片的多种播放方式、动画效果功能，从而使得演示文稿更加多姿多彩，更具艺术表现力，它不仅能够在计算机控制下，通过投影设备做投影展示，还能够以全幅画面的形式在计算机上自动连续播放，这为人们传播信息、扩大交流提供了极为方便的手段。

PowerPoint 2010 的基本功能有：屏幕演示、升级的媒体播放共享内容、视觉冲击、即时显示和播放、从其他设备上访问、使用图形创建文稿 、更高效地组织和打印幻灯片等。

任务 1　Microsoft PowerPoint 2010 基础
——简单演示文稿的制作

［学习目标］

■熟悉 Microsoft PowerPoint 2010 的启动与退出的方法及界面组成。

■熟练掌握 Microsoft PowerPoint 2010 演示文稿的打开、基本操作和保存。

［任务描述］

根据所给素材，制作一个名为“JK 罗琳和哈利波特七部曲”的演示文稿，版式均为“空白”，共有 11 张幻灯片。掌握演示文稿的创建、保存、新建幻灯片、幻灯片版式的应用等操作。

［相关知识］

一、启动与退出 PowerPoint 2010

1. *启动*

单击“开始”按钮，在“所有程序”找到“Microsoft office”，选择“Microsoft Powerpoint 2010”，如图 5－1(a)(b)所示，打开 Microsoft Powerpoint 2010 的界面，如图 5－2 所示。

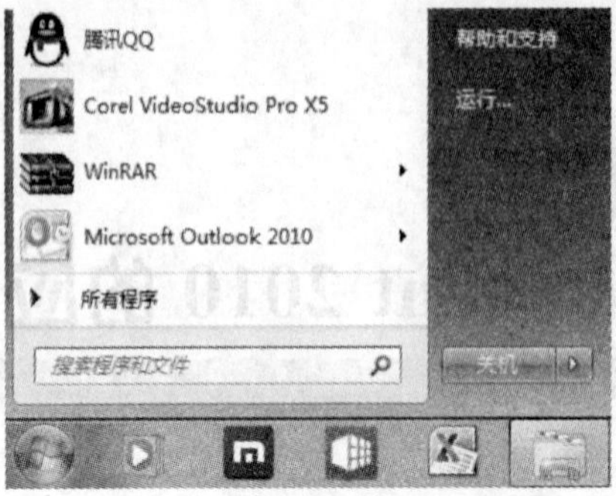

(a)“开始”菜单

(b)Microsoft Powerpoint 2010

图 5-1

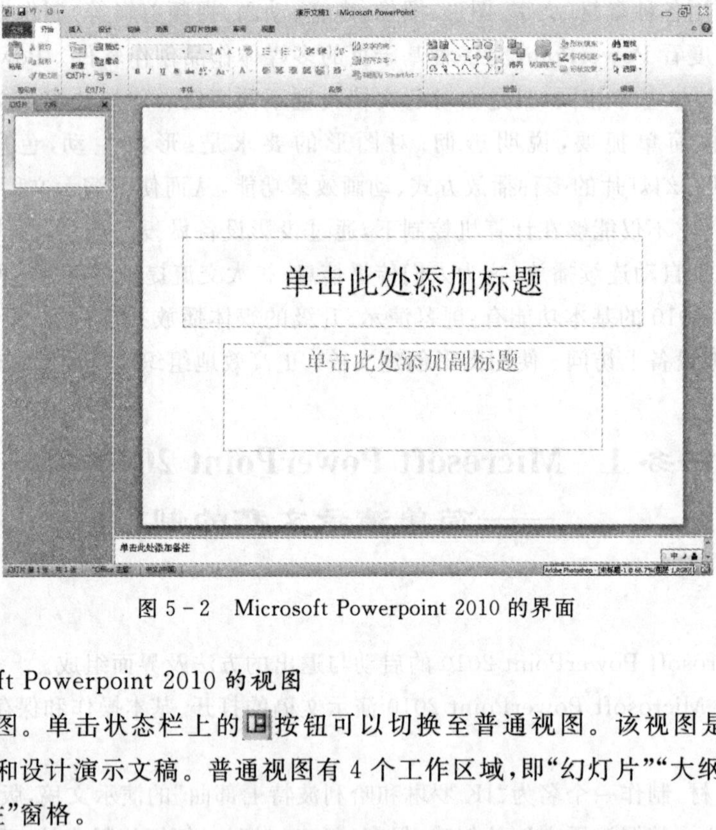

图 5-2 Microsoft Powerpoint 2010 的界面

2. Microsoft Powerpoint 2010 的视图

(1)普通视图。单击状态栏上的按钮可以切换至普通视图。该视图是主要的编辑视图,也用于撰写和设计演示文稿。普通视图有 4 个工作区域,即“幻灯片”“大纲”选项卡,“幻灯片”窗格和“备注”窗格。

“大纲”选项卡以大纲形式显示幻灯片文本,是开始撰写内容的理想场所;在这里可以捕获灵感,计划如何表述它们,并能移动幻灯片和文本,如图 5-3 所示。

“幻灯片”选项卡可显示幻灯片的缩略图,在其中操作可以快速浏览幻灯片的内容或演示文稿的幻灯片流程,或快速移至某一张幻灯片,如图 5-4 所示。

PowerPoint 自 2010 版开始支持节的功能,与 Word 中的分节符类似,节可以将一个演示文稿划分成若干个逻辑部分,更有利于组织和多人协作。在“幻灯片”选项卡选中幻灯片,单击鼠标右键,选择“新增节”命令,通过双击标题或单击标题左侧的小三角形图标,都可以展开或收缩属于该小节的页面缩略图,如图 5-5 所示。

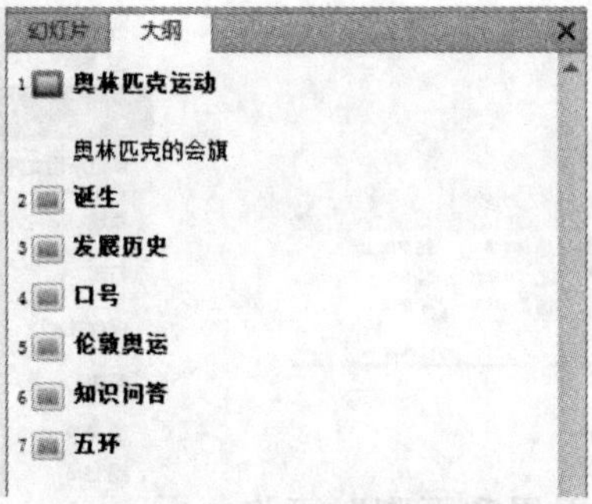

图 5-3　大纲选项卡

图 5-4　幻灯片选项卡

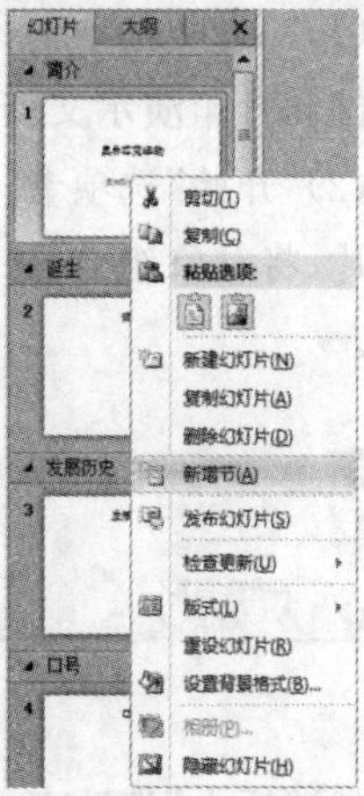

图 5-5　幻灯片中的节

(2)幻灯片浏览视图。单击按钮可以切换至幻灯片浏览视图，这种视图直接显示幻灯片缩略图，在创建演示文稿以及准备打印演示文稿时，可以轻松地对演示文稿的顺序进行排列和组织。此外，还可以在幻灯片浏览视图中添加节，并按不同的类别或节对幻灯片进行排序，如图 5-6 所示。

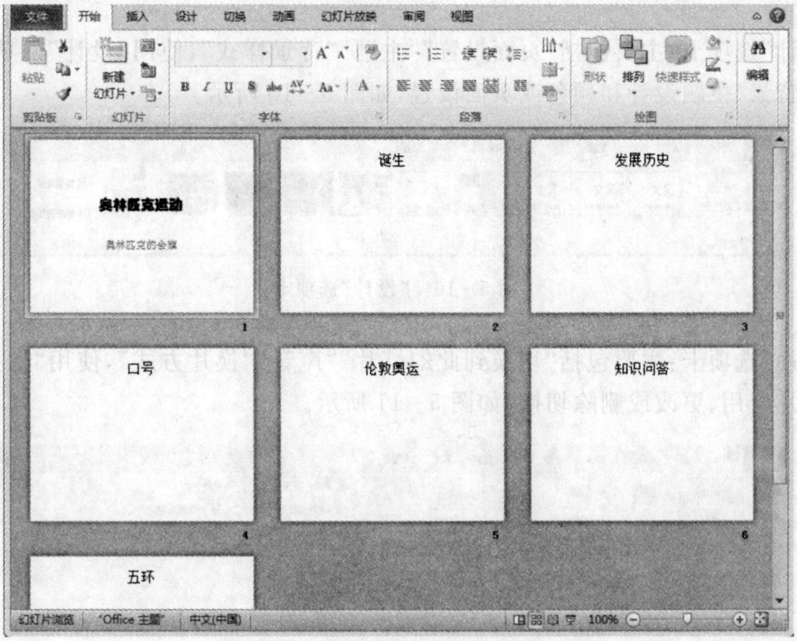

图 5-6　幻灯片浏览视图

(3)幻灯片放映视图。幻灯片在播放的过程中全屏显示，逐页切换，可以通过单击按钮切换至放映视图，对当前幻灯片开始播放。

3. 功能区

与其他 Office 软件类似，普通视图下 PowerPoint 功能区包括 9 个选项卡。

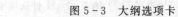

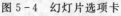

(1)“文件”选项卡：主要包括“另存为”“打开”“新建”“打印”，可创建新文件、打开或保存现有文件和打印演示文稿，如图 5－7 所示。

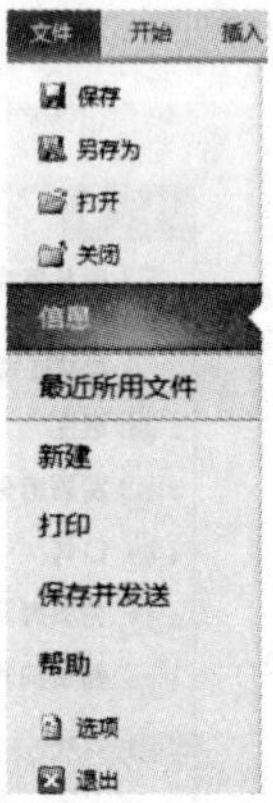

图 5－7 文件选项卡

(2)“开始”选项卡：主要包括“新建幻灯片”“字体”“段落”等，可插入新幻灯片、将对象组合在一起以及设置幻灯片上的文本的格式，如图 5－8 所示。

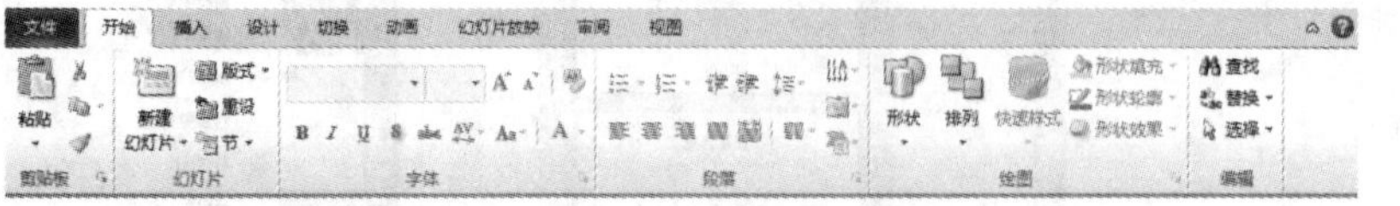

图 5－8 “开始”选项卡

(3)“插入”选项卡：主要包括“表”“形状”“ 图表”“页眉和页脚”，可将表、形状、图表、页眉或页脚插入到演示文稿中，如图 5－9 所示。

图 5－9 “插入”选项卡

(4)“设计”选项卡：主要包括“页面设置”“主题”“背景样式”，使用“设计”选项卡可自定义演示文稿的背景、主题设计和颜色或页面设置，如图 5－10 所示。

图 5－10 “设计”选项卡

(5)“切换”选项卡：主要包括“切换到此幻灯片”“声音”“换片方式”，使用“切换”选项卡可对当前幻灯片应用、更改或删除切换，如图 5－11 所示。

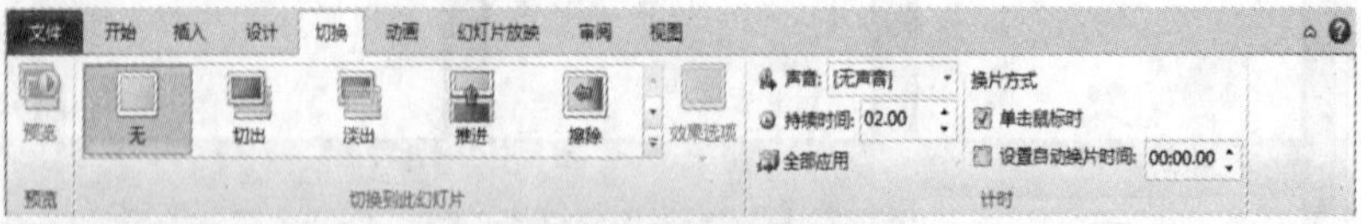

图 5－11 “切换”选项卡

(6)“动画”选项卡：主要包括“添加动画”“动画窗格”“计时”，使用“动画”选项卡可对幻灯片上的对象应用、更改或删除动画，如图 5－12 所示。

图 5－12 “动画”选项卡

(7)"幻灯片放映"选项卡:主要包括"开始幻灯片放映""设置幻灯片放映""隐藏幻灯片",使用"幻灯片放映"选项卡可开始幻灯片放映、自定义幻灯片放映的设置和隐藏单个幻灯片,如图 5-13 所示。

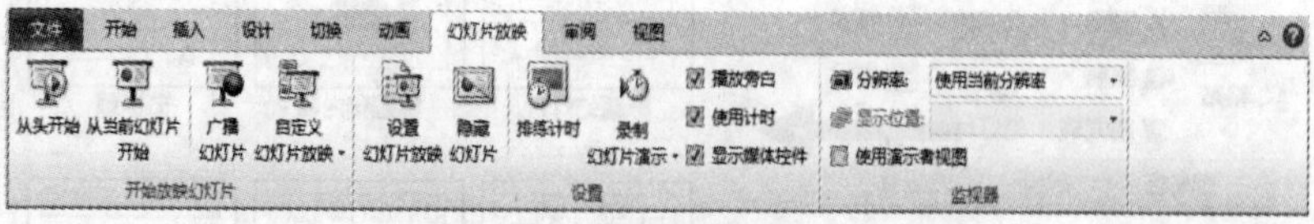

图 5-13 "幻灯片放映"选项卡

(8)"审阅"选项卡:主要包括"拼写""语言""比较",可检查拼写、更改演示文稿中的语言或比较当前演示文稿与其他演示文稿的差异,如图 5-14 所示。

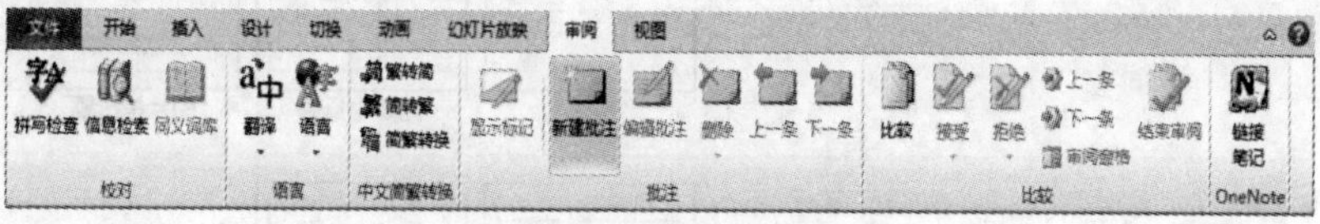

图 5-14 "审阅"选项卡

(9)"视图"选项卡:主要包括"幻灯片浏览""幻灯片母版""放映"等,可以查看幻灯片母版、备注母版、幻灯片浏览。还可以打开或关闭标尺、网格线和绘图指导,如图 5-15 所示。

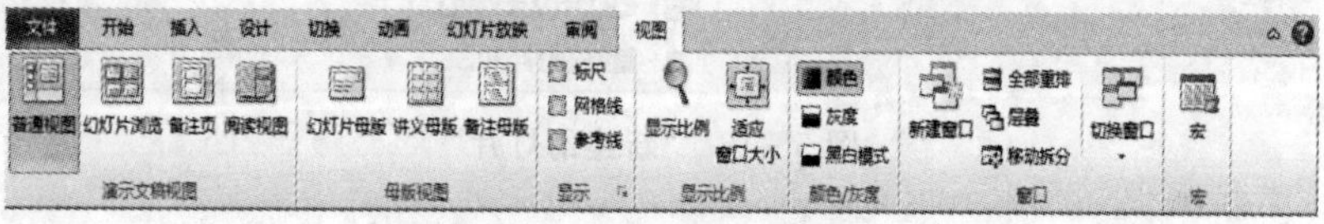

图 5-15 "视图"选项卡

4. 退出

方法 1:"文件"选项卡中选择"退出"命令,见图 5-7。

方法 2:单击应用程序右上角的关闭按钮  。

二、选择幻灯片

(1)选择单张幻灯片:在"幻灯片浏览窗格中",鼠标左键单击相应幻灯片即可选中。

(2)选择连续多张幻灯片:在"幻灯片浏览窗格中",选中第一张幻灯片,按住键盘上的 shift 键,点击最后一张幻灯片。

(3)选择非连续幻灯片:在"幻灯片浏览窗格中",按住键盘上的 Ctrl 键依次选择各张幻灯片。

三、新建与删除幻灯片

1. 新建幻灯片

方法 1:"开始"选项卡中 "幻灯片"组单击"新建幻灯片",如图 5-16 所示。

方法 2:在"幻灯片浏览窗格中",选中幻灯片单击右键,在快捷菜单中选择"新建幻灯片"的命令,如图 5-17 所示。

方法 3:选中幻灯片,直接点击键盘上的回车键(Enter 键)。

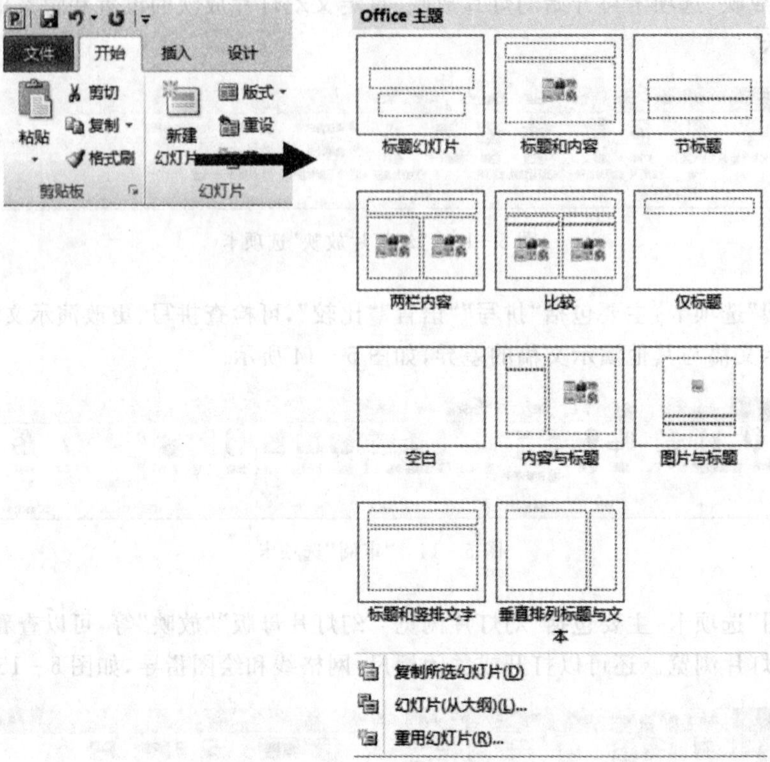

图 5 - 16 “新建幻灯片”

2. 删除幻灯片

方法 1:在“幻灯片浏览窗格中”,选中幻灯片单击鼠标右键,在快捷菜单中选择“删除幻灯片”命令,如图 5 - 18 所示。

方法 2:在“幻灯片浏览窗格中”,选中幻灯片点击键盘上的 backspace(退格键)或 delete(删除键)。

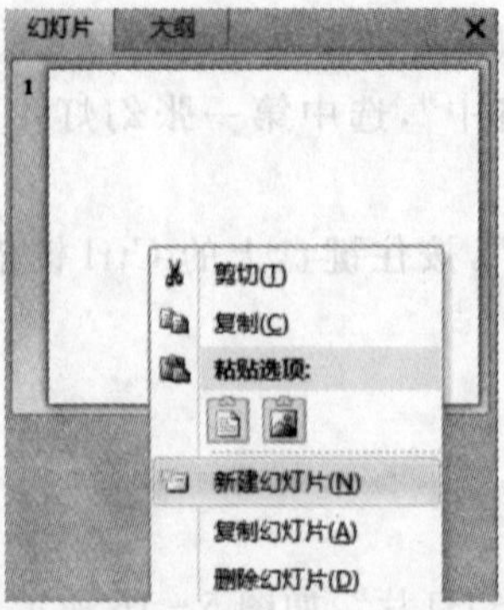

图 5 - 17 新建幻灯片

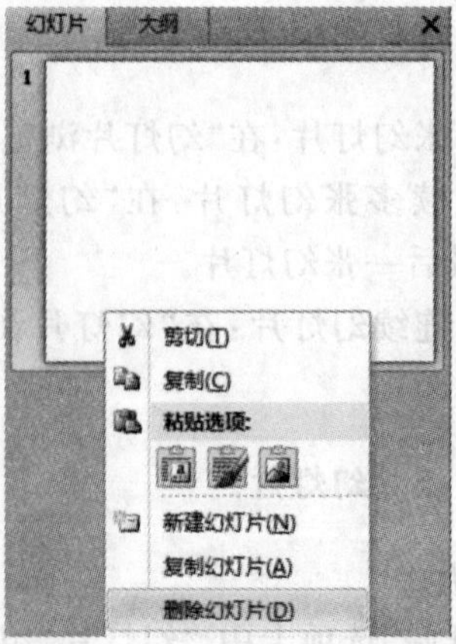

图 5 - 18 删除幻灯片

四、复制幻灯片

1. 本文档内复制幻灯片

在“幻灯片浏览窗格中”，选中幻灯片单击鼠标右键复制幻灯片，在快捷菜单中选择“复制幻灯片”的命令，如图 5 - 19 所示，就会在选中幻灯片的后面复制一张幻灯片。

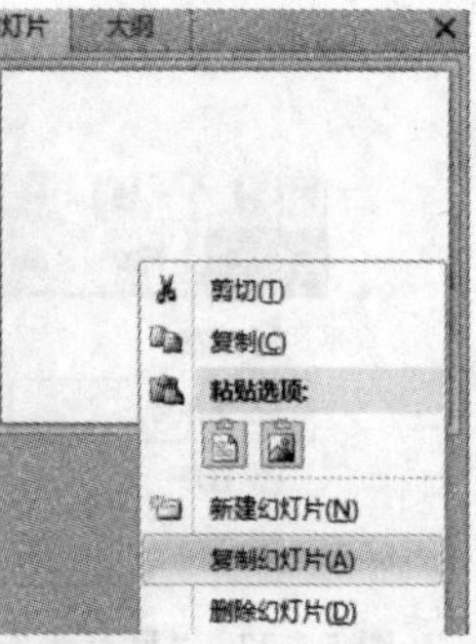

图 5 - 19　复制幻灯片

2. 不同文档间复制幻灯片

在“幻灯片浏览窗格中”，在某一文档中选中幻灯片单击鼠标右键，在快捷菜单中选择“复制幻灯片”的命令，如图 5 - 20 所示。在另一文档中的合适位置，单击鼠标右键，在快捷菜单的“粘贴选项”命令中选择“使用目标主题”，如图 5 - 21 所示，就会在选中幻灯片的后面复制一张幻灯片。

五、剪切、移动幻灯片

方法 1：鼠标左键直接拖动幻灯片进行移动。

方法 2：在“幻灯片浏览窗格中”，选中幻灯片，单击鼠标右键，在快捷菜单中选择“剪切”的命令，如图 5 - 22 所示，在合适的位置，单击鼠标右键，在快捷菜单的“粘贴选项”命令中选择“使用目标主题”，如图 5 - 21 所示，就会在选中幻灯片的后面复制一张幻灯片。

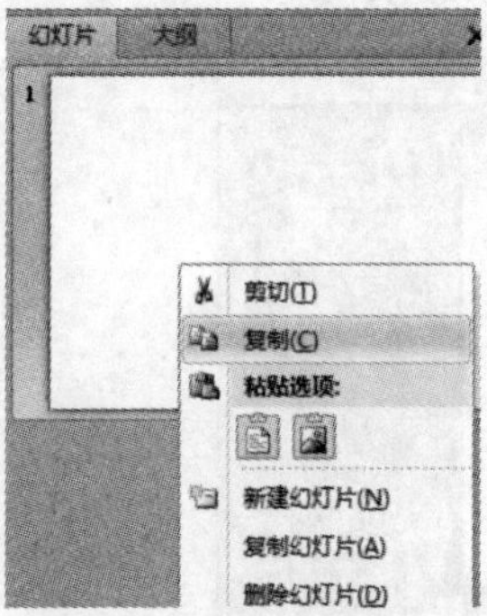

图 5 - 20　复制幻灯片

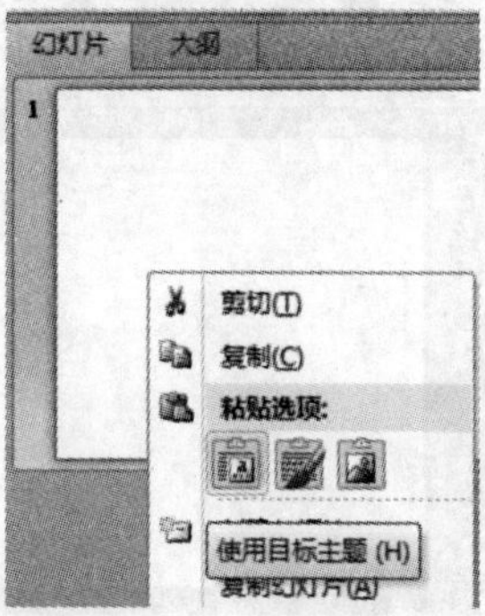

图 5 - 21　粘贴选项

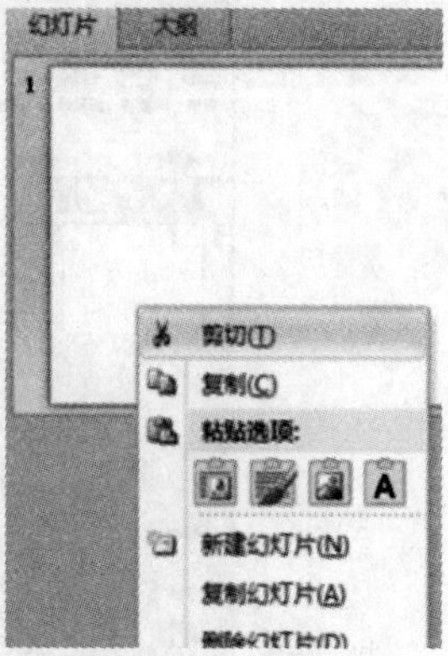

图 5 - 22　剪切幻灯片

六、演示文稿的保存/另存为

“文件”选项卡中选择“保存”或“另存为”命令，如图 5 - 23 所示，打开“另存为”对话框，如图 5 - 24 所示。第一次点击“保存”命令，同样打开“另存为”对话框。

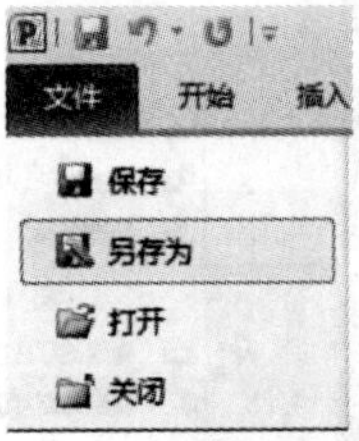

图 5-23 “另存为”命令

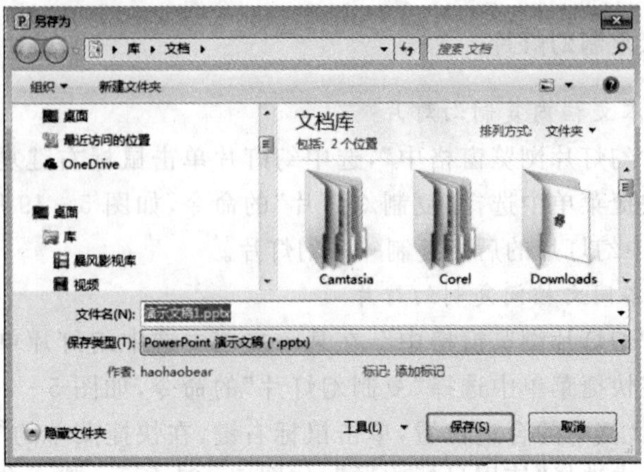

图 5-24 “另存为”对话框

[任务实施]

步骤一 新建演示文稿

单击“开始”按钮，在“所有程序”找到“Microsoft office”，选择“Microsoft powerpoint 2010”，打开“演示文稿 1”窗口，如图 5-25 所示。

图 5-25 演示文稿 1

步骤二 新建 10 张幻灯片

选中幻灯片，直接点击键盘上的回车键（Enter 键）。

步骤三 将 11 张幻灯片的版式设置为“空白”

(1)按组合键“Ctrl＋A”，选择全部幻灯片。

(2)“开始”选项卡的“幻灯片”组，单击 “版式”按钮，在“office 主题”中选择“空白”，如图 5-26所示。

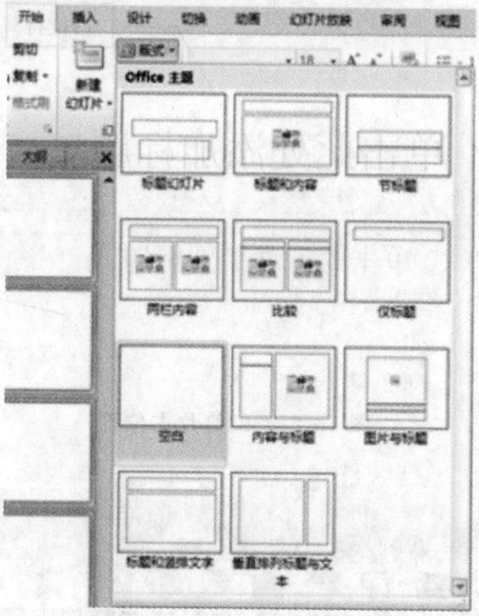

图 5 - 26　幻灯片版式

步骤四　保存演示文稿

“文件”选项卡中选择“保存”命令，在“另存为”对话框文件名文本框中，输入文件名称“JK 罗琳和哈利波特七部曲”，单击确定。

任务 2　演示文稿的修饰、超级链接的应用
——制作“JK 罗琳和哈利波特七部曲”

[学习目标]

■熟练掌握幻灯片的文本、图片、艺术字等的输入及修饰幻灯片的手段。

■能综合运用各种修饰幻灯片的方法，制作出精美的幻灯片。

[任务描述]

按照样文，在给定素材中制作一份关于“JK 罗琳和哈利波特七部曲”的演示文稿。

[相关知识]

一、文字及背景的编辑

1. 输入文字

方法 1：通过占位符输入文本，占位符是指幻灯片模板中还没有实际内容但先用方框或符号留出位置，如图 5 - 27 所示。

方法 2：利用文本框输入文本，“插入”选项卡中“文本”组选择“文本框”命令，如图 5 - 28 所示。

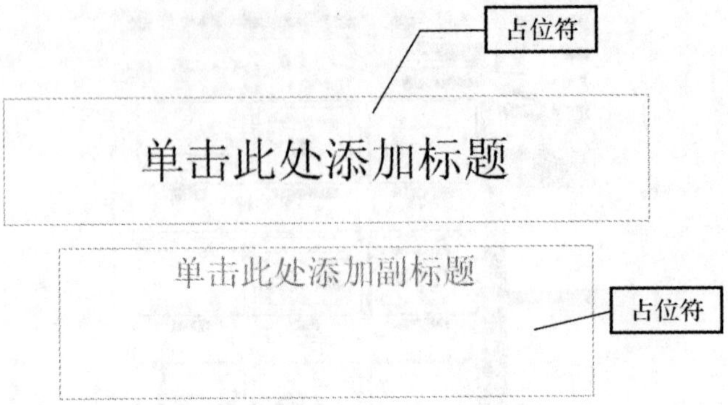

图 5-27　幻灯片占位符

图 5-28　插入文本框

2. 调整文本框大小及设置文本框格式

(1)调整文本框大小。

方法 1:选中文本框,当光标变为双向箭头时,鼠标左键直接拖动文本框控制点即可对大小进行粗略设置。

方法 2:选中文本框,出现“绘图工具/格式”选项卡,在“大小”组中对高度/宽度进行数值的精确设置,如图 5-29 所示。

(2)设置文本框格式。选中文本框,出现绘图工具/格式”选项卡,在“形状样式”组中有“形状填充/形状轮廓/形状效果”,如图 5-30 所示。

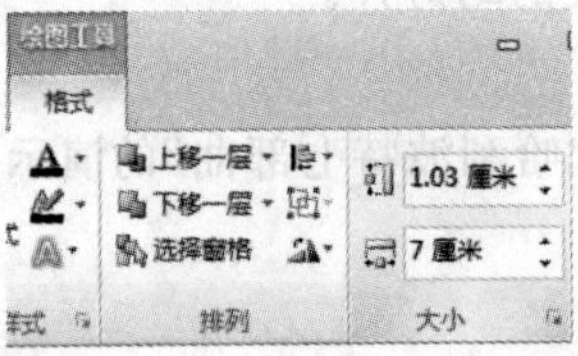

图 5-29　设置文本框大小

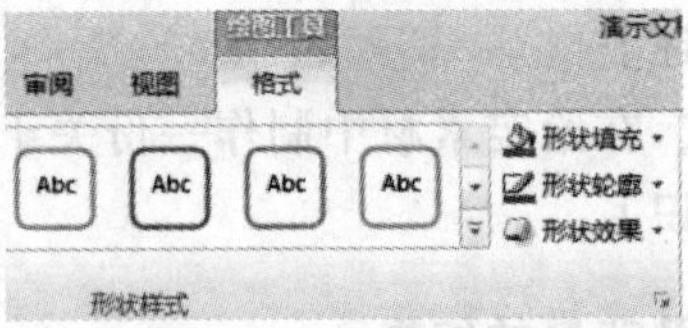

图 5-30　文本框格式

3. 选择文本及文本格式化

(1)选择文本。

方法 1:利用鼠标左键拖动选择文本

方法 2:选中文本框也可以选择该文本框内的文本

(2)文本格式化,同 Word2010 操作。选中文本,点击“开始”选项卡中的“字体”组,如图 5-31所示,在字体窗口中可以对文本进行更加详细地设置,如图 5-32 所示。

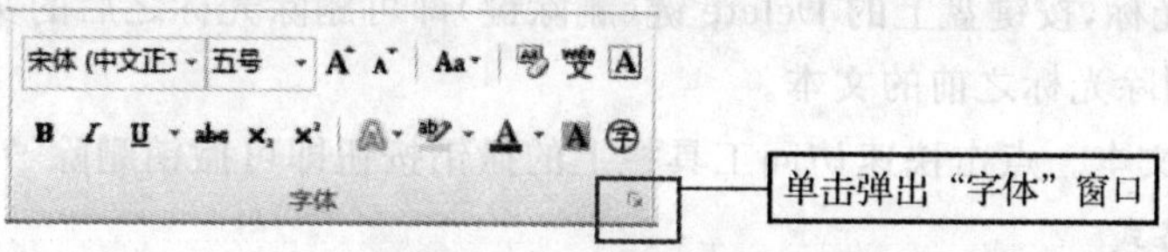

图 5-31　“字体”组

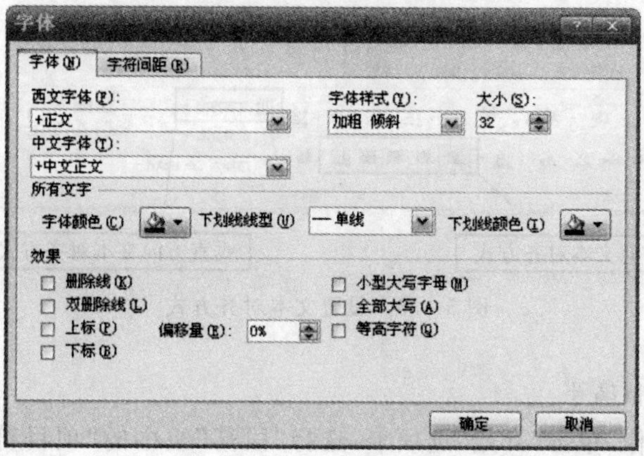

图 5-32　字体对话框

4. 复制和移动文本

(1)本文档内复制文本。选中文本，单击“开始”选项卡中“剪贴板”组，单击“复制”按钮，如图 5-33 所示。选择合适位置后单击“粘贴”按钮中的粘贴选项中选择只保留文本，如图 5-34 所示。

图 5-33　“剪贴板”组

图 5-34　粘贴

(2)不同文档间复制文本。选中文本，单击鼠标右键，弹出快捷菜单，选择“复制”命令，在合适的位置，单击鼠标右键，弹出快捷菜单，选择“粘贴选项”(只保留文本)。

(3)本文档内移动文本。选中文本，单击“开始”选项卡中“剪贴板”组，单击“剪切”按钮，选择合适位置后单击“粘贴”按钮中的粘贴选项中，选择只保留文本。

(4)不同文档间移动文本。选中文本，单击鼠标右键，弹出快捷菜单，选择“剪切”命令，在合适的位置，单击鼠标右键，弹出快捷菜单，粘贴选项(只保留文本)。

5. 删除与撤销删除文本

(1)删除文本。

方法 1:选中文本，按键盘上的 Delete 键(删除键)或者 Backspace 键(退格键)。

方法 2:定位光标,按键盘上的 Delete 键(删除键)即可删除光标之后的文本,按 Backspace 键(退格键)即可删除光标之前的文本。

(2)撤销删除文本。点击快速访问工具栏上的撤销按钮即可撤销删除

6. 设置段落格式

同 Word 2010 操作,选中文本,单击"开始"选项卡,选择"段落"组,可设置段文本对齐方式等,如图 5－35 所示。

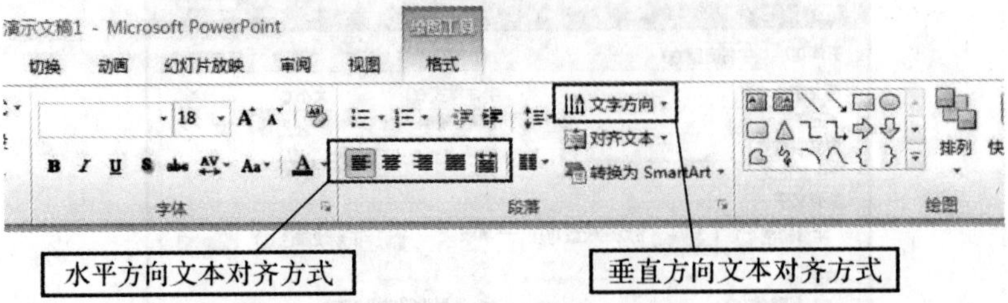

图 5－35 设置文本对齐方式

7. 添加项目符号和编号

同 Word 2010 操作,单击"开始"选项卡,选择"段落"组中的"项目符号/编号"命令,如图 5－36所示。

8. 艺术字与自选图形

(1) 插入艺术字。单击"插入"选项卡,选择"文本"组中的"艺术字"命令,如图 5－37 所示。

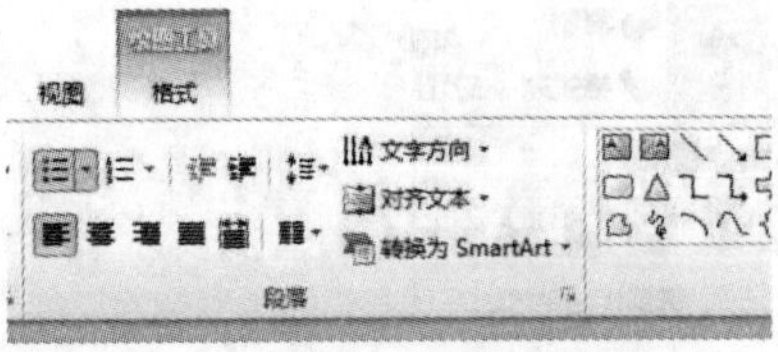

图 5－36 项目符合与编号

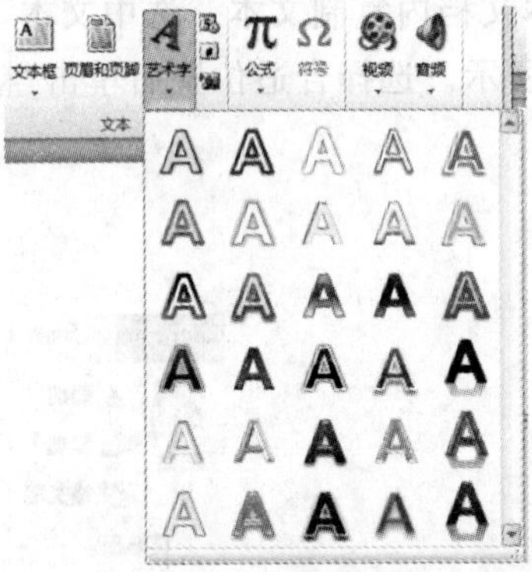

图 5－37 插入艺术字

(2) 绘制自选图形。单击"插入"选项卡,选择"插图"组中的"形状"命令,如图 5－38(a)(b)所示。

1)调整自选图形大小。

方法 1:选中自选图形,当光标变为双向箭头形状时,鼠标左键拖动控制点即可粗略调整其大小。

方法 2:选中自选图形,单击"绘图工具/格式"选项卡的"大小"组,可按照要求调整形状高度/形状宽度(精确设置数值大小),如图 5－39 所示。

2)调整自选图形位置。选中自选图形,光标变为十字双向箭头时,鼠标左键直接拖动即可调整位置。

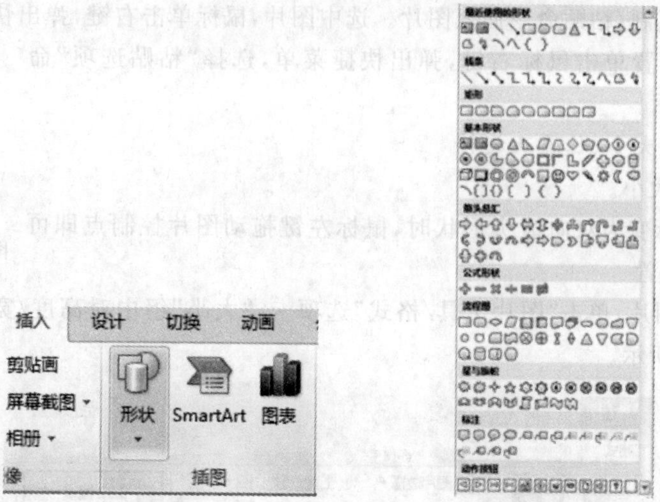

(a)插入形状　　(b)选择形状

图　5-38

9. 设置自选图形样式/为自选图形添加文本

(1)设置自选图形样式。选中自选图形→“绘图工具/格式”选项卡→“形状样式”组→快翻按钮/形状填充/形状轮廓/形状效果,如图 5-40 所示。

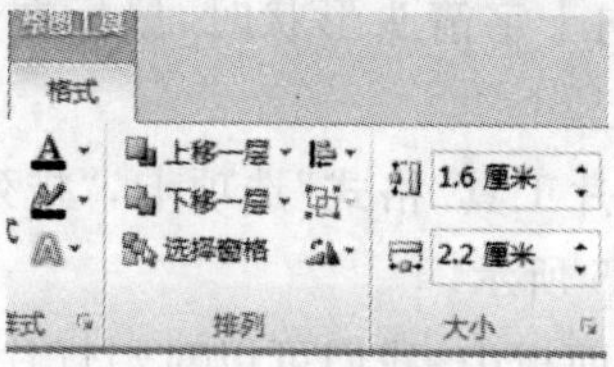

图 5-39　设置图形大小

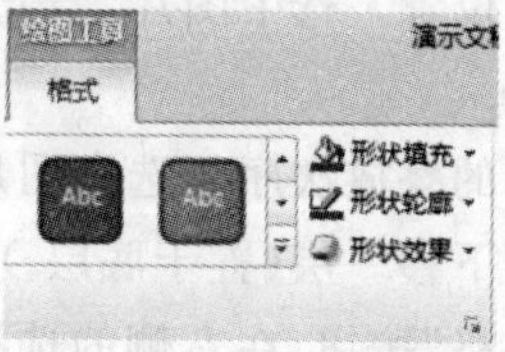

图 5-40　设置图形格式

(2)为自选图形添加文本。选中自选图形→右击→编辑文字,如图 5-41 所示。

二、图片的编辑

1. 插入图片

方法 1:“插入”选项卡“图像”组单击“图片”按钮,如图 5-42 所示。

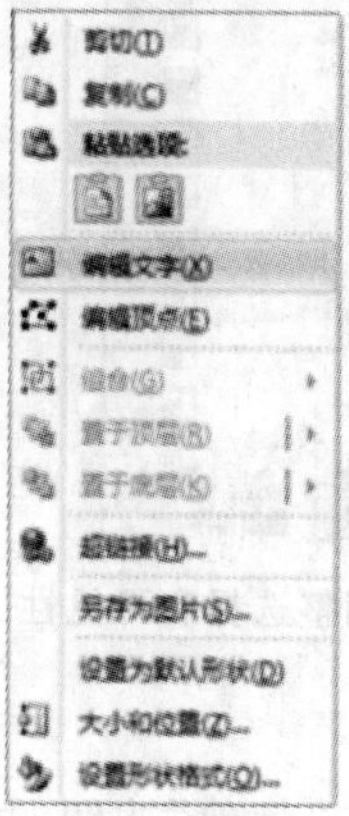

图 5-41　编辑文字

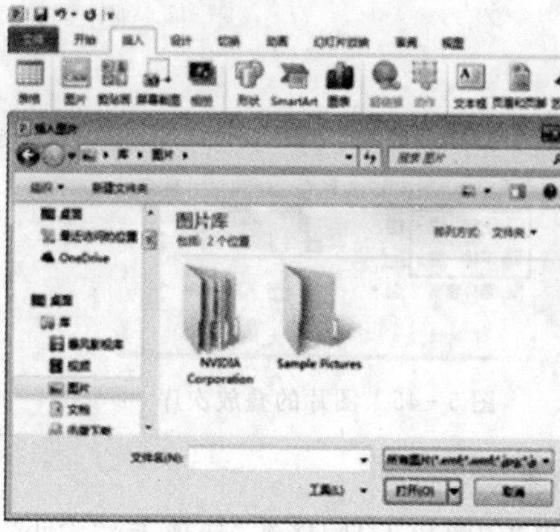

图 5-42　插入图片

方法 2:利用复制/粘贴命令插入图片。选中图片,鼠标单击右键,弹出快捷菜单,选择“复制”命令,在合适位置单击鼠标右键,弹出快捷菜单,选择“粘贴选项”命令,如图 5 - 43 所示。

图 5 - 43 粘贴图片

2. 调整图片的大小、位置及旋转

(1)调整图片大小。

方法 1:当光标变为双向箭头形状时,鼠标左键拖动图片控制点即可对大小进行粗略设置

方法 2:选中图片,单击“图片工具/格式”选项卡,“大小”组中对高度/宽度可精确设置其数值,如图 5 - 44 所示。

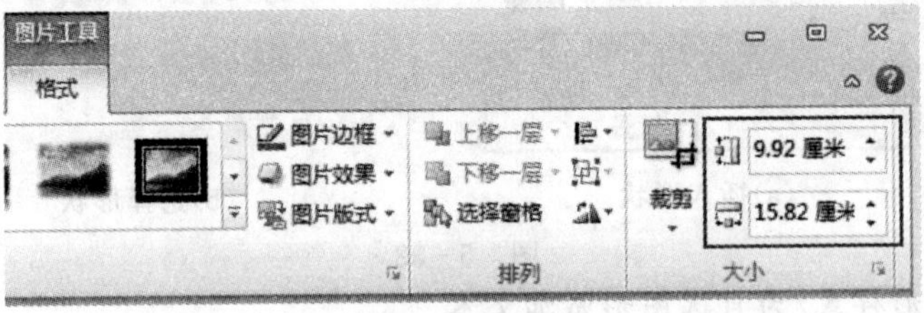

图 5 - 44 设置图片大小

(2)调整图片位置。选中图片,当光标变为双向十字箭头形状时,鼠标左键直接拖动即可移动图片位置。

(3)设置图片的叠放次序。选中图片,单击“图片工具/格式”选项卡,“排列”组中单击上移一层(置于顶层)/下移一层(置于底层),如图 5 - 45 所示。

点击“选择窗格”按钮,在右侧的选择和可见性面板中,我们可以对幻灯片对象的可见性和叠放次序进行调整,如图 5 - 46 所示。

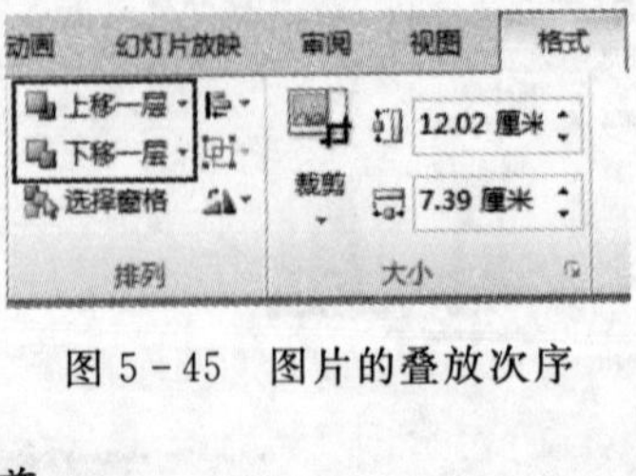

图 5 - 45 图片的叠放次序

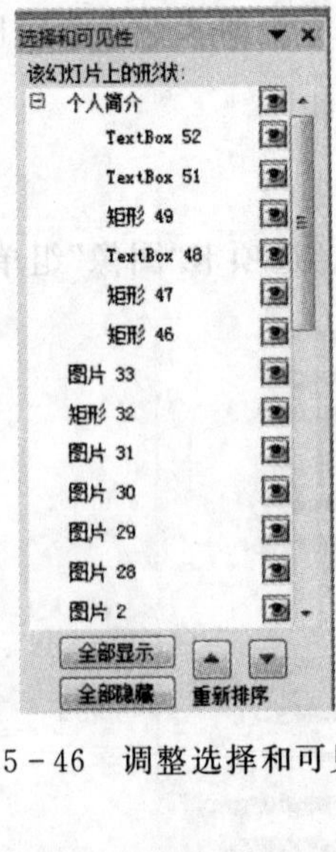

图 5 - 46 调整选择和可见性

3. 图片的裁剪

选中图片,单击“图片工具/格式”选项卡,“大小”组命令单击“裁剪”按钮,可自由裁剪图片,或按照纵横比和形状裁剪图片,如图 5 - 47(a)(b)(c)所示。

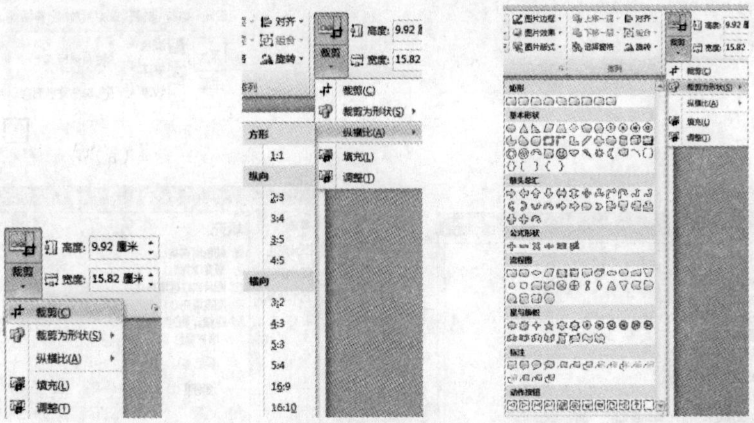

(a)　　　(b)　　　(c)

图　5-47

(a)自由裁剪图片;(b)按纵横比裁剪图片;(c)将图片裁剪为不同的形状

4. 亮度和对比度调整

选中图片,单击“图片工具/格式”选项卡,在“调整”中,单击“更正”按钮,选择“亮度和对比度”,如图 5-48 所示。

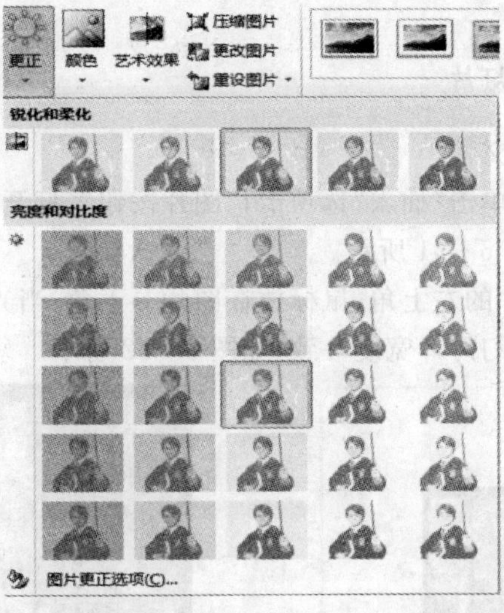

图 5-48　调整亮度和对比度

5. 设置幻灯片背景

单击“设计”选项卡,在“背景”组中选择背景样式,如图 5-49 所示。

打开“设置背景格式”对话框,填充命令中可设置“纯色填充/渐变填充/图片或纹理填充/图案填充”,如图 5-50 所示。

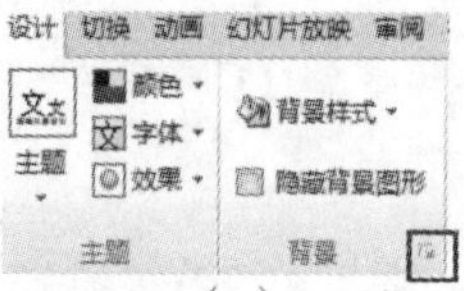

(a)

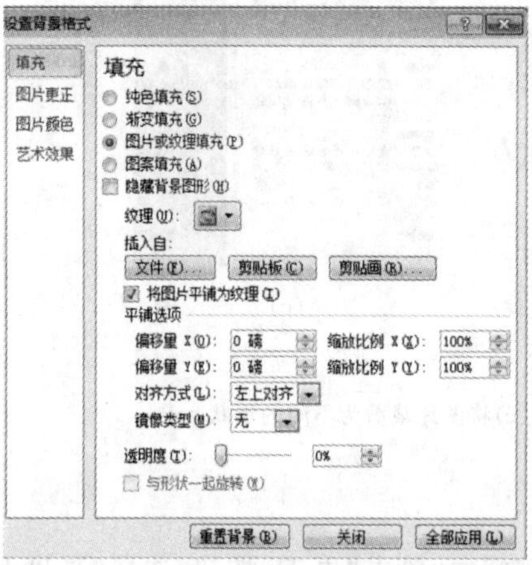

图 5-49 设置幻灯片背景

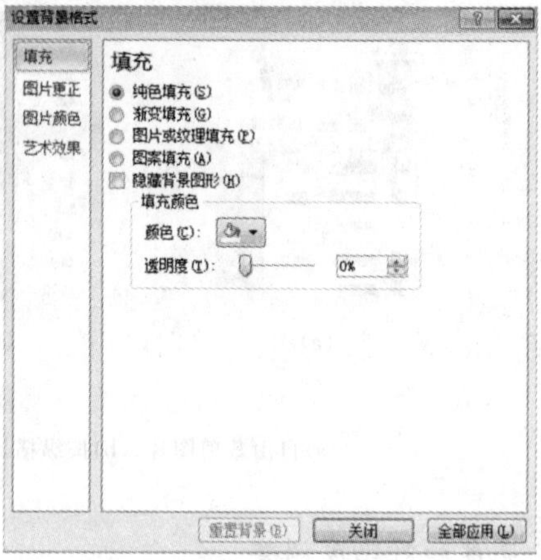

(b)

图 5-50 设置背景格式

[任务实施]

步骤一 制作第 1 张幻灯片

打开任务 1 保存的演示文稿。

(1)选中第 1 张幻灯片,单击“插入”选项卡,“图片按钮”,打开“插入图片”对话框,选择“第 1 张”图片,单击“插入”,如图 5-51 所示。

(2)将图片移动至幻灯片的左上角,鼠标放在图片右下角,当光标变为双向箭头形状时,鼠标左键拖动图片控制点至和幻灯片宽度一致,如图 5-52 所示。

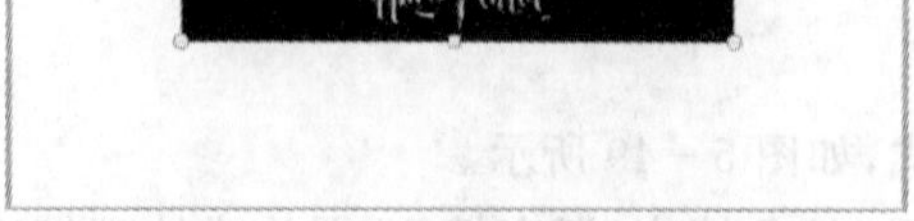

图 5-51 插入第 1 张图片

图 5-52 调整大小

(3)选中幻灯片,选择“设计”选项卡“背景”组,打开“设置背景格式”对话框,填充命令中可选择“纯色填充”单选框,“填充颜色”中选择“黑色”,如图 5-50(a)所示,将第一张幻灯片背景颜色设置为黑色,结果如图 5-53 所示。

(4)重复第 1 步操作，将图片 JK.jpg 插入到第一张幻灯片上，并将图片缩小、移动至幻灯片左下角，如图 5-54 所示。

图 5-53　填充黑色背景

图 5-54　插入 JK 图片

(5)选中添加的 JK.jpg 图片，单击“图片工具/格式”选项卡，“大小”组命令单击“裁剪”按钮，选择“裁剪为形状”中“基本形状”的第一个椭圆形，如图 5-47(c)所示，结果如图 5-55 所示。

图 5-55　调整图片形状

(6)插入两组艺术字：单击“插入”选项卡，选择“文本”组中的“艺术字”命令，选择第 2 行第 4 列样式，在文本框中输入“JK 罗琳”；同样的操作插入第 2 组艺术字，选择第 3 行第 4 列样式，在文本框中输入“与哈里波七部曲”，调整艺术字在幻灯片合适的位置，如图 5-56 所示。

(7)单击“插入”选项卡，选择“插图”组中的“形状”命令，如图 5-38(b)所示，在两组艺术字之间插入一条横线“线条颜色”→“实线”→“颜色”为白色，“线型”宽度为 0.75 磅，如图 5-57 所示。

图 5-56　插入艺术字

图 5-57　第 1 张幻灯片效果

步骤二　制作第 2 张幻灯片

(1)选中第 2 张幻灯片，单击“插入”选项卡，“图片按钮”，打开“插入图片”对话框，选择“第 2-1 张”图片，单击“插入”。在图片上插入 2 个文本框，第 1 个输入“影评”文字，第 2 个输入落款文字，如图 5-58 所示。

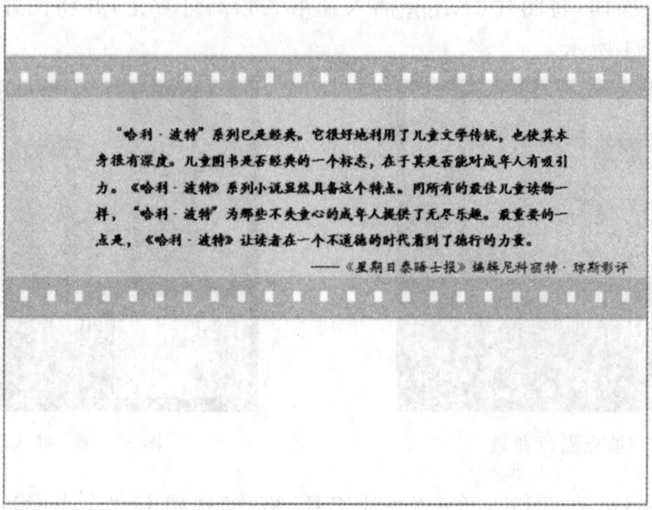

图 5-58　插入第 2-1 张图片和文本框

(2)在幻灯片上插入“第 2—2 张”图片，缩小图片并移动至幻灯片左下角，如图 5-59 所示，选中插入的图片，选择“图片工具/格式”选项卡，“调整”组中单击“颜色”，选择“设置透明色”命令，如图 5-60 所示，鼠标变成画笔的形状后，在图片上单击，原来的白色背景变为透明色，如图 5-61 所示。

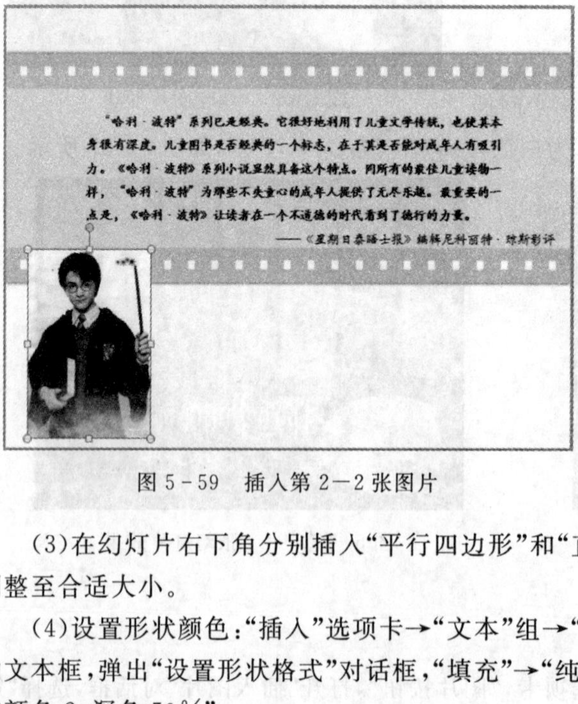

图 5-59　插入第 2—2 张图片

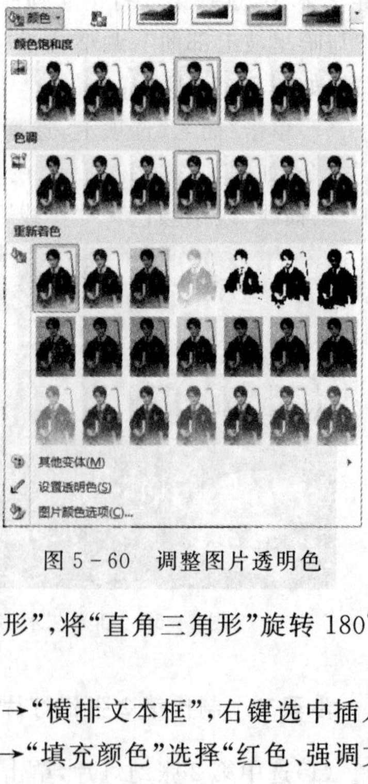

图 5-60　调整图片透明色

(3)在幻灯片右下角分别插入“平行四边形”和“直角三角形”，将“直角三角形”旋转 180°，调整至合适大小。

(4)设置形状颜色：“插入”选项卡→“文本”组→“文本框”→“横排文本框”，右键选中插入的文本框，弹出“设置形状格式”对话框，“填充”→“纯色填充”→“填充颜色”选择“红色、强调文字颜色 2、深色 50%”。

(5)在“平行四边形”上插入文本框，填充文字“2”，字号“10”，颜色为“白色”；在“直角三角形”上插入形状“右箭头”，颜色为“白色”，如图 5－61 所示。

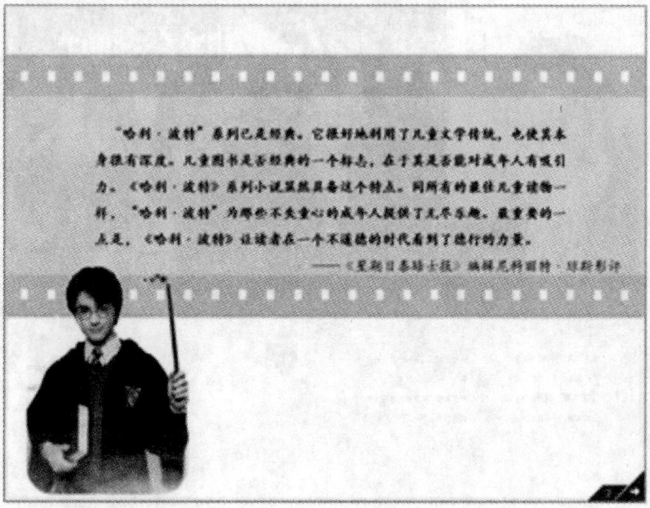

图 5－61　第 2 张幻灯片效果

步骤三　制作第 3 张幻灯片

（1）选中第 3 张幻灯片，在幻灯片样文位置插入一条横线，如图 5－62 所示，在插入横线上方自右向左依次插入素材图片“3－1”至“3－7”和“JK”，调整位置、合适大小，如图 5－63 所示。

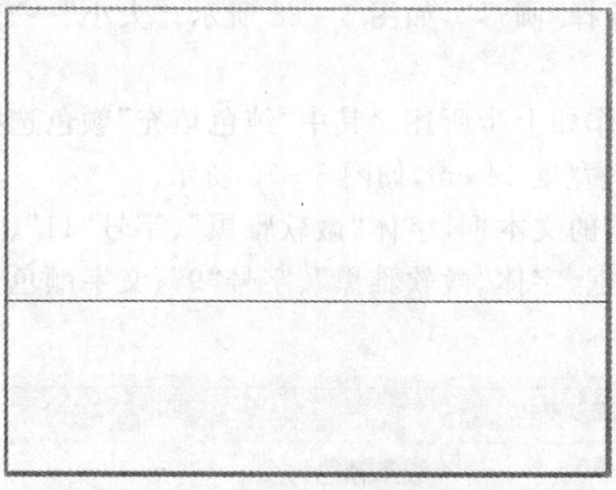

图 5－62　插入横线

图 5－63　依次插入图片

（2）在插入的横线下方插入 2 个文本框，分别输入罗琳的相关信息，如图 5－64 所示。

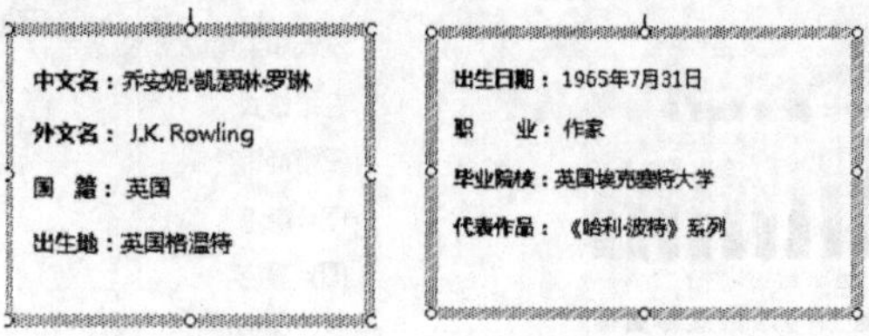
中文名：乔安妮·凯瑟琳·罗琳
外文名： J.K. Rowling
国　籍：英国
出生地：英国格温特
出生日期： 1965年7月31日
职　　业：作家
毕业院校：英国埃克塞特大学
代表作品： 《哈利·波特》系列

图 5－64　插入文本框

（3）在罗琳信息的右边插入图片“扫帚”和文本框，文本框添加文字“点击”，如图 5－65

所示。

图 5-65　插入图片和文本框

(4)插入文本框。

1)“插入”选项卡→“文本”组→“文本框”→“横排文本框”,右键选中插入的文本框,弹出“设置形状格式”对话框,“填充”→“纯色填充”→“填充颜色”选择“白色”,如图 5-66 所示;“线条颜色”→“实线”→颜色选择“主题颜色”的最后一行第一个,如图 5-67 所示;“线型”→“宽度”0.5 lb→“线端类型”选择“平面”→“联接类型”选择“圆形”,如图 5-68 所示;“大小”→“高度”10 cm、“宽度”14 cm,如图 5-69 所示。

2)在插入的文本框上方再插入一个文本框,操作如上步所述。其中“纯色填充”颜色选择“主题颜色”的最后一行第一个,“大小”高度 0.8 cm、宽度 14 cm,如图 5-70 所示。

3)在第二个灰色文本框的左侧插入“个人简介”的文本框,字体“微软雅黑”、字号“11”、文字颜色为“白色”;右侧插入“点击窗口关闭”的文本框,字体“微软雅黑”、字号“9”、文字颜色为“黑色”,如图 5-71 所示。

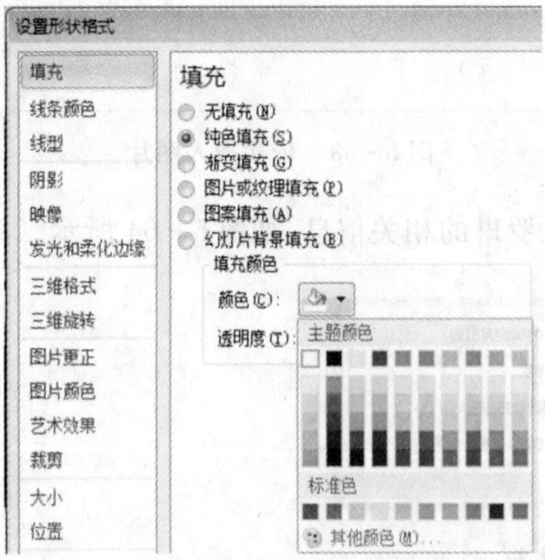

图 5-66　文本框填充颜色

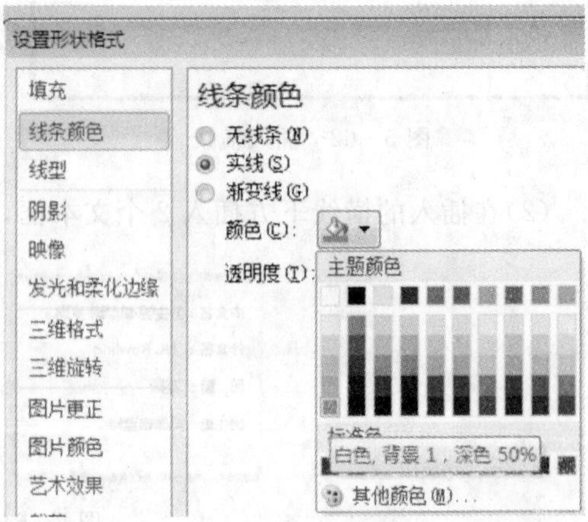

图 5-67　文本框线条颜色

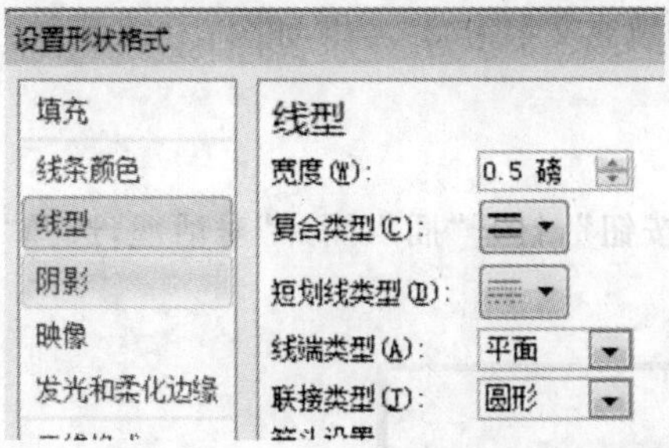

图 5－68　文本框线条线型

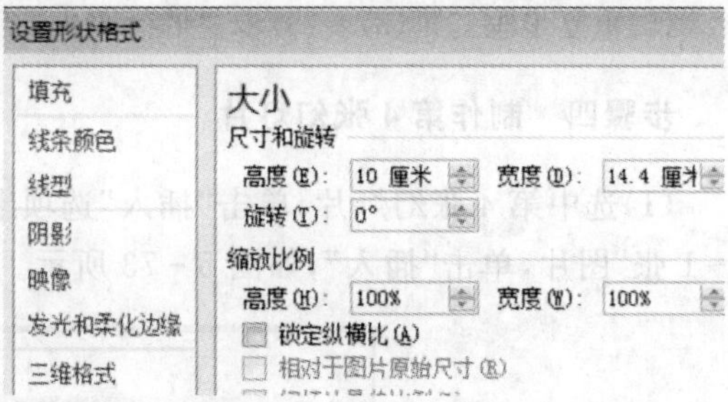

图 5－69　文本框大小

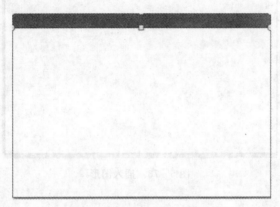

图 5－70　插入灰色文本框

图 5－71　输入文字

4)在第二个文本框下方插入 J.K.罗琳个人简介的文本框，其中“J.K.”字体为“微软雅黑”、字号“18”、文字颜色为“红色，强调文字颜色 2”、加粗，结果如图 5－72 所示。

图 5－72　第 3 张幻灯片效果

(5)重复步骤二第(3)～(5)步,“平行四边形”文本框的填充文字为“3”,结果如图 5－72 所示。

步骤四　制作第 4 张幻灯片

(1)选中第 4 张幻灯片,单击“插入”选项卡,“图片按钮”,打开“插入图片”对话框,选择“第 4－1 张”图片,单击“插入”,如图 5－73 所示。

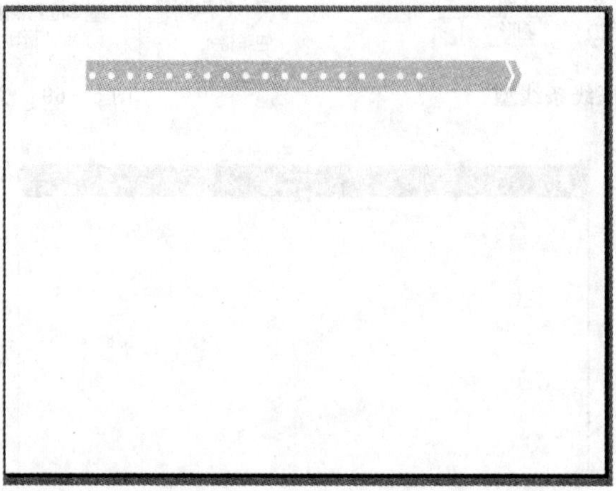

图 5－73　插入图形

(2)插入形状。

1)在空白圆圈上插入圆形:“插入”选项卡→“插图”组→“形状”中选择“椭圆”,按住“Shift”键可插入“圆形”,调整至合适大小,右键点击插入的圆形,弹出快捷菜单,选择“设置形状格式”命令,“填充”颜色为“橙色”,“线条”为“实线”,颜色为“黑色”,“宽度”为 0.75 lb,如图 5－74所示。

图 5－74　插入圆形形状

2)插入竖线:“插入”选项卡→“插图”组→“形状”中选择“直线”,调整至合适长度,右键点击插入的直线,弹出快捷菜单,选择“设置形状格式”命令,“线条”为“实线”,颜色为“黑色”,“宽度”为 0.5 lb,如图 5－75 所示。

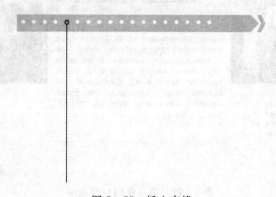

图 5－75　插入直线

3)在直线的末端插入文本框：

·插入文本框，右键单击文本框选择“设置形状格式”命令，“填充”颜色为“黑色”，“大小”设置高度为“0.6cm”，宽度为“1.1cm”，添加文字“2001”，字体为“微软雅黑”、字号“9”、文字颜色为“白色。

·插入文本框，右键单击文本框选择“设置形状格式”命令，添加文字“哈利·波特与魔法石”，字体为“微软雅黑”、字号“12”、文字颜色为“绿色”，着色 6，深色 25%。

·插入文本框，右键单击文本框选择“设置形状格式”命令，添加文字“2001 年 11 月 4 日英国首映”，字体为“微软雅黑”、字号“9”、文字颜色为“黑色”，文字 1，淡色 35%。重复上述步骤，如图 5-76 所示。

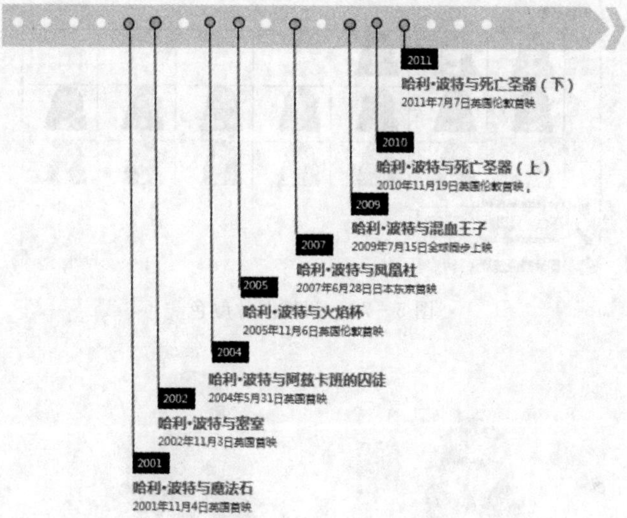

图 5-76　插入文本框

(3)分别在幻灯片左上角和右下角插入图片：单击“插入”选项卡，“图片按钮”，打开“插入图片”对话框，分别选择“第 4-2 张”、“第 4-3 张”图片，调整至合适大小，如图 5-77 所示。

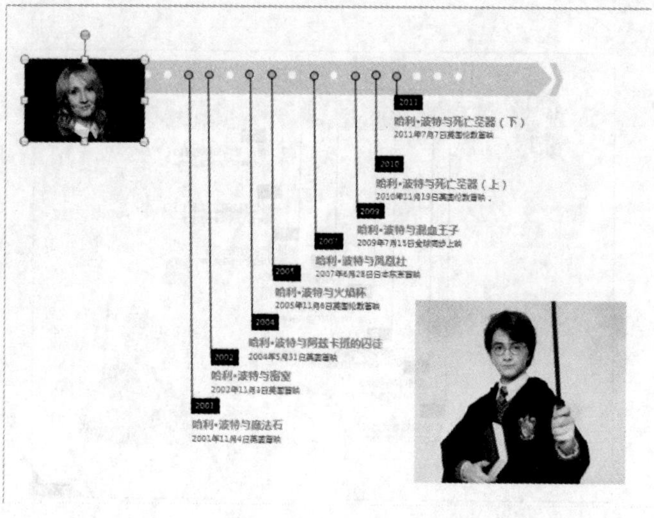

图 5-77　插入图片

选中插入的图片，选择“图片工具/格式”选项卡，“调整”组中单击“颜色”，选择“设置透明色”命令，鼠标变成画笔的形状后，在图片上单击，将背景变为透明色；再次选中插入的图片，“调整”组中单击“颜色”，重新着色中选择“茶色，背景颜色 2，浅色”，如图 5－78 所示，如图 5－79所示。

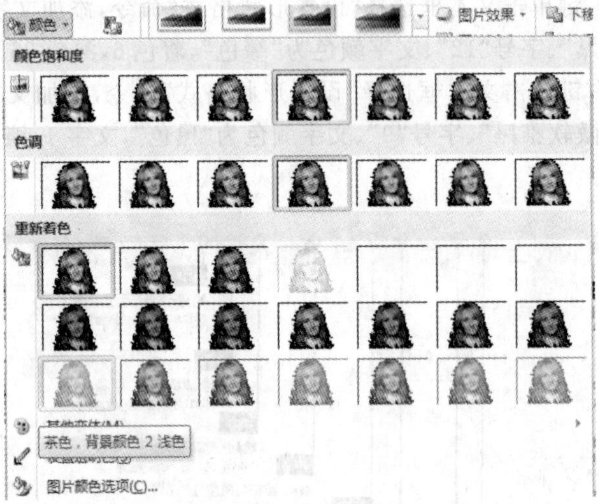

图 5－78　调整图片颜色

图 5－79　图片颜色效果图

(4)在幻灯片左下角插入图片“扫帚”和文本框，文本框添加文字“点击影片名称”，如图 5－80所示。

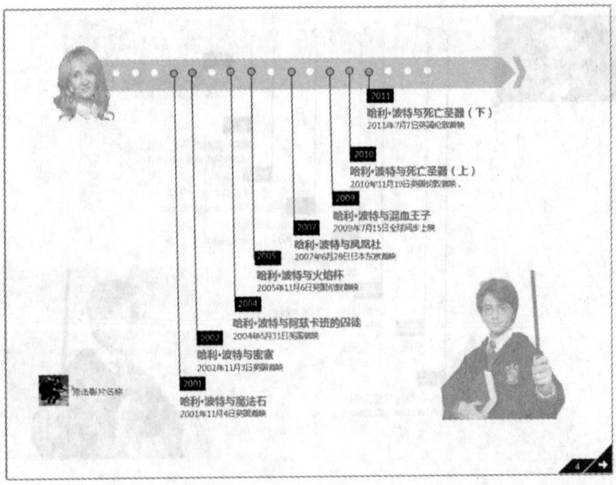

图 5－80　第 4 张幻灯片效果

（5）重复步骤二第（3）步，“平行四边形”文本框的填充文字为“4”，结果见图 5-80。

步骤五　制作第 5～11 张幻灯片

（1）选中第 5 张幻灯片，单击“插入”选项卡，“图片按钮”，打开“插入图片”对话框，选择“第 5 张”图片，单击“插入”，调整至幻灯片大小，选中插入的图片，选择“图片工具/格式”选项卡，“调整”组中单击“颜色”，选择“设置透明色”命令，鼠标变成画笔的形状后，在图片上单击，原来的背景变为透明色，如图 5-81 所示。

（2）插入图片“3－1.jpg”，调整至合适大小，如图 5-82 所示。

图 5-81　插入图片，调整透明色

图 5-82　插入图片

（3）在幻灯片右下角插入图片“扫帚”和文本框，文本框添加文字“点击”；再插入文本框，添加影片信息文字，如图 5-83 所示。

（4）添加“影片介绍”文本框，重复步骤三第（4）步的操作，如图 5-84 所示。

（5）重复步骤二第（3）～（5）步，在“直角三角形”上插入形状“左箭头”，颜色为“白色”，如图 5-84 所示。

图 5-83　插入文本框

图 5-84　第 5 张幻灯片效果

（6）重复上述步骤，制作第 6～11 张幻灯片，如图 5-85～图 5-90 所示。

图 5－85　第 6 张幻灯片效果

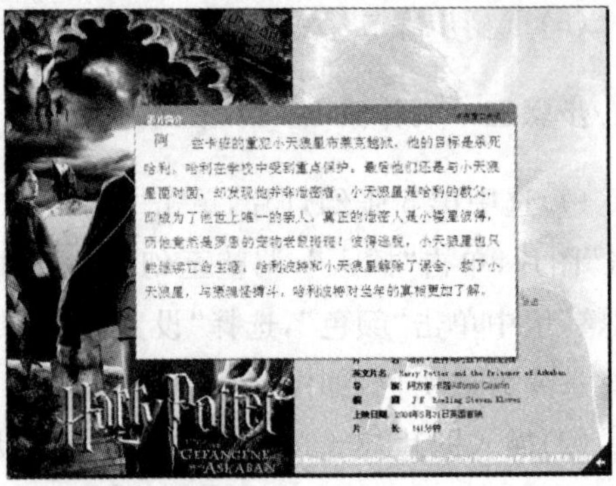

图 5－86　第 7 张幻灯片效果

图 5－87　第 8 张幻灯片效果

图 5－88　第 9 张幻灯片效果

图 5－89　第 10 张幻灯片效果

图 5－90　第 11 张幻灯片效果

步骤六　保存演示文稿。

任务 3　演示文稿动画设置——用动画介绍哈利波特七步曲

[学习目标]

■熟悉掌握设置幻灯片超级链接、幻灯片动画效果的操作。

■熟练掌握幻灯片切换方式等操作。

[任务描述]

在第一张幻灯片中插入音乐 Hedwig's Theme，设置为“自动播放”“循环播放，直到停止”“幻灯片放映时隐藏声音图标”，并将该音乐设置为整个幻灯片的背景音乐。设置幻灯片的超级链接、动画效果和切换效果。

[相关知识]

一、幻灯片中超级链接的插入

在演示文稿中使用超级链接，可以跳转到不同的位置，如演示文稿中某张幻灯片、其他演示文稿、Word 文档、Excel 表格或 Internet 上的某个地址等。

在幻灯片中建立超链接的两种方法。

1. 使用“动作”命令建立超级链接

(1)在幻灯片中选定要建立超级链接的文本。

(2)使用“插入”选项卡→“链接”组→“动作”命令，弹出如图 5-91 所示“动作设置”对话框。

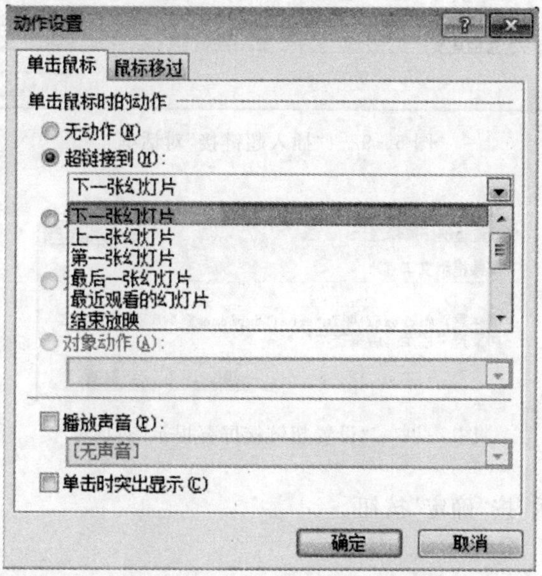

图 5-91 “动作设置”对话框。

(3)在对话框中，选定“超链接到”单选框，再单击下面设置框右边的下拉箭头，在打开的下拉列表中单击要超级链接到的位置。按“确定”按钮，完成超级链接的建立。

若要删除超级链接，则在“动作设置”对话框中选择“无动作”单选框，即可删除超级链接。

2. 使用菜单命令“超链接”命令来建立超级链接

(1)在幻灯片上选中要链接的文本。

(2)“插入”选项卡→“链接”组→“超链接”命令或单击鼠标右键，弹出快捷菜单，选择“超链接”命令弹出如图 5-92 所示的“插入超链接”对话框。

(3)在“链接到”列表中选择要插入的超级链接类型。若是链接到已有的文件或 Web 页上，则单击“现有文件或网页”图标；若要链接到当前演示文稿的某个幻灯片，则可单击“本文档中的位置”图标；若要链接一个新演示文稿，则单击“新建文档”图标；若要链接到电子邮件，可单击“电子邮件地址”图标。

(4)在“要显示的文字”文本框中显示的是所选中的用于显示链接的文字，也可以更改。

(5)在“地址”框中显示的是所链接文档的路径和文件名，在其下拉列表框中，还可以选择要链接的网页地址。

(6)单击“屏幕显示”按钮，弹出如图5-93所示的提示框，可以输入相应的提示信息，在放映幻灯片时，当鼠标指向该超级链接时会出现提示信息。

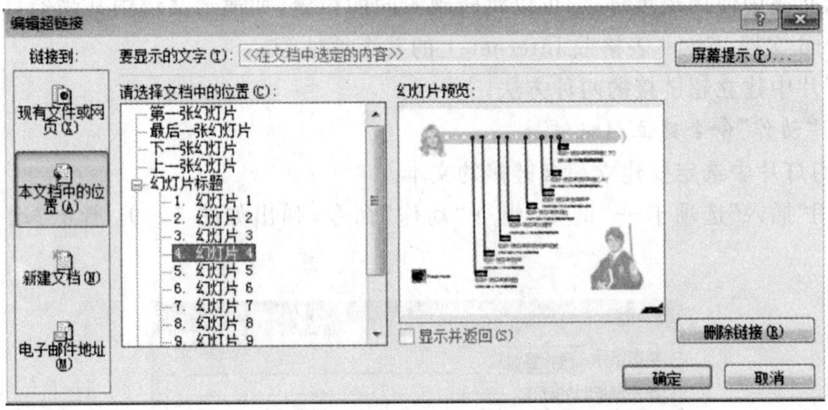

图5-92 “插入超链接”对话框

图5-93 “设置超链接屏幕提示”对话框

(7)完成各种设置后，按“确定”按钮。

二、音/视频处理

1. 插入音频

单击“插入”选项卡，在“媒体”组中单击“音频”按钮，打开“文件中的音频/剪贴画音频”命令，如图5-94所示，插入声音，如图5-95所示。

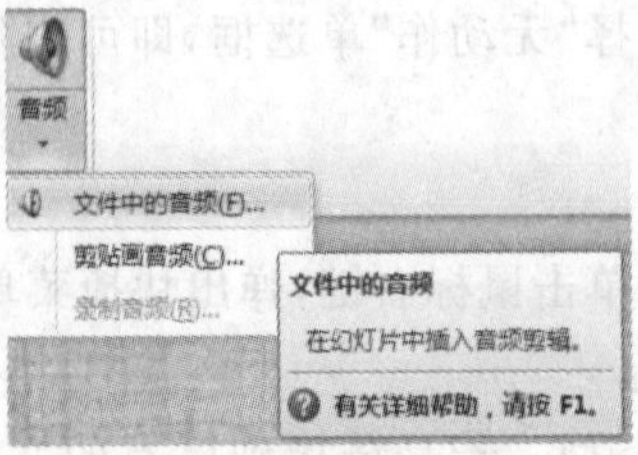

图5-94 插入音频

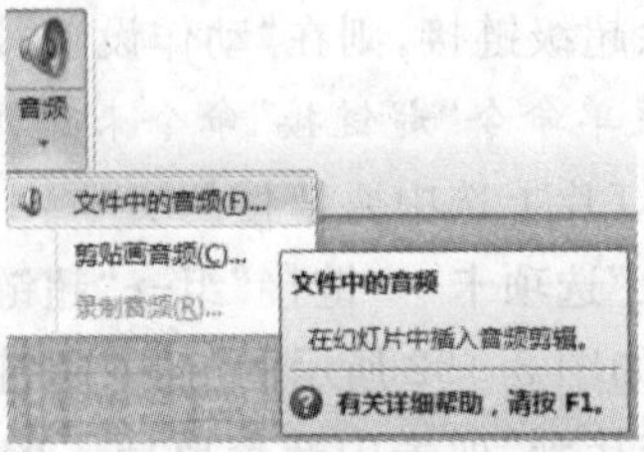

图5-95 插入的音频图形

2. 声音图标大小、位置调整

(1)调整声音图标大小。

方法 1：当光标变为双向箭头形状时，鼠标左键直接拖动图标控制点即可粗略调整大小

方法 2：选中图标，单击“音频工具/格式”选项卡，在“大小”组可对高度/宽度精确设置数值，如图 5－96 所示。

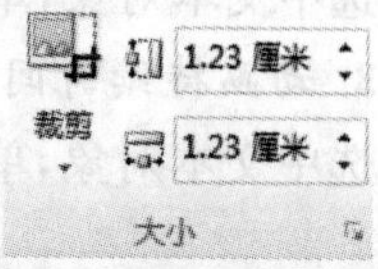

图 5－96　剪裁音频图形大小

(2)调整声音图标位置。选中图标，光标变为十字双向箭头时，左键直接拖动即可调整位置。

3. 设置音频文件

选中声音图标→“音频工具/播放”选项卡→音频选项，开始(自动/单击时/跨幻灯片播放)，如图 5－97 所示。

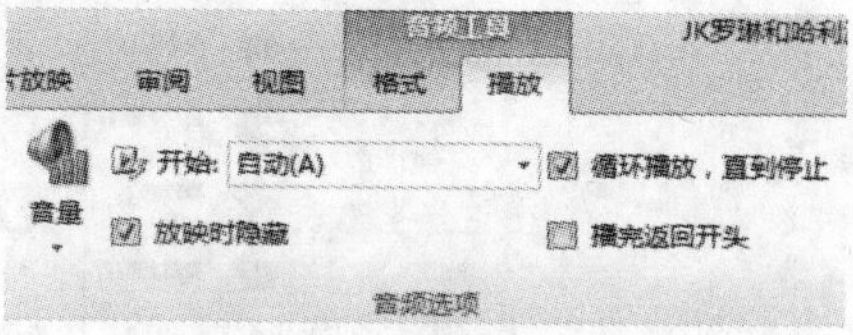

图 5－97　设置音频文件

4. 插入视频

可参照“音频”操作步骤。

三、动画设置

1. 文本进入效果——飞入

图 5－98　插入动画

选中文本对象，单击“动画”选项卡→“动画”组中可选择相应的动画效果，如图 5－98 所示，如没有可选择的效果则单击快翻按钮，如图 5－99 所示选择更多“进入”“强调”“退出”“动作路径”效果。

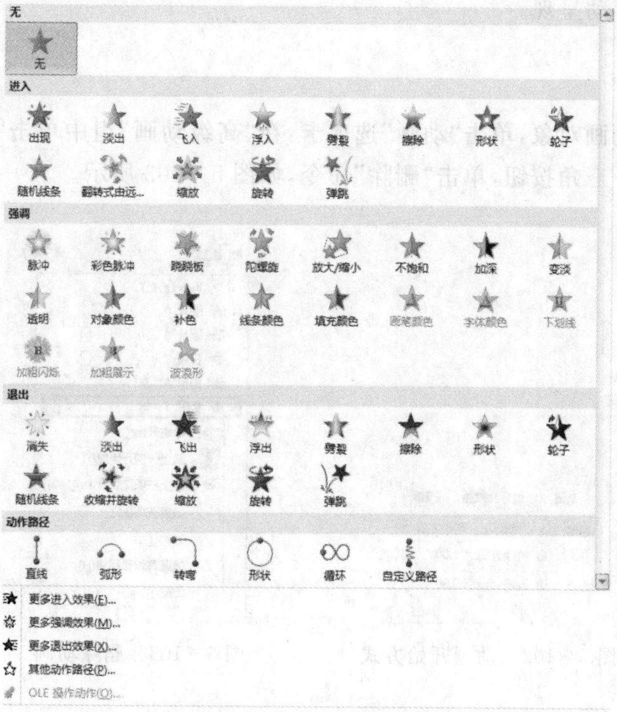

图 5－99　选择动画效果

2. 飞入方向设置

选中文本对象,单击“动画”选项卡,在“动画”组中单击“效果选项”,如图 5-100 所示。

3. 动画持续时间

选中文本对象,单击“动画”选项卡,在“计时”组可设置“持续时间”,如图 5-101 所示。

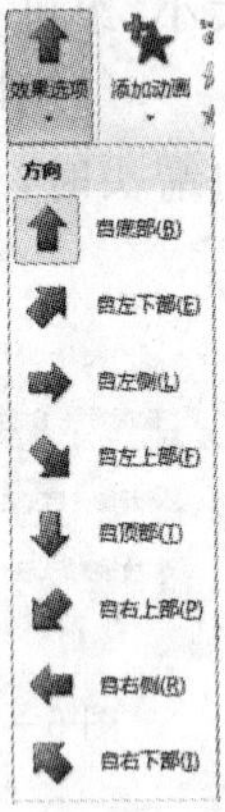

图 5-100　动画效果选项

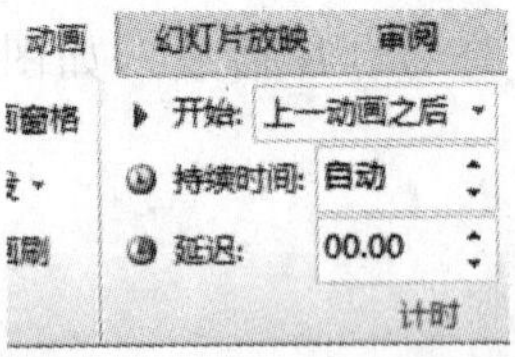

图 5-101　动画持续时间

四、控制动画的开始方式

首先为各个对象设置好入场动画,选中对象,单击“动画”选项卡,在“计时”组的开始中可选择“单击时/与上一动画同时/上一动画之后”,如图 5-102 所示。

单击时:单击鼠标后开始动画;与上一动画同时:与上一个动画同时呈现;上一动画之后:上一个动画出现后自动呈现。

五、删除动画

选中要删除的动画对象,单击“动画”选项卡,在“高级动画”组中单击“动画窗格”按钮,单击所选对象右侧的下三角按钮,单击“删除”命令,如图 5-103 所示。

图 5-102　动画开始方式

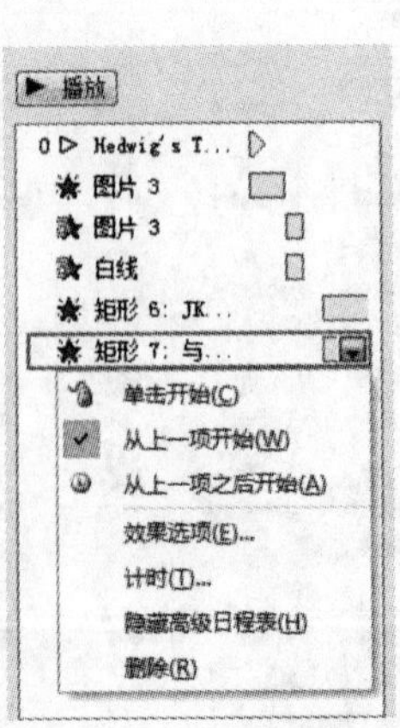

图 5-103　删除动画

六、页面切换

1. 切换方式

选中幻灯片，单击“切换”选项卡，在“切换到此幻灯片”组中的快翻按钮，如图 5 - 104 所示。

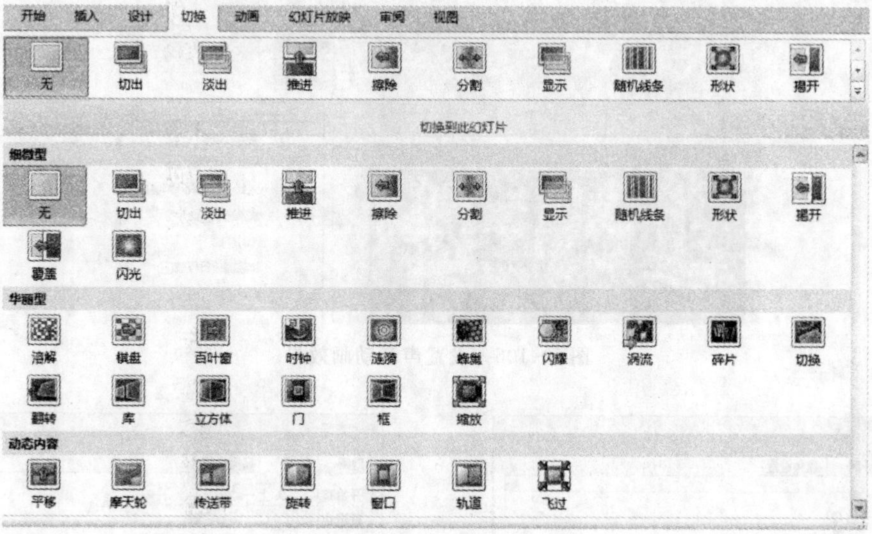

图 5 - 104　幻灯片切换

2. 切换音效及换片方式

选中幻灯片，单击“切换”选项卡，在“计时”组中可设置“声音/换片方式”，如图 5 - 105 所示。

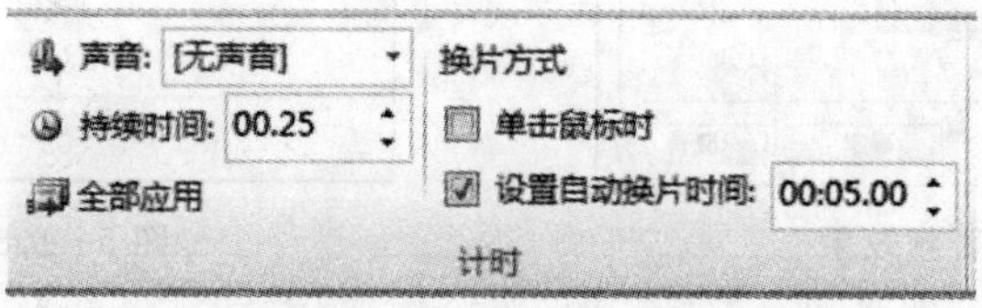

图 5 - 105　幻灯片切换音效及换片方式

[任务实施]

步骤一　设置第 1 张幻灯片效果

(1) 插入音乐 Hedwig's Theme。

1)单击“插入”选项卡，在“媒体”组中单击“音频”按钮，打开“文件中的音频/剪贴画音频”命令，如图 5 - 94 所示插入声音。选中声音图标→“音频工具/播放”选项卡→音频选项，开始下拉菜单中选择“自动”，见图 5 - 97。

2)单击“动画”选项卡，在“高级动画”组中单击“动画”按钮，“幻灯片编辑区”的右边出现“动画窗格”，如图 5 - 106 所示。右键单击动画窗格的音频，选择“效果选项”命令，打开“播放音频”对话框，“效果”选项卡中的“开始播放”选择“从头开始”，“停止播放”选择“在 11 张幻灯片后”，如图 5 - 107 所示。如果音乐时间太短，选择“计时”选项卡里“开始”设置为“上一动画之后”，“重复”设置为“直到幻灯片末尾”，单击“确定”，如图 5 - 108 所示。

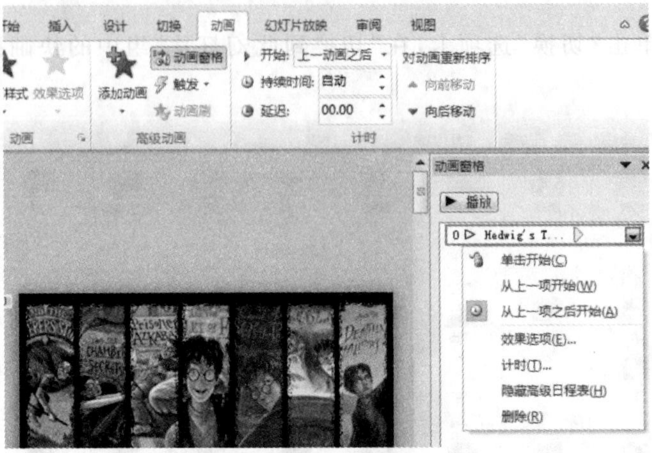

图 5 - 106　设置声音动画效果

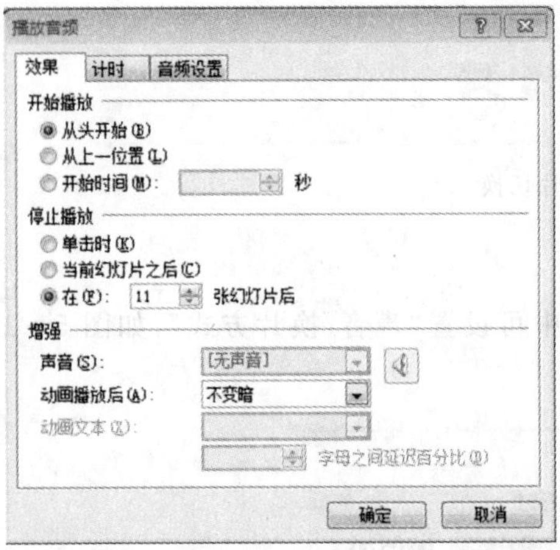

图 5 - 107　音频效果

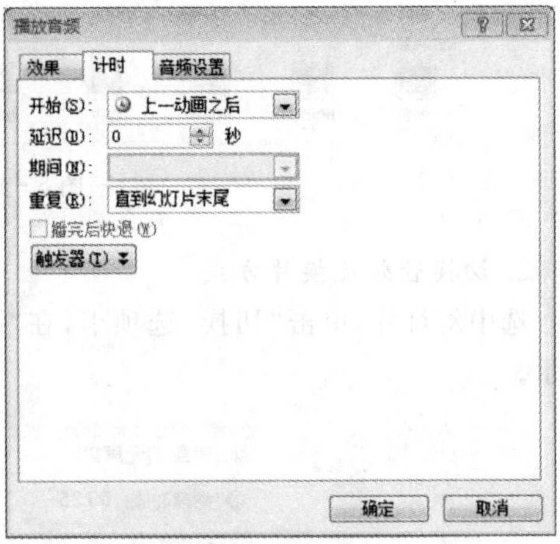

图 5 - 108　音频计时

(2)选中“第 1 张图片”(7 副漫画)，选择“动画”选项卡→“动画”组中“淡出”的命令，“计时”组中的“开始”选择“与上一动画同时”，持续时间为“01.00”，如图 5 - 109 所示。

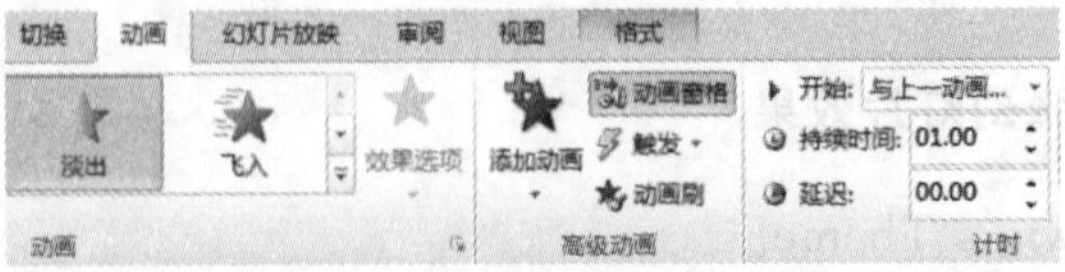

图 5 - 109　设置图片动画

(3)选中“JK 图片”，选择“动画”选项卡→“动画”组中“切入”的命令，“计时”组中的“开始”选择“与上一动画同时”，“持续时间”为“00.50”，“延迟”为“01.00”。

(4)选中“白线”，选择“动画”选项卡→“动画”组中“擦除”的命令，“计时”组中的“开始”选择“与上一动画同时”，“持续时间”为“00.50”，“延迟”为“01.00”。

(5)同时选中两个"艺术字文本框"，选择"动画"选项卡→"动画"组中"淡出"的命令，"计时"组中的"开始"选择"与上一动画同时"，"持续时间"为"02.00"，"延迟"为"02.00"。

(6)选择"切换"选项卡→"切换到此幻灯片"组中的"无"，"计时"组中的"持续时间"为"00.25"，"换片方式图"选择"设置自动换片时间"为"00:05:00"。

步骤二　设置第 2 张幻灯片效果

(1)选中"胶片"图片，选择"动画"选项卡→"动画"组中"切入"的命令，"计时"组中的"开始"选择"与上一动画同时"，"持续时间"为"05.00"，"延迟"为"00.00"。

(2)选中"影评"对话框，选择"动画"选项卡→"动画"组中"淡出"的命令，"计时"组中的"开始"选择"上一动画之后"，"持续时间"为"05.00"，"延迟"为"00.00"。

(3)选中"影评落款"对话框，选择"动画"选项卡→"动画"组中"擦除"的命令，"计时"组中的"开始"选择"上一动画之后"，"持续时间"为"01.00"，"延迟"为"00.00"。

(4)选择"切换"选项卡→"切换到此幻灯片"组中的"淡出"，"计时"组中的"持续时间"为"00.50"，"换片方式"选择"设置自动换片时间"为"00:05:00"。

(5)设置超级链接：选中"向右箭头"，"插入"选项卡→"链接"组→"超链接"命令或单击鼠标右键，弹出快捷菜单，选择"超链接"命令弹出如图 5－110 所示的"插入超链接"对话框，"本文档中的位置"选择"下一张幻灯片"。

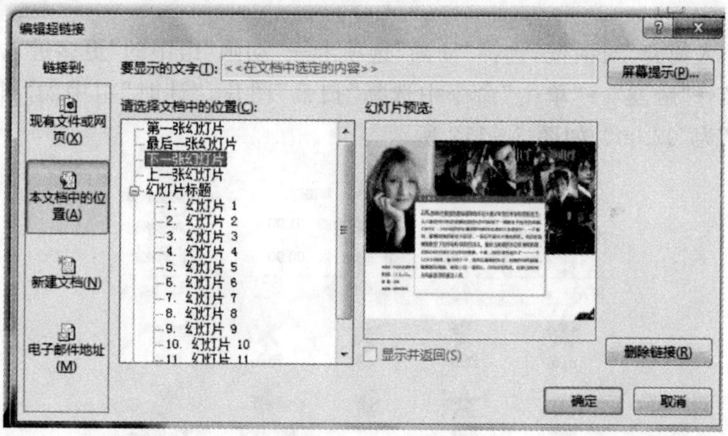

图 5－110　超级链接

步骤三　设置第 3 张幻灯片效果

(1)分别选中"3－1～3－7"图片，选择"动画"选项卡→"动画"组中"飞入"的命令，"效果选项"选择"自左侧"，"计时"组中的"开始"选择"与上一动画同时"，"持续时间"为"05.00"，"延迟"7 张图片分别设置为"00.00""03.00""06.00""09.00""01.20""01.50""01.80"。

(2)分别选中 2 个文本框，选择"动画"选项卡→"动画"组中"擦除"的命令，"效果选项"选择"自左侧"，"计时"组中的"开始"选择"上一动画之后"，第一个文本框"持续时间"为"01.00"，"延迟"为"00.20"，第二个文本框"持续时间"为"01.00"，延迟"为"00.00"。

(3)选中"扫帚"图片，选择"动画"选项卡→"动画"组中"出现"的命令，"计时"组中的"开始”选择“上一动画之后”，“持续时间”为“自动”。

(4)选中“点击”文本框，选择“动画”选项卡→“动画”组中“出现”的命令，“计时”组中的“开始”选择“与上一动画同时”，“持续时间”为“自动”。

(5)选中“扫帚”图片，选择“动画”选项卡→“高级动画”组中的“添加动画”→“强调”→“跷跷板”命令，“计时”组中的“开始”选择“单击时”，“持续时间”为“01.00”，如图 5－111 所示。

图 5－111　在同一图形上添加动画

(6)选中“个人简介”对话框，选择“动画”选项卡→“动画”组中的“更多进入效果”→“升起”→“高级动画组”→“触发”→“单击”命令中选择“扫帚”图片，“计时”组中的“开始”选择“单击时”，“持续时间”为“03.00”，如图 5－112 所示。

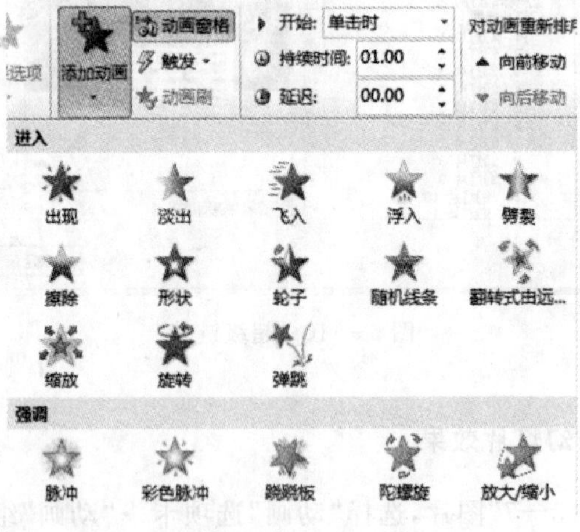

图 5－112　触发器

(7)再次选中“个人简介”对话框，选择“动画”选项卡→“动画”组中的“更多退出效果”→“下沉”→“高级动画组”→“触发”→“单击”命令中选择“个人简介”文本框，“计时”组中的“开始”选择“单击时”，“持续时间”为“05.00”。

(8)选择“切换”选项卡→“切换到此幻灯片”组中的“淡出”，“计时”组中的“持续时间”为“00.50”，“换片方式”选择“设置自动换片时间”为“00:10:00”，如图 5－113 所示。

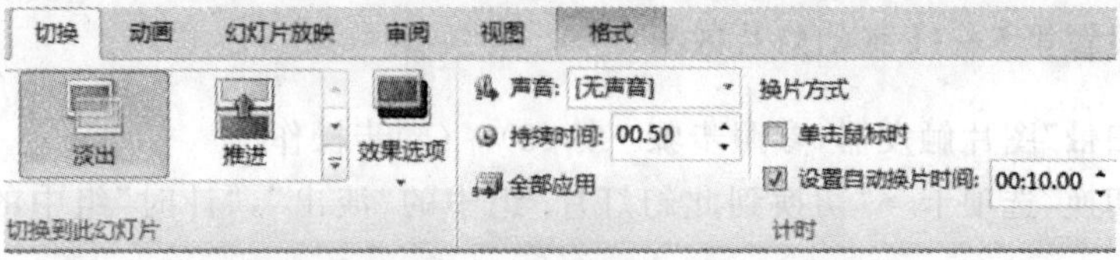

图 5－113　幻灯片切换

(9)设置“向右箭头”超级链接:参照步骤二,第(5)步。

步骤四　设置第 4 张幻灯片效果

(1)选中“灰色箭头”图片,选择“动画”选项卡→“动画”组中“飞入”的命令,“计时”组中的“开始”选择“与上一动画同时”,“持续时间”为“00.10”。

(2)选中“橙色圆圈”形状,选择“动画”选项卡→“动画”组中“出现”的命令,“计时”组中的“开始”选择“上一动画之后”,“持续时间”为“自动”。

(3)选中“直线”形状,选择“动画”选项卡→“动画”组中“擦除”的命令,“计时”组中的“开始”选择“上一动画之后”,“持续时间”为“00.50”。

(4)选中“2001”文本框,选择“动画”选项卡→“动画”组中“切换”的命令,效果选项“自顶部”,“计时”组中的“开始”选择“上一动画之后”,“持续时间”为“00.50”。

(5)选中“电影标题”、“放映时间”文本框,选择“动画”选项卡→“动画”组中“擦除”的命令,,效果选项“自顶部”,“计时”组中的“开始”选择“上一动画之后”,“持续时间”为“00.50”。

(6)重复上步操作,设置其他电影名称和上映时间动画效果。

(7)分别点击“影片名称”超级链接到第 5～11 张幻灯片,“插入超链接”对话框”→“本文档中的位置”分别选择“幻灯片 5”至“幻灯片 11”(哈利・波特与死亡圣器(上、下)均链接到“幻灯片 11”),如图 5－114 所示。

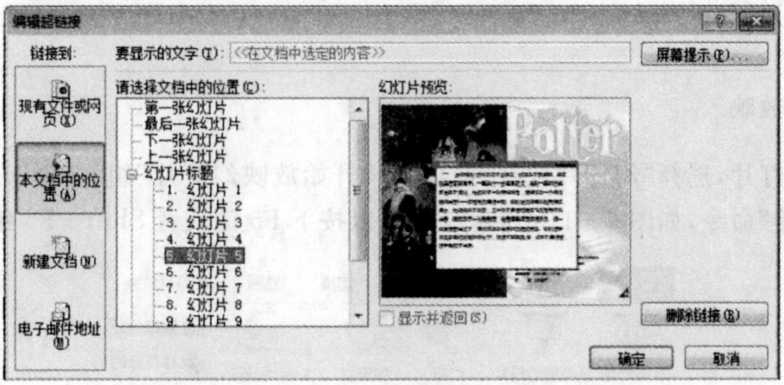

图 5－114　编辑超级链接

(8)设置“向右箭头”参考步骤三第(5)步,“插入超链接”对话框”→“本文档中的位置”选择“下一张幻灯片”。

(9)设置“扫帚”图片触发器,参照步骤三第(3)～(5)步。

(10)选择“切换”选项卡→“切换到此幻灯片”组中的“无”,“计时”组中的“持续时间”为“00.50”,“换片方式”选择“设置自动换片时间”为“00:20:00”。

步骤五　设置第 5～11 张幻灯片效果

(1)设置“扫帚”图片触发器,参照步骤三第(3)～(5)步操作。

(2)选择“切换”选项卡→“切换到此幻灯片”组中的“淡出”,“计时”组中的“持续时间”为“00.50”。

(3)每一张幻灯片结束,点击“向左箭头”超级链接到“幻灯片 4”。

步骤六　保存文件

任务 4　演示文稿的放映与发布

[学习目标]

■熟悉掌握幻灯片放映操作。

■熟练掌握幻灯片打包与打印操作。

[导读]

制作演示文稿的目的是为了播放,可以直接在 PowerPoint 下播放幻灯片并全屏幕查看演示文稿的实际播放效果。根据演示文稿的性质不同,放映方式的设置也可以不同,如项目清单式的演示文稿可按自动渐进方式放映,而交互式的演示文稿,则用自定义放映方式。如果演示文稿中加入了视频、声音等信息,或插入了链接文档,则在放映时可通过简单的操作显示这些信息和文档内容,也可将幻灯片打包放映。

演示文稿制作完成后,需选择合适的放映方式,添加一些特殊的播放效果,并控制好放映时间,才能得到满意的放映效果。

演示文稿制作完成后,可以将其打印出来。可以打印的内容有多种,如打印幻灯片、文稿大纲、备注页和讲义等。

[相关知识]

一、幻灯片放映

(1)播放幻灯片,选择“幻灯片放映”选项卡,“开始放映幻灯片”组,选择“从头开始”或“从当前幻灯片开始”命令,如图 5-115 所示。也可以按下 F5 键或者 Shift+F5 组合键。

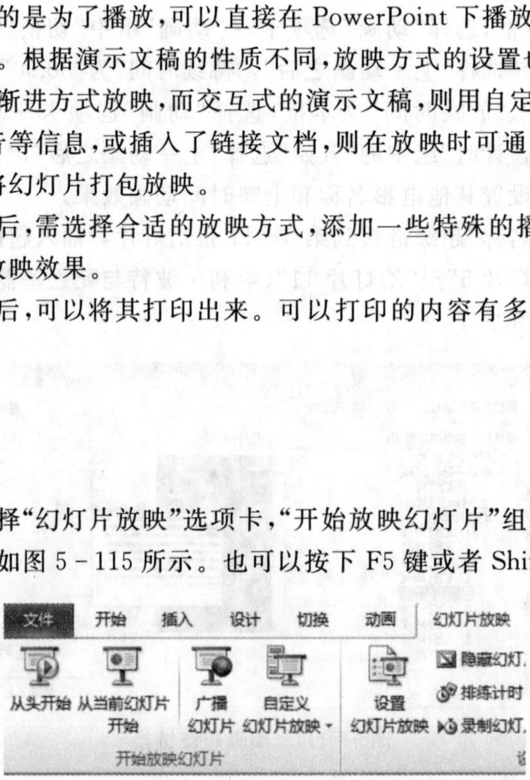

图 5-115　幻灯片放映

(2)“自定义幻灯片放映”。用户可以在演示文稿中选择一部分幻灯片来安排它们的放映顺序,打开“自定义放映”对话框,如图 5-116 所示,单击“新建”按钮,打开“定义自定义放映”对话框,用户在此对话框中选择所需要的幻灯片,再单击“添加”按钮,最后单击“确定”按钮,如

图 5 - 117 所示。

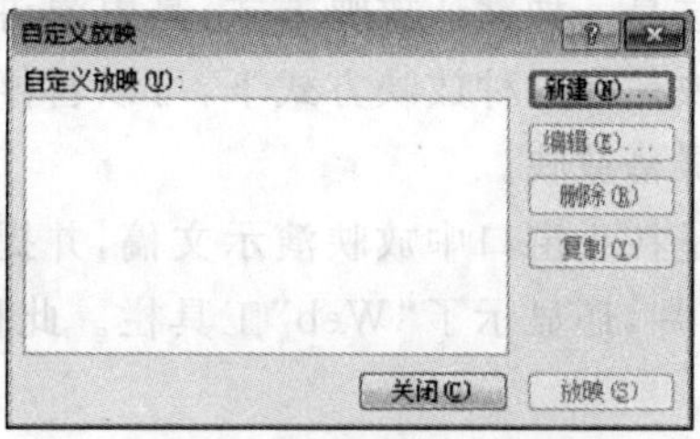

图 5 - 116　自定义放映

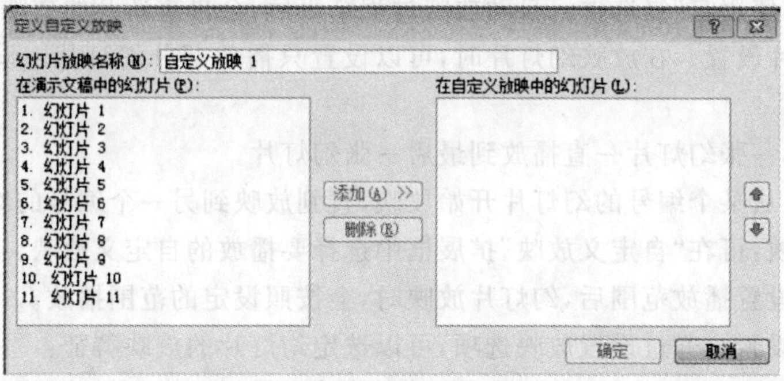

图 5 - 117　定义自定义放映

(3)幻灯片的放映方式。演示文稿制作完成后,需选择合适的放映方式,添加一些特殊的播放效果,并控制好放映时间,才能得到满意的放映效果。选择“幻灯片放映”选项卡→“设置放映方式”命令,弹出如图 5 - 118 所示的“设置放映方式”对话框。在对话框中,可以设置放映类型、放映范围、换片方式等。

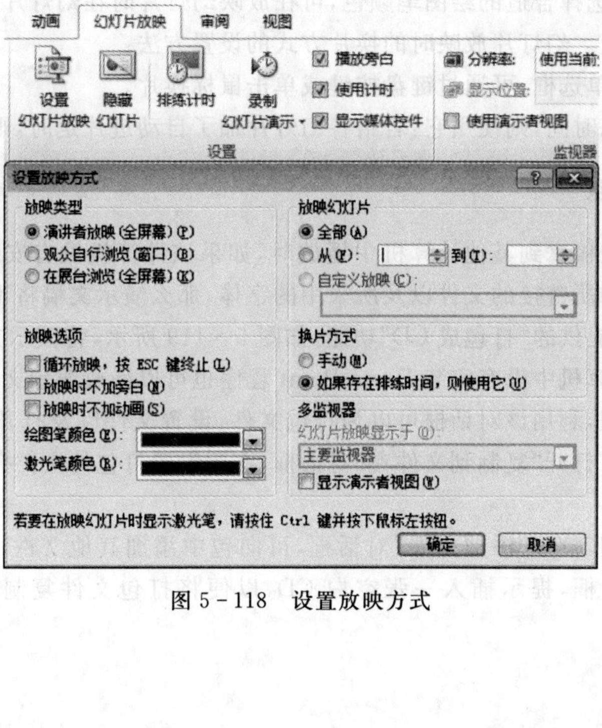

图 5 - 118　设置放映方式

1)放映类型设置。在放映类型选项中,有三种不同的放映方式:

· 演讲者放映(全屏幕):这是一种默认放映方式,是由演讲者控制放映,可采用自动或人工方式放映,并且可全屏幕放映。在这种放映方式下,可以暂停演示文稿的播放,可在放映过程中录制旁白,还可投影到大屏幕放映。

· 观众自行浏览(窗口):是在小窗口中放映演示文稿,并提供一些对幻灯片的操作命令,如移动、复制、编辑和打印幻灯片,还显示了"Web"工具栏。此种方式下,不能使用鼠标翻页,可以使用键盘上的翻页键。

· 在展台浏览(全屏幕):此方式可以自动运行演示文稿,并全屏幕放映幻灯片。一般在展示产品时使用这种方式,但需事先为各幻灯片设置自动进片定时,并选择换片方式下的"如果存在排练时间,则使用它"复选框。自动放映过程结束后,会再重新开始放映。

2)放映幻灯片设置。在放映幻灯片时,可以设置只播放部分幻灯片。设置放映幻灯片放映范围的方法:

· 全部:从第一张幻灯片一直播放到最后一张幻灯片。

· 从…到…:从某个编号的幻灯片开始放映,直到放映到另一个编号的幻灯片结束。

· 自定义放映:可在"自定义放映"扩展框中选择要播放的自定义放映。

在对话框中设置播放范围后,幻灯片放映时,会按照设定的范围播放。

3)放映选项设置。通过设置放映选项,可以选定幻灯片的放映特征:

· 循环放映,按 Esc 键终止:选择此复选框,放映完最后一张幻灯片后,将会再次从第一张幻灯片开始放映,若要终止放映,则按 Esc 键。

· 放映时不加旁白:选择此复选框,放映幻灯片时,将不播放幻灯片的旁白,但并不删除旁白。不选择此复选框,在放映幻灯片时将同时播放旁白。

· 放映时不加动画:选择此复选框,放映幻灯片时,将不播放幻灯片上的对象所加的动画效果,但动画效果并没删除。不选择此复选框,则在放映幻灯片时将同时播放动画。

· 绘图笔颜色:选择合适的绘图笔颜色,可在放映幻灯片时在幻灯片上书写文字。

4)换片方式设置。幻灯片放映时的换片方式的设置方法:

· 人工:选择该单选框,可通过键盘按键或单击鼠标换片。

· 如果存在排练时间,则使用它:若给各幻灯片加了自动进片定时,则选择该单选框。

二、演示文稿打包

当用户将演示文稿拿到其他计算机中播放时,如果该计算机没有安装 PowerPoint 程序,或者没有演示文稿中所链接的文件以及所采用的字体,那么演示文稿将不能正常放映。此时,可利用 PowerPoint 提供的"打包成 CD"功能,如图 5-119 所示,将演示文稿和所有支持的文件打包,这样即使计算机中没有安装 PowerPoint 程序也可以播放演示文稿。

单击"选项"按钮,利用该对话框可以为打包文件、设置文件以及打开和修改文件的密码;单击"复制到文件夹"打开"复制到文件夹"对话框,在此设置打包的文件夹名称及保存位置,如图 5-120 所示。

单击"添加"按钮,打开"添加文件"对话框,可向包中添加其他文件;单击"复制到 CD"按钮,会弹出提示对话框,提示插入一张空白 CD,以便将打包文件复制到空白 CD 中,如图 5-120所示。

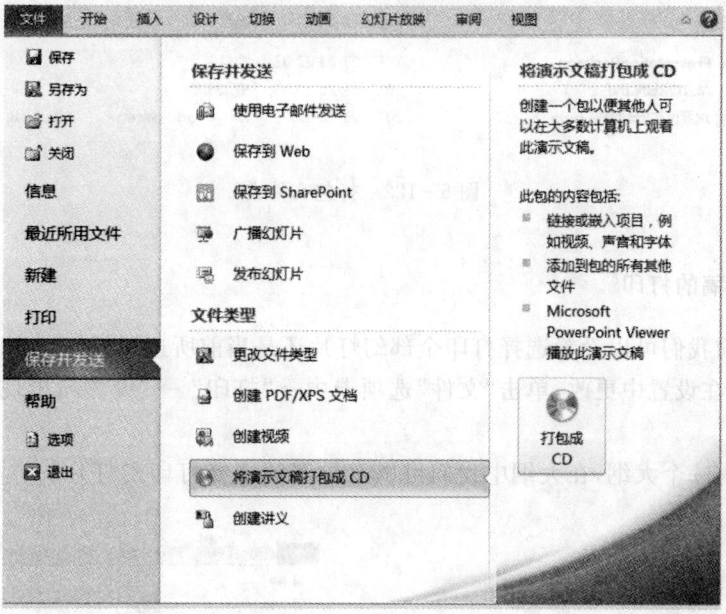

图 5-119 设置放映方式

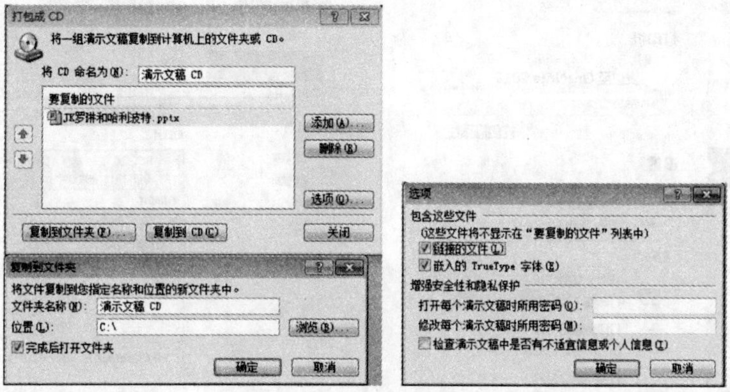

图 5-120 打包成 CD

单击“确定”后，出现对话框，如图 5-121 所示，等待一段时间后，即可将演示文稿打包到指定的文件夹中，并自动打开该文件夹，显示其中的内容，最后单击“打包成 CD”对话框中的关闭按钮，将该对话框关闭。

图 5-121 设置放映方式

将演示文稿打包后，可找到存放打包文件的文件夹，利用 U 盘或网络等方式，将其拷贝或传输到其他计算机中播放。双击打包文件夹的演示文稿即可进行播放，如图 5-122 所示。

名称
修改日期
类型
大小
PresentationPackage
2017-03-23 22:03
文件夹
AUTORUN.INF
2017-03-23 22:03
安装信息
1 KB
JK罗琳和哈利波特.pptx
2017-03-23 22:03
Microsoft Power...
4,013 KB

图 5－122　打包文件夹

三、演示文稿的打印

在打印之前我们可以设置选择打印全部幻灯片还是当前所选择的幻灯片以及所选择的幻灯片，它们都是在设置中更改，单击“文件”选项卡中→“打印”→“设置”，出现如图 5－123 所示的内容。

在下面还有一个大纲，在大纲中我们可以有更多的选择打印幻灯片的方式，如图 5－124 所示。

图 5－123　打印命令

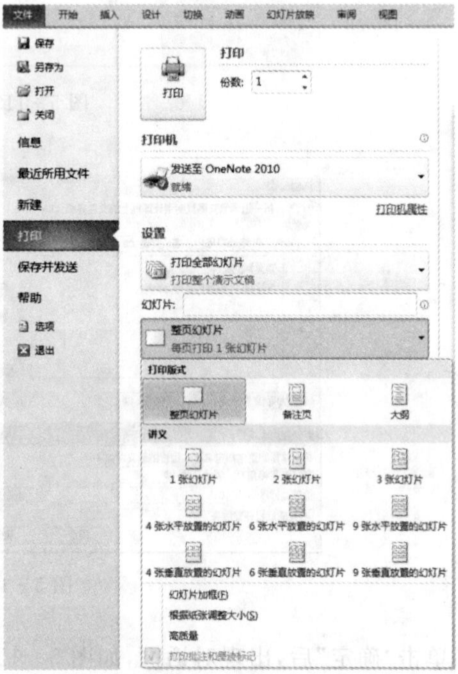

图 5－124　打印命令

项目六　计算机网络基础

任务1　Internet 基础

[学习目标]

■掌握计算机网络的概念与结构。

■了解局域网的基础知识及网络通信协议。

[导读]

计算机已全面进入网络时代，从较小的办公局域网到将全世界连成一体的互联网，计算机网络处处可见，计算机网络已经深入到社会的各个方面。因此，学习计算机网络知识是进一步掌握计算机应用技能的基本要求。

[相关知识]

一、计算机网络概念与结构

(一)计算机网络概述

计算机网络是计算机技术与通信技术相结合的产物。

1. 计算机网络定义

通过通信线路的通信设备，将地理位置不同的、功能独立的多台计算机互相连起来，以功能完善的网络软件来实现资源共享和信息传递就构成了计算机网络系统。

2. 计算机网络的发展简史

计算机网络的发展可分为以下4个阶段。

(1)诞生阶段。以一台中央主计算机连接大量处于不同地理位置的终端，形成"计算机→通信线路→终端"系统，这是20世纪50年代初到60年代初出现的计算机网络雏形阶段。

(2)形成阶段。通过通信线路将若干台计算机互连起来，实现资源共享。这是现代计算机网络兴起的标志。典型的网络是20世纪60年代后期由美国国防部高级研究计划局组建的ARPAnet。

(3)互联互通阶段。为了实现计算机网络的互联互通，迫切需要一种开放性的标准化使用网络环境，就出现具有统一的网络体系结构并遵循国际标准的开放式和标准化的网络。

20世纪80年代，诞生了两种国际通用的的最重要的体系结构，即TCP/IP网络体系结构和国际标准化组织(ISO)的开放系统互联(OSI)体系结构。

(4)高速网络技术阶段。20世纪90年代末至今的第四代计算机网络，由于局域网技术发展成熟，出现光纤及高速网络技术、多媒体网络、智能网络，整个网络就像一个对用户透明的大的计算机系统，发展 Internet 为代表的互联网。

3. 计算机网络的分类

计算机网络分类方法很多，但最常用的分类方法是按网络分布范围的大小来分类，计算机网络可分成局域网(LAN)、城域网(MAN)和广域网(WAN)。

(1)局域网(Local Area Network，LAN)。局域网是在小范围内组成的网络。一般在十公里以内，以一个单位或一个部门为限，如在一个建筑物、一个工厂、一个校园内等。这种网络可用多种介质通信，具有较高的传输速率，一般可达到 100Mbps。

(2)城域网(Metropolitan Area Network，MAN)。城域网是介于局域网与广域网之间，范围在一个城市内的网络。一般在几十公里以内。它的传输速度相对于局域网来说低一些。

(3)广域网(Wide Area Network，WAN)。广域网不受地区限制，可在全省、全国甚至横跨几大洲，进行全球联网。这种网络能实现大范围内的资源共享，通常采用电信部门提供的通信装置和传输介质，传输速率最低。Internet 就是著名的广域网。

4. 计算机网络的功能

(1)资源共享。共享硬件资源，如打印机、光盘等。共享软件资源，如各种应用软件，公共通用数据库。

资源共享可以减少重复投资，降低费用，推动计算机应用的发展，这是计算机网络的突出优点之一。

(2)信息交换。利用计算机网络提供的信息交换功能，用户可以在网上传送电子邮件、发布新闻消息、进行远程电子购物、电子金融贸易、远程电子教育等。

(3)协同处理。协同处理是计算机网络中各主机间均衡负荷，把在某时刻负荷较重的主机的任务传送给空闲的主机，利用多个主机协同工作来完成单一主机难以完成的大型任务。

(二)计算机网络的组成与结构

计算机网络组成分为逻辑组成和物理组成，物理组成是指计算机网络所包括的硬件设备，计算机网络的结构是指网络的连接方式。

1. 计算机网络的组成

计算机网络的逻辑组成分为资源子网和通信子网，如图 6-1 所示。

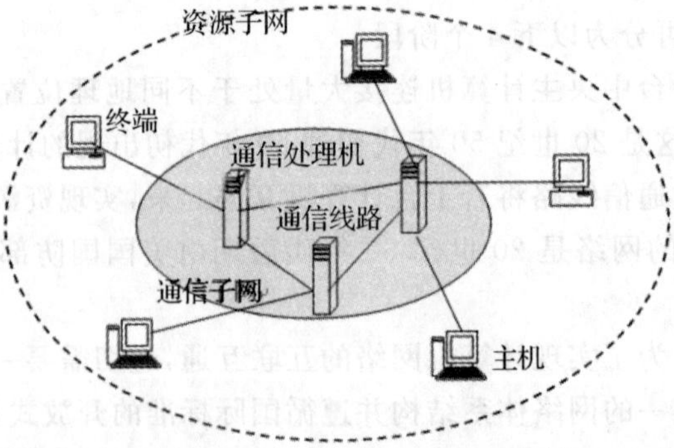

图 6-1　计算机网络结构图

(1)通信子网。通信子网负责网络中心的信息传递,由传输线路、分组交换设备、网控中心设备等组成。

(2)资源子网。资源子网负责网络中数据的处理工作、由连入网络的计算机、面向用户的外部设备、软件和可供共享的数据等组成。

计算机网络的物理组成分为硬件网络和网络软件。

网络硬件是组成网络的实体,由服务器、工作站、网卡、集线器、传输介质以及其他配件组成。网络软件最关键的是网络操作系统,包括服务器软件部分、客户软件部分和通信协议软件。

(1)服务器(Server)。服务器为网络提供各种公共服务。按服务器所提供的功能不同又分为文件服务器和应用服务器。

(2)工作站(Work Station)。连接到网站上的用户端计算机,都称为网络工作站,工作站仅仅为其操作者服务。

(3)网卡。又称为"网络适配器"。对于局域网来说,网上每台服务器和工作站都应当装上一块网卡,以便进行网络通信,实现网络存取。

(4)网络传输介质,指在网络中传输信息的载体,包括各种电缆、光纤和双绞线。

(5)网络连接部件。网络连接设备主要由集线器、交换器、路由器和网关等。

2. 计算机网络的拓扑结构

网络拓扑就是指网络的连接形状,即网络在物理上的连通性。从拓扑的角度看,计算机网络中的处理机称为节点,通信线路称为链路,因此,计算网络的拓扑结构就是指节点和链路的结构。

网络拓扑结构常见的有以下 5 种,分别是星型、树型、总线型、环型和网状拓扑。

(1)星型拓扑。星型拓扑是通过点到点链路接到中央结点的各站点组成的,如图 6-2 所示。

(2)树型拓扑。树型拓扑形状像一棵倒置的树,顶端是树根,树根以下带分支,每个分支还可再带子分支。树根接收各站点发送的数据,然后再广播发送到整个网络,如图 6-3 所示。

(3)总线型拓扑。总线型拓扑结构采用一个信道作为传输媒体,所有站点都通过相应的硬件接口直接连到这一公共传输媒体上,该公共传输媒体称为总线。任何一个站点发送的信号都沿着传输媒体传播,而且能被所有其他站点所接收,如图 6-4 所示。

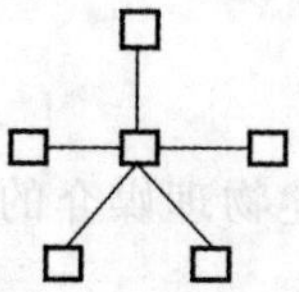

图 6-2　星型拓扑

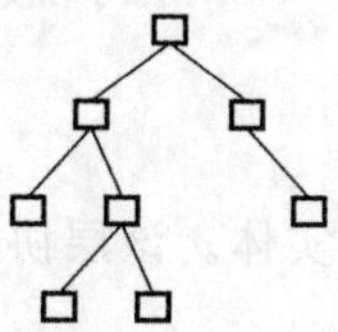

图 6-3　树型拓扑

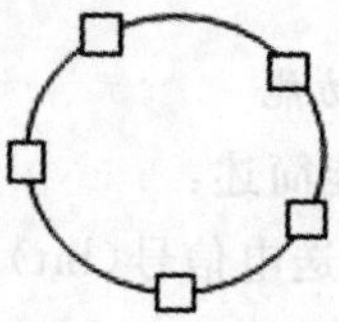

图 6-4　总线型拓扑

(4)环型拓扑。环型拓扑网络由站点和连接站点的链路组成一个闭合环,如图 6-5 所示。

(5)网状拓扑。网状拓扑如图 6-6 所示。这种结构在广域网中得到了广泛的应用,它的优点是不受瓶颈问题和失效问题的影响。由于结点之间有许多条路径相连,可以为数据流的传输选择适当的路由,从而绕过失效的部件或过忙的结点。这种结构由于可靠性高,受到用户的欢迎。

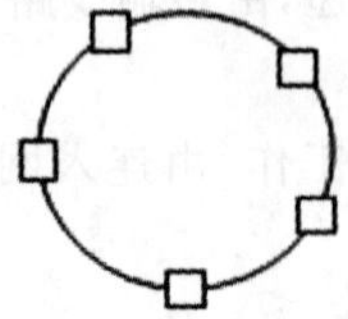

图 6-5　环型拓扑

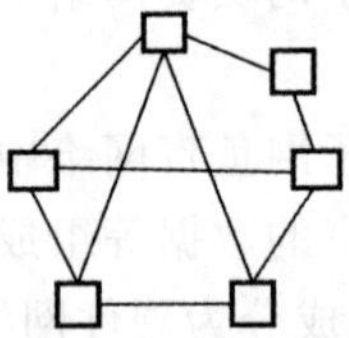

图 6-6　网状拓扑

(三)计算机网络协议

计算机网络中的各节点之间要进行有效的通信,必须遵守一定的规则,这种规则就是协议。

计算机网络的通信是一个复杂的过程,分层技术很好地解决了这个问题,将这些按规则按功能划分成不同的层次,下层为上层提供服务,上层利用下层的服务完成本层的功能,同时这些规则应具有通用性,即不依赖于各节点的硬件和软件,适用于各种网络。

1. OSI 参考模型

1984 年国际标准化组织公布了开放系统互连参考模型 OSI/RM(Open System Interconnection Reffernce Model),简称 7 层协议,称为国际上通用的协议标准。

这 7 层协议的名称分别是:物理层、数据层链路层、网络层、传输层、会话层、表示层和应用层,如图 6-7 所示。

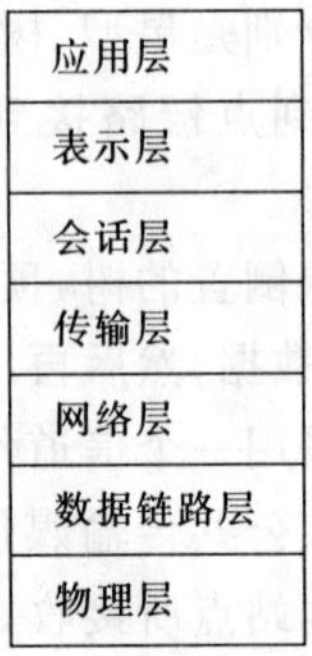

图 6-7　OSI7 层网络模型

2. OSI 的各层功能

OSI 的 7 层功能简述:

(1)物理层是传送电信号(bit)的物理实体。该层协议描述物理媒介的各种参数,如电缆类型、传输速率等。

(2)数据链路层的功能是数据链路连接的设定和释放以及传输差错的检查和恢复。

(3)网络层是决定网络间路径的选择和信息转换。还具有数据流量控制、数据顺序控制和差错控制功能。

(4)传输层保证任意节点间数据传送的正确性。

(5)会话层是建立通信双方会话的连接和解除,负责将网络地址的逻辑名转换成物理地址。

(6)表示层为通信双方提供通用的数据表示形式，并进行代码格式转换、数据压缩等。

(7)应用层为应用进程使用网络环境交换信息提供服务。如电子邮件、网络共享数据库软件等。

二、Internet

Internet是世界上最大的互联网络，它把各种局域网、城域网、广域网和互联网通过路由器或网关及通信线路进行连接。

(一)Internet发展简史

Internet的发展源于ARPANET，这是由美国国防部高级研究计划署(ARPA)于1969年开发的。APRANET是第一个可以实际运作的分组交换网，最初运行于UCLA，Santa Barbara大学和斯坦福研究所(SRI)4处。发展至今，情况早已不可同日而语了。如今，主机已经多达数十亿台，用户同样增长至数十亿，而且有近200个国家参与进来。与Internet的连接数则继续呈指数增长。

ARPANET充分利用分组交换新技术，相对于电路交换，分组交换提供了诸多优点。

电路交换用于数据传输时，有一点很重要，即发送设备和接受设备的数据速率必须完全相同。使用分组交换则无此必要。数据包可以采用发送设备的数据速率发送至网络中，在网络中可以基于多种不同的数据速率传输(通常高于发送设备的数据速率)，然后以接受设备所期望的数据速率输出。分组交换网及其接口可以将支持数据加以缓存，从而完成速度转换，即从较高速率转换为某种较低的速率。在ARPANET诞生之时，数据速率之间存在的差异并不是互连难行的唯一原因；当时开放的通信标准极其缺乏，这就使得不同制造商所生产的计算机之间基本上无法以电子方式实现通信。由于军方发起者对此尤其关注，因此ARPANET还提供了自适应路由。各数据包分别按其传输时看上去最快的路由发送至目的点。这样，如果部分网络阻塞或者失败，数据包会自动地调整路由而绕过出现问题的部分。

为ARPANET开发的一些早期应用还提供了新的功能。其中最重要的两个应用是Telnet和FTP。Telnet为远程计算机终端提供了一种混合语言(lingua franca)。引入ARPANET之时，不同的计算机系统分别需要一个不同的终端。Telnet应用则提供了一个通用的“公共”终端。如果为各种类型的计算机编写一个软件来支持Telnet终端，那么同一个终端就完全可以与所有类型的计算机交互。文件传输协议(FTP)也提供了类似的开放功能。FTP允许将文件从一台计算机通过网络透明地传输到另一台计算机。听上去简单，但事实并非如此，因为不同计算机的字长有所不同，而且会以不同的顺序储存位，并使用不同的字格式。不过，ARPANET的第一个倍受瞩目的应用是电子邮件。在ARPANET之前也不乏电子邮件系统，但是它们都只是单机系统。1972年，Bolt Beranek and Newman (BBN)的Ray Tomlinson编写了第一个在使用多台计算机的网络上提供分布式邮件服务的系统。到了1973年，ARPA曾做过一次调查，发现ARPANET流量中3/4都是电子邮件(e－mail)。

(二)Internet提供的服务

TCP/IP协议的应用层包括HTTP，FTP，SMTP，TELNET，SNMP，DNS，RTP，GOPH等多个子协议，因此Internet提供的服务主要有基于HTTP协议的WWW服务，简称Web服务、基于FTP的文件传输服务、基于SMTP的电子邮件服务、基于TELNET的远程登录与

BBS等。

1. WWW 服务

WWW(World Wide Web)称为万维网,它是一种基于超链接的超文本系统。WWW采用客户机/服务器工作模式,通信过程按照HTTP协议来进行。信息资源以网页文件的形式存放在WWW服务器中,用户通过WWW客户端程序(浏览器)向WWW服务器发出请求;WWW服务器响应客户端的请求,将某个页面文件发送给客户端;浏览器在接收到返回的页面文件后对其进行解释,并在显示器上将图、文、声并茂的画面呈现给用户。

2. FTP服务

FTP(File Transfer Protocol)是文件传输协议。该协议规定了在不同机器之间传输文件的方法与步骤。FTP采用客户机/服务器工作模式,要传输的文件存放在FTP服务器中,用户通过客户端程序向FTP服务器发出请求;FTP服务器响应客户端的请求,将某个文件发送给客户。

3. 电子邮件服务

电子邮件也是一种基于客户机/服务器模式的服务,整个系统由邮件通信协议、邮件服务器和邮件客户软件三部分组成。

(1)邮件通信协议。邮件通信协议有三种:SMTP,MIME,POP3。

SMTP意指简单邮件传输协议,它描述了电子邮件的信息格式及其传递处理方法,以保证电子邮件能够正确地寻址和可靠地传输。SMTP只支持文本形式的电子邮件。

MIME的含义是多用途网际邮件扩展协议,它支持二进制文件的传输,同时也支持文本文件的传输。

POP3是邮局协议的第三个版本,它提供了一种接收邮件的方式,通过它用户可以直接将邮件从邮件服务器下载到本地计算机。

(2)邮件服务器。邮件服务器的功能一是为用户提供电子邮箱;二是承担发送邮件和接收邮件的业务,其实质就是电子化邮局。按邮件服务器按功能可分为接收邮件服务器(POP服务器)和发送邮件服务器(SMTP服务器)。

(3)邮件客户软件。客户端软件是用户用来编辑、发送、阅读、管理电子邮件及邮箱的工具。发送邮件时,客户端软件可以将用户的电子邮件发送到指定的SMTP服务器中;接收邮件时,客户端软件可以从指定的POP服务器中将邮件取回到本地计算机中。

(三)TCP/IP协议

Internet的传输基础是TCP/IP(Transmission Control/Internet Protocol)协议,其核心思想是网络基本传输单位是数据包(datagram),TCP代表传输控制协议,负责把数据分成若干个数据包,并给每个数据包加上包头,包头上有相应的编号,以保证在数据接收端能正确地将数据还原为原来的格式。IP代表网际协议,它在每个人包头上再加上接收端主机的IP地址,以便数据能准确地传到目的地。

实践证明,TCP/IP协议组是一组非常成功的网络协议,它虽然不是国际标准,但已成为网络互联事实上的工业标准。

1. TCP/IP分层模型

TCP/IP协议将网络服务划分为4层,即:应用层、传输层、网际层与网络接口层。每一层都包干如若干个子协议,如传输包括TCP,UDP两个子协议,网际层包括IP,ICMP,ARP和

RARP4 个子协议,其中 TCP 与 IP 是两个最关键的协议。发送端在进行数据传输时,从上往下,每经过一层就要在数据上加个包头,而在接收端,从下往上,每经过一层就要把用过的包头去掉,以保证传输数据的一致性。

(1)应用层(Application layer):是 TCP/IP 参考模型的最高层,它向用户提供一些常用应用程序,如电子邮件等。应用层包括了所有的高层协议,并且总是不断有新的协议加入。

(2)传输层(Transport layer) 也叫 TCP 层,主要功能是负责应用进程之间的端－端通信。传输层定义了两种协议:传输控制协议 TCP 与用户数据报协议 UDP。

(3)网络层(Internet layer) 也叫 IP 层,负责处理互联网中计算机之间的通信,向传输层提供统一的数据报。它的主要功能有以下三个方面:处理来自传输层的分组发送请求;处理接收的数据包;处理互联的路径。

(4)物理链路层(Host－to－Network layer) 物理链路层主要功能是接收 IP 层的 IP 数据报,通过网络向外发送,或接收处理从网络上来的物理帧,抽出 IP 数据报,向 IP 层发送。该层是主机与网络的实际连接层。

2. IP 地址

IP 协议规定联网的每台计算机都必须有一个唯一的地址,这个地址由一个 32 位的二进制数组成,通常把 32 位分成四组,每组 8 位,用一个小于 256 的十进制数表示出来,各组数间用圆点连接,例如,192.168.0.1 就是 Internet 上的一台计算机的 IP 地址。

常用的 IP 地址分为 A,B,C 三大类。

(1)A 类地址。A 类地址分配给规模特别大的网络使用,用第一组数字表示网络标识,后三组数字表示网络上的主机地址,第一组数字规定为 1～126。

(2)B 类地址。B 类地址分配给中型网络,用第一、二组数字表示网络标识,后面两组数字表示网络上的主机地址,第一组数字规定为 128～191。

(3)C 类地址。C 类地址分配给小型网络,用前三组数字表示网络标识,最后一组数字作为网络上的主机地址,第一组数字规定为 192～223。

第一组数字为 127 及 224～255 之间的地址则用作测试和保留试验使用。

测试类:127.0.0.1 代表主机本身地址。

IP 地址是一种世界级的网络资源,由国际权威机构进行配置,所有的 IP 地址都由国际组织 NIC(Network Information Center,网络信息中心)负责统一分配。目前全世界共有 3 个这样的网络信息中心:InterNIC 负责美国及其他地区,ENIC 负责欧洲地区,APNIC 负责亚太地区。我国申请 IP 地址要通过 APNIC。APNIC 的总部设在日本东京大学。申请时要考虑申请哪一类的 IP 地址,然后向国内的代理机构提出。

IP 地址又分为公有 IP 和私有 IP 两种。公有 IP 地址分配给注册并向 NIC 提出申请的组织机构,通过它直接访问因特网。私有地址属于非注册地址,专门为组织机构内部使用。

因此,像 192.168.0.1～192.168.0.254 等之类的的 IP 地址都是单位内部 IP,并不能直接上因特网,而需要通过配有公有 IP 地址的网关服务器才能上因特网。

随着 Internet 应用的发展,IPv4 的 IP 地址数已不能满足用户的需求。为此,IETF(因特网工程任务组织)提出了新一代 IP 协议 IPv6 采用 128 位地址长度,几乎可以不受限制地提供地址。IPv6 的主要优势体现在以下几方面:扩大地址空间、提高网络的整体吞吐量、改善服务质量(QoS)、安全性有更好的保证、支持即插即用和移动性、更好地实现多播功能。

3. 域名

域(Domain)是指网络中某些计算机及网络设备的集合。而域名则是指某一区域的名称,它可以用来当作互联网上一台主机的代称,而且域名比 IP 地址便于记忆。

域名使用分层的结构:

计算机名.组织机构名.网络名.最高层名

例如,www.163.com 就是网易 Web 服务器的域名,在网络中把域名转换成 IP 地址的任务是由域名服务器来完成的。

域名的命名方法有约定,最高层域名分为组织域和国家或地区域两类。

截至 2017 年 1 月底,我国域名总数为 4 000 万个,其中.cn 域名数为 2 000 万个。

4. Internet 的连接

一台计算机要连入 Internet,首先要解决的问题就是连接 Internet 的方式。一般情况下,连接方式有 3 大类,即:专线、拨号、宽带。专线是指通过以太网方式接入局域网,然后再通过专线的方式接入互联网;拨号(包括 ISDN)是指通过调制解调器借助公用电话线接入互联网;宽带则是指使用 xDSL,Cable Modem 等方式接入互联网。

5. 局域网连接上网

计算机通过局域网连接 Internet 的原理是先将多台计算机组成一个局域网,局域网中的服务器通过路由或专线连接 Internet,局域网的工作站通过网关连入 Internet。

作为局域网的一个工作站应首先安装好网卡,并通过网线(双绞线或同轴电缆)与服务器连接好,然后进行软件配置,主要是配置 TCP/IP 协议,操作步骤如下。

(1)在 Windows 7 桌面上右击"网络"图标→"属性"打开"网络和共享中心"窗口,单击该窗口的"本地连接"选项,打开快捷菜单,单击"属性",打开"本地连接属性"对话框,如图 6-8 所示。

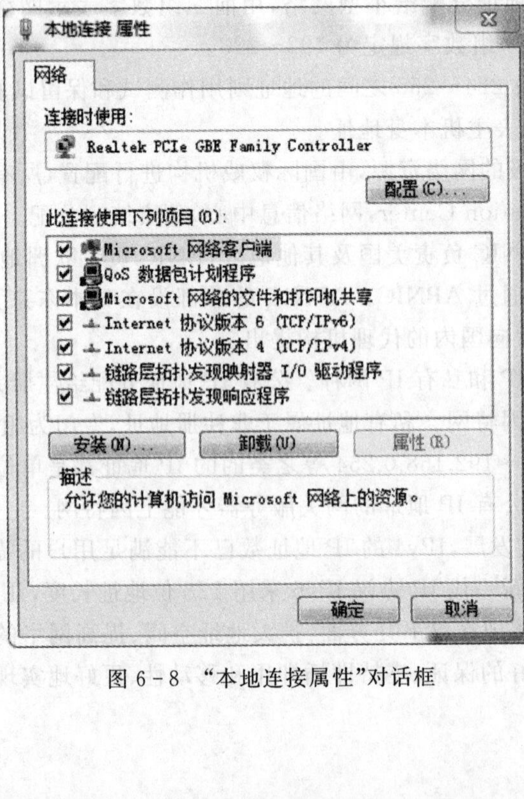

图 6-8 "本地连接属性"对话框

(2)在“本地连接”对话框中选“Internet 协议(TCP/IP)”复选框，单击“属性”按钮，打开“Internet 协议(TCP/IP)属性”对话框，如图 6－9 所示。

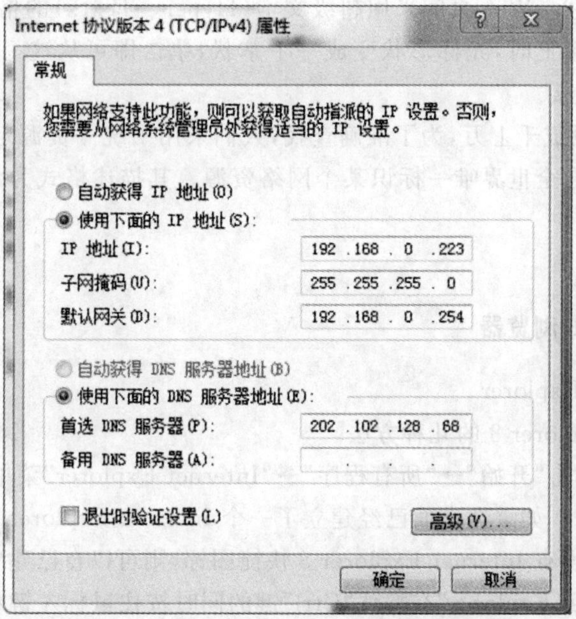

图 6－9　“Internet 协议(TCP/IP)属性”对话框

(3)在“Internet 协议(TCP/IP)属性”对话框中选“使用下面的 IP 地址”单选按钮，在“IP 地址”栏内填入分配给本机的 IP 地址、网关地址；选中“使用下面的 DNS 服务器地址”单选按钮，在“首选 DNS 服务器”栏内填入 DNS 服务器的 IP 地址。

如果在局域网中有 DHCP 服务器(自动为网络中的工作站分配 IP 地址的服务器)，可以选中“自动获取 IP 地址”与“自动获取 DNS 服务器 IP 地址”单选按钮。此时，局域网的服务器必须开通自动地址分配这一服务功能。

上述设置中，由于使用的是内部私有 IP 地址，本计算机必须通过网关才能访问 Internet，担当网关的计算机必须具有直接连入 Internet 的公有 IP 地址。最后，单击“确定”按钮完成 TCP/IP 的设置。

任务 2　Internet Explorer 8 浏览器

[学习目标]

■学会使用 IE 浏览器。

■设置 Internet Explorer。

[导读]

World Wide Web(也称 Web、WWW 或万维网)是 Internet 上集文本、声音、动画、视频等多种媒体信息于一身的信息服务系统，整个系统由 Web 服务器、浏览器(Browser)及通信协议等 3 部分组成。WWW 采用的通信协议是超文本传输协议(HTTP，HyperText Transfer Protocol)，它可以传输任意类型的数据对象，是 Internet 发布读到媒体信息的主要协议。

WWW 中的信息资源主要由一篇篇的网页为基本元素构成，所有网页采用超文本标记语言(HTML，HyperTextx Markup Language)来编写，HTML 对 Web 页的内容、格式及 Web 页中的超链接进行描述。Web 页间采用超级文本(Hyper - Textx)的格式互相链接。当鼠标的光标移动到这些链接上时，光标形状变成一手掌状，单击即可从这一网页跳转到另一网页上，这就是所谓的超链接。

Internet 中的网页成千上万，为了准确查找，人们采用了统一资源定位器(URL，Uniform Resource Locator)来在全世界唯一标识某个网络资源。其描述格式为：协议：//主机名称/路径名/文件名：端口号。

[相关知识]

一、打开及关闭 IE 浏览器

1. 打开 Internet Explorer

打开 Internet Explorer 8 的几种方法。

(1)常规启动。单击“开始”→“所有程序”→“Internet Explorer”菜单命令，即可打开。

(2)快捷图标打开。如果在桌面已经建立了一个 Internet Explorer 8 快捷图标，双击该图标即可。如果桌面上没有 Internet Explorer 8 快捷图标，则可以自己建立。方法是：“开始”→“所有程序”→“Internet Explorer”在按住“Ctrl”键的同时按住鼠标左键将“Internet Explorer”选项拖动至桌面，松开左键即可。

(3)任务栏打开。将“Internet Explorer”常用图标固定到任务栏上，单击即可打开。

2. 关闭 Internet Explorer

(1)单击“Internet Explorer”窗口标题栏右侧的关闭按钮。

(2)按组合键“Alt+F4”。

二、Internet Explorer 的窗口界面

打开 Internet Explorer 8 后，出现如图 6-10 所示的窗口。

图 6-10　IE 浏览器外观

该程序界面的基本组成元素及其功能是：

· 标题栏：用来显示 IE 标记和当前打开的网页的名称；

· 菜单栏：包含了浏览器操作的所有命令，包括文件、编辑、查看、收藏、工具、帮助。

· 工具栏：提供了浏览器的常用操作功能，包括后退（浏览过的上一网页）、前进（浏览过的下一网页）、停止浏览、刷新、浏览主页、搜索、收藏夹、历史等。

· 地址栏：单击地址栏右边的下拉按钮，将弹出一个下拉列表框，其中列出了最近输入的若干个网址，以便用户直接从列表中选择。

· 主窗口：用来显示当前网页的内容。

· 状态栏：用来显示当前网页打开的状态。当用鼠标指向网页上的某一超级链接时，状态栏内将显示链接到的地址。

三、浏览器的使用

(1)若想浏览某网站，在浏览器的地址栏中输入网站地址即可。如浏览百度网站，在地址栏中输入 www.baidu.com 即可。

(2)关闭多媒体信息，提高浏览速度。单击“工具”菜单，选择 Internet 选项→“高级”选项卡，如图 6-11 所示。

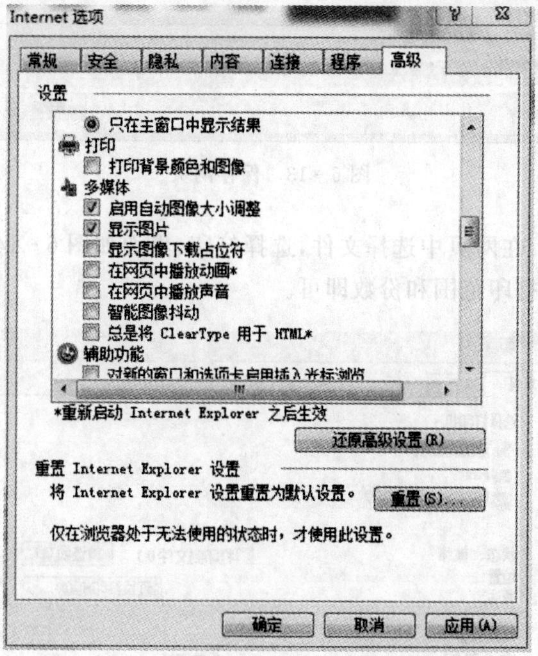

图 6-11　设置高级选项

(3)收藏喜爱的站点。在网页中选择收藏，选择添加到收藏夹→添加到收藏夹栏，如图 6-12所示。在名称后面输入名字，选择创建的位置，就把这个网页添加到收藏夹了，以后就可以通过收藏夹→名字来浏览这个网页了。

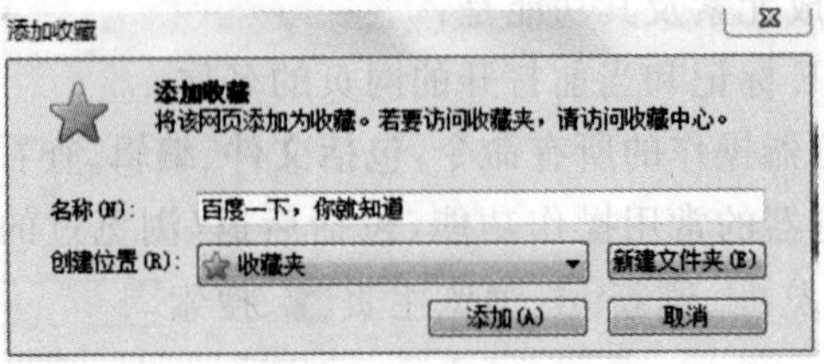

图 6-12　收藏站点

(4)保存页面信息。在网页中选择文件，选择另存为，界面如图 6-13 所示。在适当位置输入文件名和保存类型，即可完成网页文件的保存。

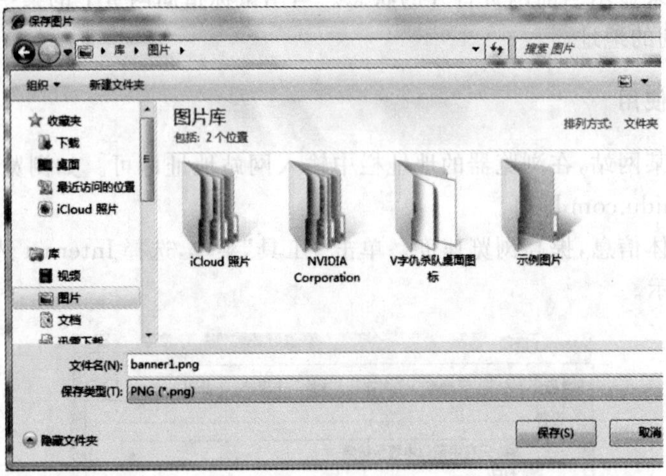

图 6-13　保存网页

(5)打印页面信息。在网页中选择文件，选择打印，界面如图 6-14 所示。如同打印 Word 文档一样，选择打印机、打印范围和份数即可。

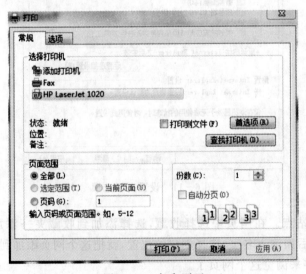

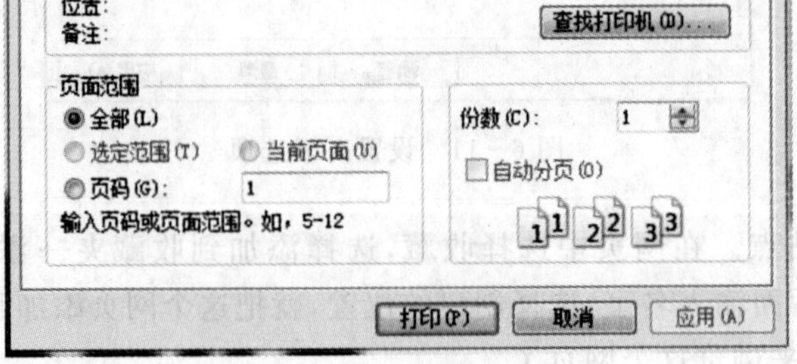

图 6-14　打印页面

四、网络信息搜索

(一)百度搜索引擎使用说明

打开 IE,在地址栏内键入“http://www.baidu.com/”后按回车键,就会显示 baidu 搜索引擎页面,如图 6-15 所示。

1. 基本使用方法

(1)基本搜索。查询简洁方便,仅需输入查询内容并敲一下回车键(Enter),或单击“搜索”按钮即可得到相关资料。查询严谨细致,能帮助您找到最重要、最相关的内容。例如,当对网页进行分析时,它也会考虑与该网页链接的其他网页上的相关内容。还会先列出那些搜索关键词相距较近的网页。

(2)自动使用“and”进行查询。只会返回那些符合您的全部查询条件的网页。不需要在关键词之间加上“and”或“+”。如果想缩小搜索范围,只需输入更多的关键词,只要在关键词中间留空格就行了。

图 6-15 百度搜索

(3)忽略词。会忽略最常用的词和字符,这些词和字符称为忽略词。自动忽略“http”“.com”和“的”等字符以及数字和单字,这类字词不仅无助于缩小查询范围,而且会大大降低搜索速度。

使用英文双引号可将这些忽略词强加于搜索项,例如:输入“柳堡的故事”时,加上英文双引号会使“的”强加于搜索项中。

(4)根据上下文确定要查看的网页。每个搜索结果都包含从该网页中抽出的一段摘要,这些摘要提供了搜索关键词在网页中的上下文。

(5)简繁转换。运用智能型汉字简繁自动转换系统,这样可找到更多相关信息。这个系统不是简单的字符变换,而是简体和繁体文本之间的“翻译”转换。例如简体的“计算机”会对应于繁体的“电脑”。当搜索所有中文网页时，百度会对搜索项进行简繁转换后，同时检索简体和繁体网页。并将搜索结果的标题和摘要转换成和搜索项的同一文本，方便阅读。

(6)词干法。在合适的情况下，会同时搜索关键词和与关键词相近的字词。词干法对英文搜索尤其有效。例如：搜索“dietary needs”，百度会同时搜索“diet needs”和其他该词的变种。

(7)不区分大小写。搜索不区分英文字母大小写。所有的字母均当做小写处理。例如搜索 searchstring 与搜索 Searchstring，sEaRcHsTrInG，得到的结果都一样。

2. 缩小搜索范围

(1)搜索窍门。由于只搜索包含全部查询内容的网页，所以缩小搜索范围的简单方法就是添加搜索词。添加词语后，查询结果的范围就会比原来的“过于宽泛”的查询小得多。

(2)减除无关资料。如果要避免搜索某个词语，可以在这个词前面加上一个减号（“—”，英文字符）。但在减号之前必须留一空格。

(3)英文短语搜索。可以通过添加英文双引号来搜索短语。双引号中的词语（比如"like this"）在查询到的文档中将作为一个整体出现。这一方法在查找名言警句或专有名词时显得格外有用。

一些字符可以作为短语连接符。百度将“—”“\”“.”“＝”和“...”等标点符号识别为短语连接符。

(4)指定网域。有一些词后面加上冒号对百度有特殊的含义。其中有一个词是“site:”。要在某个特定的域或站点中进行搜索，可以在百度搜索框中输入“site:xxxxx.com”。

例如，要在百度站点上查找新闻，可以输入：“新闻 site:www.google.com”，再单击“搜索”按钮。

(5)按类别搜索。利用目录可以根据主题来缩小搜索范围。例如，在目录的 Science ＞ Astronomy 类别中搜索“Saturn”，可以找到只与 Saturn（土星）有关的信息。而不会找到“Saturn”牌汽车、“Saturn”游戏系统，或“Saturn”的其他含义。在某个类别的网页中搜索可以快速找到所需的网页。

(二)搜索技巧

(1)表述准确。

(2)查询词的主题关联与简练。

(3)根据网页特征选择查询词。

在工作和生活中，会遇到各种各样的疑难问题。很多问题其实都可以在网上找到解决办法。因为某类问题发生的几率是稳定的，而网络用户有成千上万，于是遇到同样问题的人就会很多，其中一部分人会把问题贴在网络上求助，而另一部分人，可能就会把问题解决办法发布在网络上。有了搜索引擎，就可以把这些信息找出来。

找这类信息，核心问题是如何构建查询关键词。一个基本原则是，在构建关键词时，尽量不要用自然语言（所谓自然语言，就是我们平时说话的语言和口气），而要从自然语言中提炼关键词。这个提炼过程并不容易，但是可以用一种将心比心的方式思考：如果我知道问题的解决办法，我会怎样对此作出回答。也就是说，猜测信息的表达方式，然后根据这种表达方式，取其中的特征关键词，从而达到搜索目的。

(三)常用中文搜索引擎

(1)百度　http://www.baidu.com/。

(2)搜狐 http://www.sohu.com/。

(3)中文 Yahoo! http://gbchinese.yahoo.com/。

(4)新浪网 http://search.sina.com.cn/。

(5)网易 http://www.163.com/。

任务3 Internet 基本服务功能

[学习目标]

■了解并申请一个 E-mail。

■掌握电子邮件的收发。

[导读]

E—mail 是电子邮件的英文缩写,即 Electronic Mail,又称 email,e-mail 或 E-mail。利用电子邮件,人们可以实现在 Internet 上互相传递信息。它是 Internet 最早的应用功能之一,也是 Internet 最常用的功能。

[相关知识]

一、电子邮件

1. E-mail 的工作原理

E-mail 的发送需要通过发送邮件的服务器,接收 E-mail 需要通过读取信件服务器。在 Internet 上发送和接收 E-mail 的过程,与普通邮政信件的传递与接收过程十分相似。邮件并不是从发送者的计算机上直接发到接收者的计算机上,而是通过 Internet 上的邮件服务器进行中转。

E-mail 地址为设在电子邮局的用户信箱地址,用户必须拥有一个 E-mail 地址才能进行电子邮件收发。用户在向 ISP 申请 Internet 帐号时,ISP 为用户在其邮件服务器上设立了一个固定的邮箱。每一个邮箱都对应一个地址和密码,这个地址就是 E-mail 地址。ISP 的邮件服务器就相当于一个邮局,发给用户的邮件都先存在用户的邮箱中,只有知道邮箱密码的用户才能到 ISP 邮件服务器上的用户邮箱中取得 E-mail。

在 Internet 上,所有电子邮件的用户都采用相同格式的 E-mail 地址:最左边是上网用户名,也代表了用户的邮箱名,如 wise@public.bta.net.cn 中的"wise";最右边是 ISP 邮件服务器的域名地址,如本例中的"public.bta.net.cn";中间用"@"符号相连,这个符号读作"at(在…上)"。因此,本例中的 E-mail 地址,表示 wise 在 public.bta.net.cn 服务器上的邮箱。E-mail 地址的标准格式为:

用户信箱名@邮件服务器域名

例如 xxxxx@163.com。

2. 申请 E-mail

目前提供电子邮件服务的网站有很多。例如,在网易中申请电子邮箱,操作步骤如下。

(1)打开 IE 浏览器,在地址栏输入 http://mail.163.com,进入"163 网易免费邮"网站。

(2)单击"注册"按钮。进入"欢迎注册网易免费邮!"网页,如图 6-16 所示。

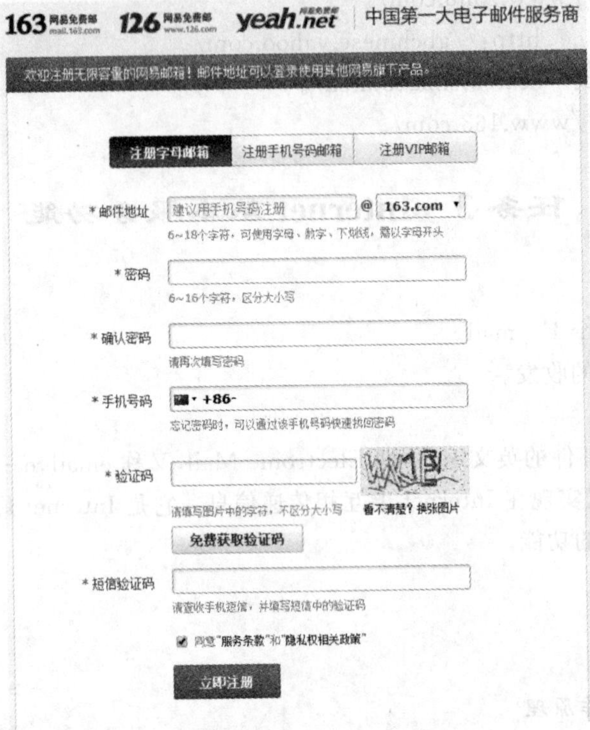

图 6－16　网易邮件注册界面

(3)在网页中按要求输入信息资料，有 * 标志为必填项。

(4)检查无误后单击“立即注册”按钮，完成注册。

到此，就完成电子信箱的申请，电子邮箱的地址为：用户名@163.com。

3. E－mail 的使用

有了电子邮箱以后，就可以进行邮件收发。

(1)登录邮箱。打开 IE 浏览器，在地址栏输入 http://mail.163.com，进入“163 网易免费邮”网站。输入用户名和密码，单击“登录”按钮，便可登录邮箱界面，如图 6－17 所示。

(2)邮件的收发。邮箱界面窗口分成左右两部分，左边是文件夹切换区，右边是具体的邮件，单击邮件的主题，可以打开邮件查看详细内容。界面的上边有一排按钮，是功能菜单区，可以收信、发信，也可以对邮件进行操作。

二、文件传输协议(FTP)

FTP(File Transfer Protocol)是一个标准协议，是双向的—上载、下载，它是在计算机和网络之间交换文件的最简单的方法。FTP 服务器中存储着大量共享文件和免费软件，国内用户无须争抢拥挤的国际通道，就可以由 FTP 服务器获得。利用 FTP 协议，可使 Internet 用户高效地从网上的 FTP 服务器下载(Download)大信息量的数据文件，将远程主机上的文件拷贝到自己的计算机上，也可以将本机上的文件上传(Upload)到远程主机上，以达到资源共享的目的。

图 6－17　网易邮箱界面

三、远程登录 Telnet

远程登录是 Internet 提供的基本信息服务之一，是提供远程连接服务的终端仿真协议。将自己的计算机连接到远程计算机的操作方式叫做“登录”，这种登录的技术称为“远程登录”。它可以使你的计算机登录到 Internet 上的另一台计算机上。你的计算机就成为你所登录计算机的一个终端，可以使用那台计算机上的资源，例如打印机和磁盘设备等。Telnet 提供了大量的命令，这些命令可用于建立终端与远程主机的交互式对话，可使本地用户执行远程主机的命令。

远程登陆软件为 Windows 系统中的 Telnet.exe 程序。可以在“开始”菜单的“运行”命令框中执行 telnet.exe 程序，打开 Telnet 程序窗口，在主机名栏填写远程主机域名或 IP 地址。

四、环球网(WWW)

WWW(World Wide Web)万维网或环球网是基于超文本格式检索器。WWW 的创建是为了解决 Internet 上的信息传递问题，在 WWW 创建之前，几乎所有的信息发布都是通过 E－mail，FTP 和 Telnet 等。但由于 Internet 上的信息散乱地分布在各处，因此除非知道所需信息的位置，否则无法对信息进行搜索。

WWW 采用超 HTTP(超文本传输协议)和多媒体技术，将不同文件通过关键字建立链接，提供一种交叉式查询方式。在一个超文本的文件中，一个关键字链接着另一个关键字有关的文件，该文件可以在同一台主机上，也可以在 Internet 的另一台主机上，同样该文件也可以是另一个超文本文件。现在常用的浏览器有 Microsoft 公司的 IE，网景公司的 Netscape，绿色浏览器、遨游浏览器等。

五、电子公告板系统(BBS)

BBS(Bulletin Board System)“电子公告板系统”，是 Internet 上著名的信息服务系统之一，发展非常迅速，几乎遍及整个 Internet，因为它提供的信息服务涉及的主题相当广泛，如科学研究,时事评论等各个方面,世界各地的人们可以开展讨论,交流思想,寻求帮助。

BBS站为用户开辟一块展示"公告"信息的公用存储空间作为"公告板"。这就象实际生活中的公告板一样,用户在这里可以围绕某一主题开展持续不断的讨论,可以把自己参加讨论的文字"张贴"在公告板上,或者从中读取其他人"张贴"的信息。电子公告板的好处是可以由用户来"订阅",每条信息也能象电子邮件一样被拷贝和转发。

项目七　信息安全和职业道德

任务1　病毒与网络安全

［学习目标］

■了解计算机病毒的危害及其表现。

■计算机网络安全。

［导读］

计算机病毒可以追溯到计算机科学刚刚起步之时，那时已经有人想出破坏计算机系统的基本原理。1949年，科学家约翰·冯·诺依曼声称，可以自我复制的程序并非天方夜谭。不过几十年后，黑客们才开始真正编制病毒。直到计算机开始普及，计算机病毒才引起人们的注意。计算机病毒危害惊人：硬盘数据被清空，网络连接被掐断，好好的机器变成了毒源，开始传染其他计算机。有报告显示，仅2008年，计算机病毒在全球造成的经济损失就高达85亿美元。

［相关知识］

一、病毒的基本概念

计算机病毒是危害计算机系统安全的一个重要因素。《中华人民共和国计算机信息系统安全保护条例》中将其定义为"指编制或者在计算机程序中插入的破坏计算机功能或者数据、影响计算机使用、并且能够自我复制的程序代码"。归根结底，计算机病毒就是一种人为制造的、在计算机运行中对计算机信息或系统起破坏作用的程序。除了具备程序的特点，计算机病毒还具有潜伏性、激发性、传染性、隐蔽性和破坏性。感染病毒后，不一定立刻发作，而是借助于媒体潜伏并能够在特定条件下激活自己，并实施自我复制和传播，对计算机系统造成攻击性破坏。在功能性结构上，计算机病毒一般由安装模块、传染模块、激活模块三部分组成。

二、计算机病毒的表现

(1)可执行文件所占存储空间加大。

(2)磁盘坏簇增多。

(3)磁盘卷标改名。

(4)系统内存减少，运行速度明显放慢。

(5)磁盘空间减少。

(6)系统启动异常或频繁死机。

(7)经常丢失程序和数据。

(8)不能正常打印。

(9)显示不正常,出现一些异常画面和问候语等显示。

(10)不能正常打开或编辑文档。

(11)系统动作异常:如自行启动,自行读写磁盘等。

(12)网络传输变慢。

三、计算机病毒的分类

计算机病毒有以下几种分类方式。

(1)按破坏性分为:良性病毒、恶性病毒、极恶性病毒、灾难性病毒。

(2)按传染方式分。

1)引导区型病毒:主要通过磁盘在操作系统中传播,感染引导区,蔓延到硬盘,感染到硬盘中的"主引导记录"。

2)文件型病毒:是文件感染者,也称为寄生病毒。它运行在计算机存储器中,通常感染扩展名为COM,EXE,SYS等类型的文件。

3)混合型病毒:具有引导区型病毒和文件型病毒两者的特点。

4)宏病毒:是指用BASIC语言编写的病毒程序寄存在Office文档上的宏代码,是一种寄存在文档或模板的宏中的计算机病毒,宏病毒影响对文档的各种操作。

(3)按连接方式分。

1)源码型病毒:攻击高级语言编写的程序,病毒在高级语言编写的程序编译之前插入到源程序中,经编译成功后成为合法程序的一部分。源码型病毒较为少见,亦难以编写。

2)入侵型病毒:可用自身代替正常程序的部分模块或堆栈区。因此这类病毒只攻击某些特定程序,针对性强,一般情况下难以被发现,清除起来也比较困难。

3)操作系统型病毒:可用其自身部分加入或替代操作系统的部分功能。因其直接感染操作系统,这类病毒的危害性也较大。

4)外壳型病毒:通常将自身附在正常程序的首尾,在文件执行时先行执行此病毒程序,相当于给正常程序加了个外壳。大部分的文件型病毒都属于这一类。

四、传染途径

计算机病毒传播的途径主要有磁介质、网络和光盘。

磁介质包括硬盘、软盘、优盘等,是计算机病毒隐藏和生存的主要媒介。凡是与感染病毒的系统有接触的磁介质都可能被病毒入侵,尤其是移动存储设备感染病毒,更容易扩大其传播范围。

网络则是现在计算机病毒最主要的传播途径,从一个节点传播到另一个节点,在极短的时间内大量的传播病毒。

光盘则可能在刻录时内容带有病毒,从而成为计算机病毒的携带和传播者。

五、病毒的防治

(1)慎用来历不明的软件,提防其捆绑病毒。

(2)使用防病毒软件 。在所有的计算机终端上安装具有实时监测功能的防病毒软件,以便对可移动存储介质进行病毒检测。并且坚持定期升级防病毒软件。

(3)坚持经常性的数据备份工作。定期检查主引导区,引导扇区,中断向量表、文件属性(字节长度、文件生成时间等)、模板文件和注册表等。

(4)在网关、服务器和客户端都要安装使用病毒防火墙,建立立体的病毒防护体系。一旦遭受病毒攻击,应采取隔离措施。

(5)要将 Office 提供的安全机制充分利用起来,将宏的报警功能打开。

(6)使用移动介质时最好使用鼠标右键打开使用,必要时先要进行扫描。

六、网络安全

网络安全是指网络系统的硬件、软件及其系统中的数据受到保护,不因偶然的或者恶意的原因而遭受到破坏、更改、泄露,系统连续可靠正常地运行,网络服务不中断。伴随网络的普及和信息电子化的发展,安全工作所面临的威胁也越来越严重。不仅涉及信息本身,还涉及软、硬件系统和网络、数据库等各个层面。早期的数据加密技术已经不能完全解决问题,信息安全的保障还需要不断研究新的安全技术以应对新威胁的挑战。本任务将介绍几个关键的安全技术。

1. 数据加密技术

数据加密(Data Encryption)技术是指将一个信息经过加密钥匙(Encryption key)及加密函数转换,变成无意义的密文(cipher text),而接收方则将此密文经过解密函数、解密钥匙(Decryption key)还原成明文。加密技术是网络安全技术的基石。

为了保证重要数据的安全和机密性,我们可以对数据进行加密,让合法用户可以看到加密前数据的原始面目,而非法用户则只能看到加密后杂乱无章的内容。数据加密是网络信息安全的核心技术之一,它对保证网络信息安全起着特别重要的作用,是其他安全技术无法替代的。

我们把没有加密的原始数据称为明文,将加密以后的数据称为密文,把明文通过编码变换成密文的过程叫加密,加密的规则称为加密算法。而把密文还原成明文的过程叫解密,解密的规则称为解密算法。加密算法和解密算法在一对密钥的控制下进行,分别称为加密密钥和解密密钥。

一个密码系统包括所有可能的明文、密文、密钥、加密算法和解密算法。由于加解密算法只是作用于明文或密文以及相对应密钥的一个数学函数,而密钥才是起到关键作用的一串数字。没有密钥则空有算法也得不到结果,所以密码系统的安全性在于密钥的保密而不是加解密算法的保密,这就是说算法可以是公开的,甚至可以公布为一个标准加以通用。

密码系统根据密钥使用原理的不同可分为对称密钥密码系统和非对称密钥密码系统两大类。

(1)对称密钥密码系统。对称密钥密码系统又可称为单密钥系统,即在加密和解密过程中使用同一个密钥。对称密码算法有时又叫传统密码算法,就算加密密钥能够从解密密钥中推算出来,反之亦然成立。对称密钥密码的工作原理,如图 7-1 所示。

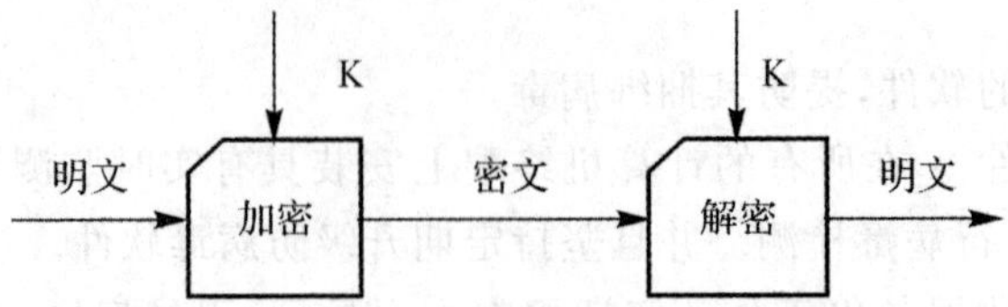

图 7-1　对称密钥密码系统的工作原理

对称密钥密码系统最著名的算法有 DES(美国数据加密标准)、AES(高级加密标准)和 IDKA(欧洲数据加密标准)。它是指消息发送方和消息接收方必须使用相同的密钥,该密钥必须保密。发送方用该密钥对待发消息进行加密,然后将消息传输至接收方,接收方再用相同的密钥对收到的消息进行解密。这一过程可用数学形式来表示。消息发送方使用的加密函数 encrypt 有两个参数:密钥 K 和待加密消息 M,加密后的消息为 E,E 可以表示为 E=encrypt(K,M)消息接收方使用的解密函数 decrypt 把这一过程逆过来,就产生了原来的消息:M=decrypt(K,E)=decrypt(K,encrypt(K,M))

(2)非对称密钥密码系统。非对称密钥密码系统又称双密钥系统,即在加密和解密过程中使用一对互不相同的密钥。一个为公钥 PK,可公开使用,另一个为私钥 SK,只由符合条件的私人拥有。虽然两者在数学上是相关的,但不可以从一方推算出另一方。一般用公钥进行加密,而用与之对应的私钥进行解密,也可以反之应用。目前国际最著名、应用最广泛的非对称加密算法是 RSA 算法,如图 7-2 所示。

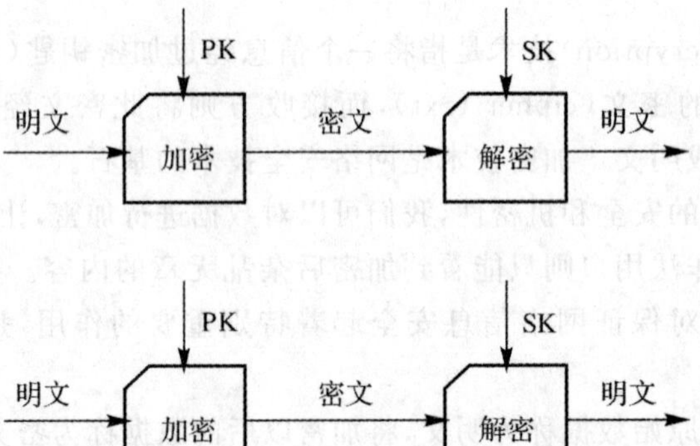

图 7-2　非对称密钥密码系统的工作原理

在非对称密钥密码系统中,每个用户拥有一对密钥。公钥本来就是公开的,所以私钥的秘密性是关键。这种加密方式的算法一般都基于尖端的数学难题,计算起来相当的复杂。因此它的安全性比对称加密方式更高,但在速度上却远远低于对称加密方式。所以通常被用来加密关键性的、核心的机密数据。相应公钥公开、私钥私有的原理,在同一个通信网络中,公钥公开发布,只需要对私钥进行分发和管理即可。比如对于具有 n 个用户的网络,仅需要 $2n$ 个密钥,但相关的私钥必须是保密的,只有使用私钥才能解密用公钥加密的数据,而使用私钥加密的数据只能用公钥来解密。

两种加密方式各有利弊,在实际应用中可相互借鉴、取长补短,采用对称加密方式来加密文件的内容，而采用非对称加密方式加密密钥，这种混合加密系统能较好地解决运算速度问题和密钥分配管理问题。

2. 数字签名

数字签名(Digital Signature 又称公钥数字签名、电子签章)是一种类似写在纸上的普通的物理签名，但是使用了公钥加密领域的技术实现，用于鉴别数字信息的方法。它的作用是防止通信欺骗和抵赖。

这种签名方式与传统的手写签名有所不同。手写签名是把名字写在纸上，而数字签名则是将签名连接到被签信息上。为了能确保签名的真伪，防止非法修改和盗用，数字签名不是简单地在报文或文件里写个名字，而是必须要满足以下三个条件。

(1)接收方能够核实发送方的签名，任何人不能伪造签名。

(2)发送方不能抵赖自己的签名。

(3)当对签名的真伪产生争议时，存在一个仲裁机构。

现在通过一个例子来说明，假设 A 要发送一个电子报文给 B。A，B 双方需要经过以下步骤：

(1)A 用其私钥加密报文，这便是签字过程。

(2)A 将加密的报文送达 B。

(3)B 用 A 的公钥解开 A 送来的报文。

数字签名是非对称密钥加密技术与数字摘要技术的应用。正是应用了私钥的私有性，签名可以被唯一确认。因为 A 只能用自己的私钥加密报文，既然 B 是用 A 的公钥解开加密报文的，就证明原报文只能是 A 发送的，从而验证了签名的出处也使发送方 A 对数字签名无法抵赖。但是以上结果的成立都依赖于 A 对私钥的保密性，一旦私钥被盗用，则数字签名就失去了意义。为了解决对数字签名的质疑，可以引入仲裁者。发送方 A 将签名加密后的消息发送给仲裁者 X ，X 对签名的有效性进行验证，然后连同验证的证明发送给接受方 B 。在这个过程中，仲裁者必须得到双方用户的绝对信任。

目前数字签名已经应用于网上安全支付系统、电子银行系统、电子证券系统、安全邮件系统、电子订票系统、网上购物系统、网上报税等一系列电子商务认证服务，并具有相应的法律效力。但在使用数字签名之前，必须首先获取一个数字标识即数字证书，也就是我们所需要的仲裁者。

3. 数字证书

数字证书是由权威机构——CA 证书授权(Certificate Authority)中心发行的，能提供在 Internet 上进行身份验证的一种权威性电子文档，基于国际 PKI 公钥基础结构标准，帮助网上各终端用户识别对方身份和表明自身的身份。数字证书一般包含用户的数字签名、公钥信息以及身份验证机构(CA)的数字签名数据，身份验证机构的数字签名可以确保证书的真实性，用户公钥信息可以保证数字信息传输的完整性，用户的数字签名可以保证信息的不可否认性。

随着网络对日常生活的高度渗透，以网上银行、网上购物为代表的电子交易已频繁出现在日常生活中。由于网上交易时，交易双方无法面对面的确认对方的合法身份，同时交易信息在网上传输时的安全性和保密性还需要保证，另外，交易双方一旦发生纠纷，还必须有信任的第三方提供仲裁。所以在网上交易之前必须先去申领一个数字证书。目前国内已有几十家提供数字证书的 CA 中心，如中国人民银行认证中心 (CFCA)、中国电信认证中心(CTCA)、各省市的商务认证中心等，可以申领的证书一般有个人数字证书、单位数字证书、安全电子邮件证书、代码签名数字证书等。用户只需携带有关证件到当地的证书受理点，或者直接到证书发放机构即 CA 中心填写申请表并进行身份审核，审核通过后交纳一定费用就可以得到装有证书的相关介质(软盘、IC 卡或 Key)和一个写有密码口令的密码信封。用户还需登录指定的相关网站下载证书私钥，然后就可以在网上使用数字证书了。

4. 防火墙技术

防火墙一般是指在两个网络间执行访问控制策略的一个或一组系统。它既可以在局域网和互连网之间，也可以在局域网的各部分之间实施安全防护，现在已成为将局域网或者终端设备接入 Internet 时所必需的安全措施。它通过在网络边界上建立相应的网络通信监控系统来隔离内部和外部网络，以阻挡来自外部的网络入侵。防火墙可能在一台计算机上运行，也可能在计算机群上运行。

形象的说，防火墙就是两个物理子网之间的隔断，防止威胁从一个子网扩散到另一子网。它可以对网络之间的信息进行分析、隔离、限制，既可以阻止非授权用户访问敏感数据，又可以允许合法用户自由地访问网络资源，从而保护网络的运行安全。并且自身足够安全，不易受到威胁攻击的侵害，如图 7－3 所示。

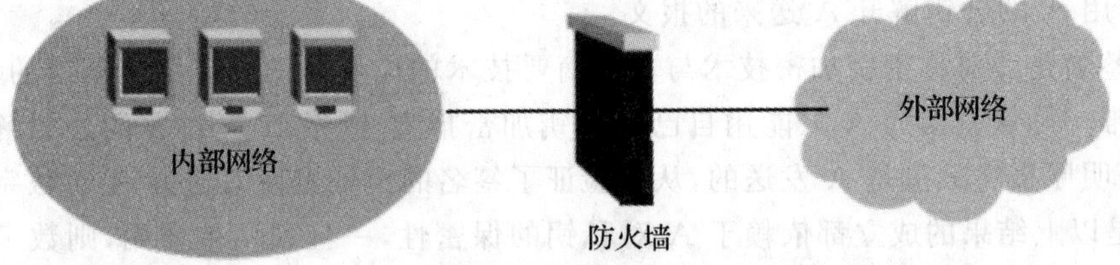

图 7－3　防火墙的位置

(1) 防火墙的作用。当一个内部网与互连网相连时，可能潜在被病毒程序侵入、敏感数据被盗或无意泄漏、网络数据被篡改、黑客攻击、系统瘫痪等危险。网络管理者可以通过选择优秀的防火墙产品，配置合理的安全策略，保护内部网络避免遭受攻击。归纳起来，防火墙的主要有以下作用。

1)防火墙对内部网络实现集中安全管理，强化了网络安全策略，比分散的主机管理更经济易行；

2)防火墙能防止非授权用户进入内部网络；

3)防火墙可以方便地监视网络的安全并及时报警；

4)使用防火墙，可以实现网络地址转换，利用 NAT 技术，可以缓解地址资源的短缺，隐藏内部网的结构；

5)利用防火墙对内部网络进行划分，可以实现重点网段的分离，从而限制安全问题的扩散；

6)所有的访问都经过防火墙，因此它是审计和记录网络的访问和使用的理想位置。

(2)防火墙的基本原则。防火墙的配置有两种基本规则。一是未经允许全部禁止规则(No 规则)，防火墙只允许符合开放规则的信息进出，其他消息流则全部封锁。这种规则下的网络环境相对比较安全，但影响用户使用的便捷性。二是未被禁止全部允许规则（Yes 规则），防火墙只禁止符合屏蔽规则的信息进出，对其他消息则全部放行。这种规则方便了用户的使用，但对网络的安全性很难提供可靠的保证。两种规则各有利弊，在选择上则要根据实际情况再做决定。

(3)防火墙的类型。按照防火墙实现技术的不同可以将防火墙分为以下三种类型。

1)数据包过滤防火墙。数据包过滤是指对进出网络的数据流进行的选择控制的操作。数据包过滤操作通常与路由选择同时进行。用户可以设定一系列的规则，对数据包实施过滤，只允许满足过滤规则的数据包通过并被转发到目的地，而其他不满足规则的数据包被丢弃。可有效地提高计算机的抗攻击能力。

2)应用代理防火墙。应用代理防火墙能够将所有跨越防火墙的网络通信链路分为两段，按照管理员的设置，将外部信息流阻挡在在内部网的结构和运行之外，使内部网与外部网的数据交换只在代理服务器上进行，从而实现内部网与外部网的隔离。其优点是外部网络链路只能到达代理服务器，从而起到隔离防火墙内外计算机系统的作用；缺点是执行速度慢，操作系统容易遭到攻击。

3)状态检测防火墙。状态检测防火墙又叫动态包过滤防火墙。静态包过滤防火墙最明显的缺陷就是为了实现预期的通信，必须保持某些端口永久开放，这就为潜在的攻击提供了机会。状态检测防火墙克服了这一弱点，基于动态包过滤技术，在网关上增加了一个执行网络安全策略的监测模块，通过对数据包的监测动态的打开和关闭端口。这类防火墙的优点是减少了端口的开放时间，提供了对几乎所有服务的支持，缺点是它允许外部用户和内部主机的直接连接，不提供用户的鉴别机制。

任务2　信息安全与知识产权

［学习目标］

■了解计算机信息安全。

■了解计算机犯罪及计算机职业道德。

［导读］

随着全球经济和信息化的发展，信息资源已成为社会发展的重要战略资源，信息技术和信息产业正在改变传统的生产和生活方式，逐步成为国家经济增长的主要推动力之一。信息化、网络化的发展已成为不可阻挡、不可回避、不可逆转的历史潮流和历史事实，信息技术和信息的开发应用已渗透到国家政治、经济、军事和社会生活的各个方面，成为生产力的重要因素。

［相关知识］

一、信息安全范畴

信息安全不能简单地理解为网络安全，其工作的对象不仅涵盖了网络安全的所有问题，即信息在网络传输中的安全问题，还包括计算机本身固有的安全问题，如硬件系统、软件系统、操作流程等。

信息安全的概念的出现远远早于计算机的诞生，但计算机的出现，尤其是网络出现以后，信息安全变得更加复杂，更加“隐形”了。现代信息安全区别于传统意义上的信息介质安全，是专指电子信息的安全。其中实体安全是保护硬件设备、设施避免由天灾或人为等因素破坏的措施和过程；运行安全则是提供一套行之有效的安全措施来保护信息处理过程的安全，保障软件系统功能的安全实现。具体可分为以下六方面。

(1)计算机系统安全。为了给系统提供一个安全可靠的平台，必须有效的控制计算机系统内的硬件和软件资源，避免各种运行错误与硬件损坏，保证软、硬件资源都能够正常运行。

(2)数据库安全。一般采用多种安全机制与操作系统相结合的方式对数据库系统所管理的数据和资源提供有效的安全保护。

(3)网络安全。即为网络通信或网络服务等网络应用提供一系列安全管理保护。例如，跟踪并记录网络的使用，监测系统状态的变化，对各种网络安全事故进行定位，提供某种程度的对紧急事件或安全事故的故障排除能力。

(4)病毒防护安全。包括单机环境和网络环境下对计算机病毒的防护能力，主要依赖病毒防护产品达到预防、检测和消除病毒的目的。

(5)访问控制安全。设置安全策略以限制各类用户对系统资源的访问权限和对敏感信息的存取权限。其中访问权限主要用来阻止非授权用户进入系统；而存取权限的控制主要是对授权用户进行级别检查，不同级别的存取权限也不尽相同。

(6)加密安全。即为了保证数据的保密性和完整性，通过特定算法完成明文与密文的转换。例如，数字签名是为了确保数据不被篡改，虚拟专用网是为了实现数据在传输过程中的保密性和完整性而在双方之间建立唯一的安全通道。

二、信息安全的目标

为保证信息只被其所有者安全使用，而不受到其他入侵者的破坏，可以通过使用信息安全的技术手段来完善信息的特性从而杜绝入侵者的攻击，使信息的所有者能放心地使用。信息安全的特性可归纳为：保密性、完整性、可用性、可控性、可控性和不可否认性五方面。

(1)保密性。信息保密性通常有两方面体现，一方面通过设置权限阻止非授权用户的访问，保证信息只让合法用户使用；另一方面通过加密技术，即使非授权用户通过某种手段得到信息，也无法获知信息内容。另外，信息的保密性还可以具有不同的保密程度或时效。有所有用户都可以访问的公开信息，也有需要限制访问的敏感信息。还有的信息在超过一定期限时则失去保密的意义，则可以逾期予以解密处理。

(2)完整性。信息完整性是指信息在存储、传输和提取的过程中保持不被修改、不被破坏、不被插入、不延迟、不乱序和不丢失的特性。一般通过访问控制阻止篡改行为，通过信息摘 要算法来检验信息是否被篡改。完整性是数据未经授权不能进行改变的特性，其目的是保证信息系统上的数据处于一种完整和未损的状态，因此破坏信息的完整性是影响信息安全的常用手段。

(3)可用性。信息可用性指的是信息可被合法用户访问并能按要求顺序使用的特性，即授权用户根据需要可以随时访问所需信息。可用性是信息资源服务功能和性能可靠性的度量，是对信息系统总体可靠性的要求。目前要保证系统和网络能提供正常的服务，除了备份和冗余配置外，没有特别有效的方法。例如，网络被中断就是对信息可用性的破坏。

(4)可控性。信息可控性是指可以控制授权范围内的信息流向以及行为方式，对信息的传播及内容具有控制能力。信息安全目标的最终实现需要一套合适的控制机制来保证。例如，

“密钥托管”和“密钥恢复”措施就是实现信息安全可控性的有效方法。

(5)不可否认性。不可否认性是指保障用户在对信息进行操作后，留下确认证据，避免到时候否认。一般用数字签名和公证机制来保证不可否认性。

三、信息安全发展

从古代的飞鸽传书到现代的网络通信，只要人类需要交流通信，就可能存在敏感信息的安全保密问题。早期的经典安全阶段主要通过一些简单的替代或置换来增强信息的保密性，而这种传统的密码技术在数理、计算机和通信技术的不断发展下显然已经不能保证现代信息的安全，因此现代密码理论、计算机安全、网络安全、信息保障等新技术成为信息安全的研究发展趋势。

1. 现代密码理论

现代密码理论在充分融合了数学理论和计算机高精计算能力的基础上，提出了密码算法的框架结构。现代密码技术的应用已经深入到数据处理过程的各个环节，包括：数据加密、密码分析、数字签名、信息鉴别、秘密共享等。

2. 计算机安全

在计算机出现的早期，人们把精力都放在了提高计算机的功能和性能上，很少关注计算机的安全问题。随着计算机技术的发展，出现多个用户共享一个系统资源的现象，不同用户对系统的访问和使用权限成为必须要考虑的问题，因此，开始在操作系统中设置专门的身份认证和访问控制设置。在用户登录时触发身份认证进程，不同的用户根据预先设置的权限来控制其访问范围。在目前网络发达的状态下，病毒对计算机的软、硬件都存在威胁，所以防止网络环境下病毒的危害也是现代计算机安全的重要内容。

3. 网络安全

信息安全的重要性可以说是伴随着网络的发展普及而越来越明显了。网络使人们接触到更多的信息，同时，信息也在被更多的用户访问。信息是否正确可靠，用户是否具有相关权限，在脆弱的网络环境下安全问题暴露得更加明显。网络的安全也成为信息安全的关键问题。

4. 信息保障

美国人提出：为了保障信息安全(Information Assurance)，除了要进行信息的安全保护，还应该重视提高安全预警能力、系统的入侵检测能力、系统的事件反应能力和系统遭到入侵引起破坏的快速恢复能力。归纳为信息安全模型(PD2R)：保护(Protect)、检测(Detect)、反应(React)和恢复(Restore)。

四、计算机知识产权与软件知识产权

随着网络的迅速发展，信息的来源方式和流通途径越来越多样化。共享资源为我们的工作生活带来便捷，但很少有人考虑到信息的来源是否合法，流通和扩散是否侵害了他人的利益，这就是在网络时代出现的新问题，如何保护网络中的知识产权。

1. 软件著作权

著作权是知识产权的一个分支，是对自然科学、社会科学以及文学艺术思想等方面智慧创造者依法所享权利的集合。计算机软件是人类知识、经验、智慧和创造性劳动的结晶，是一种典型的由人的智力创造性劳动产生的“知识产品”，一套软件的研发需要一些专业人员花费相当多得时间进行创造性的智力劳动，经过结构设计、编写、不断的修改调试，最终达到用户需要的某种功能，实现它的社会价值。一般软件知识产权指的就是计算机软件的著作权。

2. 计算机软件保护条例

软件的著作权由微软最早提出建议，美国借鉴出版业的版权法内容首先建立了有关软件著作权的法律，保护了冉冉升起的软件行业的合法权益，促进了软件业的繁荣和微软的成功。我国软件保护的法律依据包括著作权法、专利法、商标法、合同法等，根据计算机软件的特点，我国已经初步建立了保护软件著作权的法律体系。1991 年 10 月 1 日开始实施《计算机软件保护条例》。详细规定了计算机软件的定义，软件著作权、计算机软件的登记管理及其法律责任等问题，是我国最早的用于解释软件保护问题的权威文件。2002 年 1 月 1 日开始实施新的《计算机软件保护条例》，在原有条例的基础上做了一些修订和补充。

受该条例保护的软件著作权人，是指对软件享有著作权的自然人、法人或者其他组织。条例第八条明确规定“软件著作权人享有下述各项权利。

(1)发表权，即决定软件是否公之于众的权利。

(2)署名权，即表明开发者身份，在软件上署名的权利。

(3)修改权，即对软件进行增补、删节，或者改变指令、语句顺序的权利。

(4)复制权，即将软件制作一份或者多份的权利。

(5)发行权，即以出售或者赠与方式向公众提供软件的原件或者复制件的权利。

(6)出租权，即有偿许可他人临时使用软件的权利，但是软件不是出租的主要标的的除外。

(7)信息网络传播权，即以有线或者无线方式向公众提供软件，使公众可以在其个人选定的时间和地点获得软件的权利。

(8)翻译权，即将原软件从一种自然语言文字转换成另一种自然语言文字的权利。

(9)应当由软件著作权人享有的其他权利。

软件著作权人可以许可他人行使其软件著作权，并有权获得报酬。

软件著作权人可以全部或者部分转让其软件著作权，并有权获得报酬。

以上权利自软件开发完成之日起产生，在规定的期限内著作权人的权利受到保护，但并不是永久性的。

条例第十四条规定：

“软件著作权自软件开发完成之日起产生。

自然人的软件著作权，保护期为自然人终生及其死亡后 50 年，截止于自然人死亡后第 50 年的 12 月 31 日；软件是合作开发的，截止于最后死亡的自然人死亡后第 50 年的 12 月 31 日。

法人或者其他组织的软件著作权，保护期为 50 年，截止于软件首次发表后第 50 年的 12 月 31 日，但软件自开发完成之日起 50 年内未发表的，本条例不再保护。”

软件的保护条例的施行保护了著作权人的权利，维护了软件商业的利益。但由于设计思想没有被保护，用不同的语言根据同一个思想编写的软件可能互不构成侵权。因此，有关软件著作权的立法还并不完善。

五、计算机犯罪与计算机职业道德

1. 计算机犯罪

计算机犯罪，是指对正在使用中的计算机系统，通过计算机操作或者其他手段危害计算机系统安全或利用正在使用中的计算机系统通过非法计算机操纵给社会造成严重危害应受刑罚处罚的行为。计算机犯罪具有以网络为中心,作案手段智能化、隐蔽性强,侦查取证难、破案难度大,犯罪后果严重、社会危害性大等特点。随着计算机的应用领域越来越广泛,计算机犯罪的类型和领域也不断地增加和扩展,从而使“计算机犯罪”这一术语随着时间的推移而不断涵括新的意义。因此在学术研究上关于计算机犯罪迄今为止还没有统一的定义。

我国著名法学家赵秉志认为:所谓计算机犯罪,是指利用计算机操作所实施的危害计算机信息系统(包括内存数据及程序)安全的犯罪行为。此外,我国新刑法明确规定侵入国家事务、经济建设、国防建设、尖端科学技术领域的计算机信息系统,故意破坏数据、应用数据、故意制作、传播破坏性程序等行为构成计算机犯罪。

美国司法部坚持计算机犯罪是:在导致成功起诉的非法行为中,计算机技术和知识起了基本作用的非法行为。

由于各国对于计算机犯罪没有统一的标准,同一行为可能在不同地区产生截然不同的后果,比如 CIH 病毒的制造者,尽管严重危害了世界各国的计算机系统,造成巨大的损失,但由于台湾没有相关的法律适用其行为而被判无罪。然而在其他地方如我国大陆,就可能被判重刑。同样对于非法侵入网络但未实施破坏的行为是否构成犯罪也未达成一致,种种概念的不统一导致立法相对于计算机犯罪行为的滞后。

2. 计算机安全相关立法

相对于国际上立法比较全面的国家,我国在计算机安全立法方面稍显不足,正在积极的完善当中。已颁布执行的法规主要有以下几种。

《中华人民共和国计算机软件保护条例》

《中华人民共和国计算机信息系统安全保护条例》

《中华人民共和国计算机信息网络国际联网管理暂行规定》

《中华人民共和国计算机信息网络国际联网管理暂行规定实施办法》

《 计算机病毒防治管理办法 》

《计算机信息系统安全专用产品检测和销售许可证管理办法》

《计算机信息网络国际联网安全保护管理办法》

并且我国在新刑法中增加了 5 项适用于计算机犯罪的内容,主要是《中华人民共和国刑法》285～287 条,列举如下:

(1)刑法第二百八十五条规定:

侵入计算机信息系统罪:凡违反国家规定,侵入国家事务、国防建设、尖端科学技术领域的计算机信息系统的,处三年以下有期徒刑或者拘役。

(2)刑法第第二百八十六条规定:

破坏计算机信息系统功能罪;网络服务渎职罪:违反国家规定,对计算机信息系统功能进行删除、修改、增加、干扰 ,造成计算机信息系统不能正常运行,后果严重的,处五年以下有期徒刑或者拘役;后果特别严重的,处五年以上有期徒刑。

违反国家规定,对计算机信息系统中存储、处理或者传输的数据和应用程序进行删除、修改、增加的操作,后果严重的,依照前款的规定处罚。

故意制作、传播计算机病毒等破坏性程序,影响计算机系统正常运行,后果严重的,依照第一款的规定处罚。

(3)刑法第第二百八十七条规定：

利用计算机实施犯罪的提示性规定：利用计算机实施金融诈骗、盗窃、贪污、挪用公款、窃取国家秘密或者其他犯罪的，依照本法有关规定定罪处罚。

3. 计算机职业道德

各行各业都有职业道德的要求，随着计算机的迅猛发展，社会对这个职业赋予一定的道德要求，并且计算机职业作为一种不同于其他职业的特殊职业，它有着自己与众不同的职业道德和行为准则，这些职业道德和行为准则是每一个计算机职业人员都要共同遵守的。如何减少计算机从业者由自身原因所导致的问题，则只能由加强从业者职业道德来自我监督和约束。

美国计算机协会(ACM)制定的伦理规则和职业行为规范中的一般道德规则包括：为社会和人类做贡献；避免伤害他人；诚实可靠；公正且不采取歧视行为；尊重财产权(包括版权和专利权)，尊重知识产权；尊重他人的隐私，保守机密。针对计算机专业人员，还另外制定了更严格、更具体的行为规范准则。

参 考 文 献

[1] 尹洪龙，周航，方悦.Windows 7 入门与提高[M].北京：希望电子出版社，2015.

[2] 刘志勇.大学计算机基础教程[M].北京：清华大学出版社，2016.

[3] 王佑华.计算机文化基础[M].北京：中国商业出版社，2016.

[4] 王秀娟.计算机应用基础[M].北京：中国劳动社会保障出版社，2016.

[5] 秦婉，王蓉.计算机应用基础[M].北京：机械工业出版社，2014.

[6] 于立洋，秦婉.计算机应用基础实验[M].北京：机械工业出版社，2011.